科学出版社"十三五"普通高等教育本科规划教材

普通地质学

（第三版）

陶晓风　吴德超　主编

U0386866

科 学 出 版 社

北 京

内 容 简 介

本书介绍了地质学的发展简史和研究现状，着重叙述有关地球和地壳的基本知识，简明扼要地阐述了地球内部和地表的各种动力地质作用的基本原理及其主要产物，概述了地球和岩石圈演变的历史，系统地介绍了地球科学与人类的关系。本书还新增了与工程地质有关的章节——重力地质作用，阐述了重力引起的斜坡变形及重力灾害的工程防治措施。全书文字简洁、插图简练，便于初学者阅读。

本书是地学类专业的入门教材，也是相关专业和地球科学爱好者首选的参考书。

图书在版编目（CIP）数据

普通地质学/陶晓风，吴德超主编. —3 版.—北京：科学出版社，2019.12

科学出版社"十三五"普通高等教育本科规划教材

ISBN 978-7-03-064022-2

Ⅰ. ①普⋯　Ⅱ. ①陶⋯ ②吴⋯　Ⅲ. ①地质学–高等学校–教材　Ⅳ. ①P5

中国版本图书馆 CIP 数据核字（2019）第 291050 号

责任编辑：文　杨　郑欣虹/责任校对：杨　赛
责任印制：霍　兵/封面设计：迷底书装

科 学 出 版 社 出版
北京东黄城根北街 16 号
邮政编码：100717
http://www.sciencep.com
三河市春园印刷有限公司印刷
科学出版社发行　各地新华书店经销
*
2007 年 5 月第　一　版　　开本：787×1092　1/16
2014 年 3 月第　二　版　　印张：17 1/4
2019 年 12 月第　三　版　　字数：442 000
2024 年 7 月第二十六次印刷

定价：65.00 元
（如有印装质量问题，我社负责调换）

第三版前言

"普通地质学"课程是地学类及相关专业学生入校后最早接触到的一门专业基础课。本课程主要讲述地球的基本知识及各种地质作用的过程和结果,其授课对象是地学领域有关专业的一年级本科生。本书自 2007 年问世以来受到了数十所院校的欢迎并被采用,先后重印近二十次,印数达数万册;2014 年,为适应地质科学的新进展和地质学教学工作的新需要,对原书做了相应修改和补充,并出版了第二版。

2016 年科学出版社遴选本书为"十三五"普通高等教育本科规划教材,按要求需对原书进行进一步的修改完善,本次修编在《普通地质学》(第二版)的基础上进行。

在党的二十大报告中,对办好人民满意的教育、加强教材建设和管理提出明确要求,为新时代、新征程教材修编工作指明了方面。因此,在本次修编过程中,努力践行社会主义核心价值观贯穿于教材中。编者充分融合近年的教学实践与体会,参考和借鉴了国内外近年新出版的相关教材和文献,充实和更新了地质学及相关分支学科领域中涌现出的新理论、新概念及新进展,多方征集了使用本书的全国地质类专业院校及其他相关专业院校师生的意见和建议,以提高普通地质学的教学水平,满足当代地球科学人才培养的需要。

一方面,鉴于编者及各位教师多年的教学实践,《普通地质学》(第二版)的编写体系、章节安排和主要内容仍然是合理的,具有一定的特色和优势,加之广大师生对本书编排顺序也较为熟悉和认可,因此,本次修编仍然保持原书的特色和基本章节。另一方面,编者在教学工作中发现了《普通地质学》(第二版)存在的若干缺点和不足,尤其是得到了使用和关心本书的广大师生对如何发挥本书特色与优点、弥补不足与缺点方面的宝贵建议。针对上述情况本书在以下几方面作了重要变动。

(1)近年来,人类活动诱发的全球性环境问题,其发生的频率和强度已接近,甚至超过自然因素引发的全球环境变化,人类活动在地质作用过程中扮演着重要角色,因而,在第十八章新增了"人为地质作用"一节,包括人为风化作用、侵蚀作用、搬运和堆积(排放)作用及人为诱发内动力地质作用。修编中强调人与自然和谐发展,践行习总书记"坚持绿水青山就是金山银山的理念"的环保理念。

(2)为了直观地展现地质现象,便于学生学习和理解,对原书中的部分插图及照片进行了更换和修改,并新增部分插图和照片。

(3)吸取了近年来地质学及相关领域的一些新进展、新观点及新认识等。如在第十八章中介绍了可燃冰、干热岩等新能源。

(4)对《普通地质学》(第二版)中的部分数据进行了更新,对各章在内容与文字上作了部分精简和调整,更好地体现了本书的基础性、先进性、系统性与易读性,使教材质量得到了提升。

感谢本书第二版的参编教师,感谢他们对地质教育做出的贡献,感谢他们为本书奠定的基础；感谢使用和关心本书的广大师生及读者提出宝贵意见和建议；本书在对第二版修编的基础上，由陶晓风教授进行修改、补充和定稿。

感谢科学出版社对教材编写、出版付出的辛勤劳动。

由于本书涉及面广，加之写作时间仓促、作者水平有限，不当之处在所难免，恳请同行专家及读者批评、指正！

本书中使用了大量的图片，其中有一部分来自互联网，未能注明出处，在此谨向版权所有人表示歉意和感谢！

编　者

2023 年 6 月修改

第二版前言

"普通地质学"课程是地学类及相关学科学生入门的专业基础课,其课程主要讲述地球的基本知识及各种地质作用的过程和结果(产物或遗迹),其授课对象是地学领域有关专业的一年级学生。本书自 2007 年问世以来已有数十所院校采用,先后重印达十余次,印数达数万册。然而,近年来地质学有了快速发展,在地质学及相关分支学科领域中出现了新理论、新概念及新进展,为适应地质科学的新进展和地质学教学工作的新需要,需对原教材做出相应修改和补充。

考虑到本书多年以来深受读者喜爱,广大师生对本书内容体系也较为熟悉和认可,因此,本次修编基本保持原书特色,仅对部分章节做了适当调整与改动。另一方面,编者在教学工作中发现本书还存在若干不足,尤其是得到了使用和关心本书的广大师生对如何发挥本书特色与优点、弥补不足与缺点方面的宝贵建议。

针对上述情况,本书在以下几方面作了重要改动:

(1)为了更加系统地介绍地质作用,新增了"地质作用概述"一章,阐述了地质作用的概念、地质作用能量的来源、地质作用的分类及各种地质作用的相互关系。越来越多的事实表明,人类活动在地质作用过程中扮演着重要角色,为此,新增了"人为地质作用"的概念,以强调人-地关系。

(2)吸取了地质学及相关领域中的一些新进展、新观点及新认识等。如在"地震作用"一章中介绍了地震速报(地震预警)系统等。

(3)在第二章的地球物理性质介绍中,除系统阐述地球物理性质外,还强调各种物理性质在地质学理论及实际应用方面所起的作用。如在介绍地球的重力时,还重点阐述了"重力异常"的概念,以及重力异常在地质勘探实际应用中的作用。

(4)对第一版中的部分数据、插图及照片进行了更新,对各章在内容与文字上作了部分精简和调整,使教材质量得到了提升。

感谢本书第一版主编及参编教师,感谢他们对地质教育做出的贡献,感谢他们为本书奠定的基础;感谢使用和关心本书的广大师生及读者提出宝贵意见和建议。

由于本书涉及面广,加之时间仓促、水平有限,不当之处在所难免,恳请同行专家及读者批评、指正。本书中使用了大量的图片,其中有一部分来自互联网,未能注明出处,在此谨向版权所有人表示歉意和感谢!

编 者

2013 年 12 月

第一版前言

"普通地质学"是地质学的入门和基础课程。其基本内容是介绍有关地球的物质组成、结构和构造，动力地质作用原理以及地球的演化发展历史。通过学习本书，学生可初步了解地质科学的轮廓，获得地质学的基础知识，了解地质学的思维方法，为学好后继课程打下基础。

本教材以介绍基本知识、基本原理和基本方法为宗旨，着重讲述主要原理和概念。在保持全书体系完整和重点突出的前提下，避免过多、过繁的名词和概念。其目的不是要把一部"百科全书"灌输给学生，而是要使学生掌握地球学科知识体系的概貌，在日后的学习和工作中遇到问题能判断是哪一部分的问题，并且知道到哪里去找解答。

地质学的任务已从较单纯地保障社会生存和发展对各类资源的需求，转到为社会可持续发展的更多方面服务的轨道上来了，因而本书内容选择和深度要求也相应地做了必要的调整。本书是结合成都理工大学多年地质类教学经验编写的，力求做到简明扼要，内容精炼，概念清楚，便于阅读。本教材可适用于地质类及非地质类各专业（地理、农林、建材、气象等）本科、专科学生选用，也可作为函授教材。教学时间一般为40～90学时。

本教材由陶晓风和吴德超任主编。陶晓风负责前言、第一章、第三章、第四章、第九章、第十三章、第十七章的编写和全书统稿；吴德超负责第六章和第十六章及全书统稿。参加编写的有：刘顺，负责第二章和第十一章；王道永，负责第五章和第十四章；刘援朝，负责第七章和第八章；张燕，负责第十章；赵德军，负责第十二章和第十五章。在全书编写过程中，我们得到了成都理工大学教务处的大力支持，特此致谢。

衷心希望在本教材的使用过程中能得到来自教、学两方面的反馈意见及同行们的宝贵意见和指正。

编　者

2007 年 1 月

目　录

第一章
绪　论

第一节　地质学研究的对象和内容

　　人与自然的关系是人类生存与发展的基本关系，自然系统是人类社会可持续发展的基础。人类生活在地球上，并不断从地球表层的岩石、土壤及水体中索取各种资源。为此，人们需要研究地壳的组成(如化学元素的分布和移动规律)、矿物和岩石的形成条件和分布规律、地壳的结构、地壳运动及其产物的分布规律、地壳的演化历史、各种矿产的形成条件和分布规律、找寻和查明地下资源的技术方法等，从而为人们的生活和生产服务。这样，就形成了一门独立的科学——地质学。

　　地质学(geology)成为一门独立学科的历史尚不足 200 年，但随着生产发展的需要和科学的进步，地质学研究的内容越来越广泛和深入。现代地质学已发展为一系列地质科学的总称。

　　地质学的研究对象是地球，其范围包括从地核到外层大气的整个地球，但主要是固体地球部分。随着地质学的发展，地质学的研究对象也在发生变化。最初，地质学家的主要观察对象是大陆，其研究范围所涉及的只是大陆地壳，并且大陆地壳还有广阔的地区被第四纪沉积物所覆盖，实际的研究区域只是地球表面很小的范围。随着地质学自身的发展、科学技术的进步和相关学科交叉研究的推进，地质学的研究对象已经从大陆向大洋发展，从地壳向地幔及更深部发展。阿波罗登月、卫星技术、大型天文望远镜促进了行星比较地质学的产生，使地质学的研究对象扩展到类地行星的比较研究，并获得了大量关于地球起源(太阳系起源)的信息。虽然地质学的研究对象已经发生了巨大的变化，但是，目前地质学主流的研究对象还是集中在地球的上部——岩石圈。

　　地质学研究的内容主要有以下几个方面：①地球的物质组成；②地球的结构和构造；③地球的动力地质作用；④地球的形成和演化历史；⑤地球资源的勘探、开发利用；⑥人居环境及地质灾害防治；⑦地质学与社会经济发展相适应的工程技术方法。

　　地球的物质组成主要研究地球的元素、矿物及岩石；地球的结构和构造则主要研究各地质单元的构成状态和相互关系；地球的动力地质作用主要研究引起地球物质组成、内部结构和地表形态变化的动力作用过程；地球的形成和演化主要研究地球和类地行星的起源、地球各圈层的形成、生命的起源及它们宏观的、微观的发展和变化过程的规律；地球资源的勘探及开发利用是地质学现今较为主要的研究课题，地球的各种矿产资源是在动力地质作用过程中逐步形成的，它们大都经过数百万年至数亿年的时间，属于不可再生的资源，所以人类必须合理地开发和利用；随着社会经济的发展，大量的工程建设兴起，这势必打破地球环境的平衡状态，因而人类目前的一个重要的任务是研究地质环境的形成和演化规律，核心是解决人类对环境的利用和保护、防灾减灾；地质学与社会经济发展相适应的实用工程技术主要包括资源、环境、减灾及用于地质研究、勘探、开发的各种工程技术方法。

如上所述，地质学研究的内容相当广泛，相应地形成了一系列分支学科。①研究地球物质组成的学科有结晶学、矿物学、岩石学及矿床学等；②研究地球结构和构造的学科有构造地质学、大地构造学、显微构造学等；③研究地球的动力及地质作用的学科有地球动力学、动力地质学、地质力学等；④研究地球的形成和演化历史的学科有古生物学、地层与地史学、第四纪地质学、前寒武纪地质学、区域地质学、岩相古地理学、沉积学、同位素地质学等；⑤研究资源、能源勘探、开发利用的学科有矿床学、矿相学、石油与天然气地质学、煤田地质学、放射性矿产地质学、地热学等；⑥研究人居环境及灾害防治的学科有工程地质学、环境地质学、地震地质学、火山学、水文地质学等；⑦研究地质学与社会经济发展相适应的工程技术方法的学科有地球化学、勘查地质学、地球物理勘探、数学地质学、遥感地质学等。近年来，人类面临环境恶化、人口激增、资源枯竭等问题的严峻挑战，地质学的领域在不断地拓宽，由过去的小（狭义）地质向大（广义）地质发展，学科之间的渗透、国际之间的合作、新技术、新方法在不断大量地出现，地质学的新学科、边缘学科也在不断地诞生，如行星地质学、深部地质学、海洋地质学、城市地质学、医学地质学、旅游地质学、军事地质学、3S技术及应用和数字地球等。

第二节 地质学的特征及研究方法

地质学作为天、地、生、数、物、化等几大类重要基础学科之一，是自然发展和人类生活所不可缺少的一个重要领域。它与其他各学科有着相互依存的关系，在研究方法上也具有一定共同性和相似性。但作为一门独立于其他学科的重要的自然科学，地质学有其自身的特殊性。①从空间上来讲，地质事件，包括地质作用及其产物或地质现象，既有宏观的，又有微观的。换句话说，地质事件可能具有全球性或区域性，如气候变化、海面升降等；也可能只局限于一定范围内，如地震发生、河流冲刷、河水泛滥、火山爆发等。但就空间上涉及的范围来说，大多数的地质事件涉及范围较大。任何大规模的地质事件，都会由比较微观的变化表现出来，如矿物结构化学成分的变化。在认识它们的特征时必须从宏观和微观角度去把握。②从时间上来讲，地质事件或地质现象的产生和延续有长期的，也有短暂的；有速度缓慢的，也有急速的；有人类能直接感知的，也有很难被人察觉的。长期而缓慢的可延续数百万年、数千万年乃至数亿年；短暂而急速的可能只经历数年、数月甚至更短的时间就结束了。长者如海陆变迁和山脉形成，短者如火山爆发和地震发生。地质事件有现今仍在发生和进行着的，也有过去地质历史时期中发生过而现在已不复存在的。现在的作用既可看见其运动，又可以看见其产物；而过去的作用则仅仅保存或部分保存它们形成的产物，包括物质或地形，也包括保存于物质（岩石或矿物）中的各种变形。地质学所研究的对象多数是延续时间长的、运动速度缓慢的和发生在地质历史时期的地质事件。③就地质事件或地质现象的成因来讲，包括机械的（物理的）、化学的和生物的作用。作为地质事件或地质作用的产物之一，矿产的形成过程也是这样，具有多成因性质，甚至也可以由多种成因综合作用形成，如石油、煤等的形成就是如此。④如果从一个地质现象的产生、演变和发展的角度去认识，则除了考虑其几何形态和空间位置上的长、宽、高三维空间的立体尺度外，还应考虑它们在不同时期或阶段中的变化和发展趋势。这就是说，完整地认识一个地质事件或现象，必须加上一个时间尺度。这就是地质事件和地质现象的四维空间特点或四维特征。

鉴于以上特征，在地质学的研究方法上，既要应用一般自然科学所共同的研究方法，又要有一些颇具特色的研究和思维方法。一般的或共同的研究方法包括搜集资料、调查研究、归纳分析、实验模拟验证、总结推导提出假说、反复验证和修正假说，最终形成规律性和理论性的认识。结合地质科学的性质，应特别强调地质学的实践性，如加强野外实践研究、现场的观察和资料搜集、分析思考提出问题，这是由地质学的研究对象所决定的。与此同时，还要充分重视和运用其他学科，尤其是基础学科的理论方法和现代技术手段。由于地质学研究对象和地质事件的特殊性，如长期性的、历史上的、缓慢运动的和多成因的特征等，人类在历史中，特别是每个人在其相对短暂的生命过程中，无法体验、无法看见和不能全面经历研究对象及地质事件的全过程，哪怕在现今和将来科学技术相当发达的条件下也不能完全实现。为此就需要改进思维方法和观念，建立起一套适应于地质科学研究的思维方法和观念。每个有志于学习地质科学的人都应当有意识地培养这种思维方法，其关键是要逐步形成一些新的观念，包括以下几个方面。

（1）时空观。考虑的范围要宽广与狭窄相结合、大与小相结合，特别要考虑区域性和全球性的现象与微观和超微观的现象相结合，宏观分析与微观测试相结合，在时间上要历史和现实相结合，长期和短期相结合，特别是考虑地球地质发展的长期性，为此计时往往以百万年（Ma）为单位。

（2）发展观（演化观）。地质事件和有机界一样，也有其发生、发展和消亡的过程，如山脉的形成和消亡、海洋的产生和消失等，都是有始有终的，茫茫大地并非历来如此，也绝非永远如此。发展演化，生生不息是宇宙万事万物的共同规律。因此探索的过程就必须考虑它们的历史发展和演变过程，包括地球的演化在内都是发展变化的，不能用"死的"和"无生命"的观点去看待地质学研究的对象和内容。这是与一般自然科学常规的思考方法完全不同的，也是初学者最容易忽略的一点。这类似于研究历史事件，有其各自的来龙去脉，有其起源、成长、演变和消亡的过程。

（3）活动观。地球、地壳是在不断演化和发展的。因此，它不是一成不变的，而是随时随地都在活动的。一般人认为地球上的海陆分布、山脉河流长期不变，亘古就有。最初即使是一些地质学家也只承认地壳的运动仅仅是升降交替而没有水平运动。后来随着地质科学研究的发展，科学家才逐渐认识到地壳还有水平方向的运动，甚至有过大规模的长距离的迁移、分离和归并。许多人一贯认为变化不大的海洋实际上也有过张开和关闭的时期。地质历史上的一些大洋，有的现在已经关闭，如古特提斯洋；也有的地方正在分裂形成未来的大洋，如红海。因此，固定不变的观点是不对的。必须用活动的观点来看待地球及地壳的发展。当然这种活动可以是缓慢的也可以是急速的。

（4）渐变和灾变的观点。地球发展的历史上，有许多缓慢发生的事件往往会经历较长的时期，可以看作一个渐变的过程，如地壳的升降、海陆的变迁。但也有许多地质事件发生在短时期内，可以造成运动前后地壳面貌的急速变化，可以看作一个突变的过程。渐变不易察觉，但它容易被生物界所适应。突变则造成剧烈变化，改变环境快，很难为有机界所适应，往往造成大规模的生物灭绝现象，所以也称灾变。在地质学史上，存在渐变论和灾变论的对立。与渐变论相适应的地质思维原则首先由英国地质学家莱伊尔（Lyell，1797—1875 年）提出，称为"以古论今"或"将今论古"的思考原则。他认为古代地质历史中发生的地质作用现在也同样存在，而且基本上具有相似的特性。因此可用其来研究和观察现在的地质作用特征及其产物，解释和理解地质历史时期中的地质作用特征及其产物，从而推断当时的自然环境（即现在是认识过去的钥匙）。无疑这个观点在总的原则上是合理的、正确的，这也正是地质学曾长期遵循并且仍在遵循的一个重要思维原则。与灾变论相适应的思维原则或方法是事件地质观。法国的生物学家和古生物学家居维叶应当是第一个提出灾变论的人。事件地质观认为在地质历史的灾变时期发生过大规模的突然性地质事件，造成了地质环境的巨变。它必然反映在无机界和有机界的突变上，引起生物种属或门类变化及沉积物的变化，即地球环境的变化和构造变动，特别是一些反应灵敏的微量元素的变化。这种突然事件的灾难性变化反映了地壳发展演化中的另一个方面。过去长期以来一些国家的地学界都不承认它，把它当成一种异端邪说来批判。现在越来越多的事实证明渐变和灾变、量变和质变是交替共存的。

第三节　何谓普通地质学

普通地质学是地质学的入门和基础课程，其基本内容是介绍有关地球和地壳的物质组成、结构和构造，动力地质作用原理，地球和地壳的演化发展历史。通过学习，学生初步了解地质学的轮廓，获得有关地质学的基础知识，了解地质学的思维方法，为学好后续课程打基础。作为地质学的概览，普通地质学是所有地球科学工作者的入门教材，也是业余地学爱好者的必读教材。学好普通地质学是跨入地球科学之门的第一步。

本书以介绍基本知识、基本原理和基本方法为宗旨，着重讲述主要原理和概念。其讲授的内容是地质学的概况和一些基本知识，包括各分支学科的一些成熟理论和新进展。因此地球科学的各分支学科都非常重视普通地质学的教学。

普通地质学的一个重要任务就是介绍一些主要和基本的地质概念和术语，使初学者学会使用规范的地质学语言。地质学专业学生只有使用规范的地质学语言，掌握地质学的基础知识，明确各种地质术语的含义，才能顺利地进行交流沟通及后续地质课程的学习。当然地质知识和地质术语的积累是一个长期的过程，必须从普通地质学的学习开始。通过普通地质学的学习，还应掌握地质工作的基本方法，具备初步的野外调查能力。通过室内实习和野外实习加深对课堂内容的理解，达到对地质学的初步了解和认识，这也是普通地质学的重要任务。

第二章
地 球

宇宙的物质创造了地球，地球创造了生物，也创造了人类。我们要认识的地球是宇宙大家庭中的一员，更是太阳系小家庭中的一员。要全面地认识地球，既要对地球上的一事一物进行研究，又要从更大范围上全面地把握它。因此本章首先介绍在太阳系中我们所认识的地球，以及把地球作为整体时我们所认识的地球。这样做的意义在于：①地质学的一些基本问题，如地球的早期演化、地球的内部成分、地壳运动的起源等，有时需要借鉴上述研究成果得到答案；②地质作用是地球上发生的一系列具有相互联系的作用，从宏观上把握地球可以更好地把握地质作用。

第一节　地球在太阳系中的位置

太阳系由 1 颗恒星、8 颗行星、68 颗卫星及小行星、彗星、星际物质等组成，此外还有电磁辐射等宇宙射线（国际天文学联合会于 2006 年 8 月 24 日宣布，由于冥王星的轨道附近还有其他物体，而且它们不是卫星，因此不具有行星的全部特征，而被排除在九大行星行列之外，太阳系行星的数量由 9 颗减为 8 颗）。

八大行星及其他部分星体在万有引力作用下以其固定的轨道绕太阳运动。太阳系整体呈一圆盘状，直径约为 118 亿 km。地球是八大行星之一，处在接近太阳的第三条行星轨道上（图 2-1）。

图 2-1　地球在太阳系中的位置

对八大行星认识的最大收获是类地行星与类木行星性质的分类对比。类地行星指性质类似于地球的行星，包括水星、金星和火星。它们一般具有体积小、密度大、卫星少、有固体表层、重元素多、距太阳近的特点。类木行星指性质类似于木星的行星，包括土星、天王星、海王星。它们一般有体积大、密度小、卫星多、无固体表层、轻元素多、距太阳远的特点（图2-2）。两类行星详细的物理性质对比见表2-1。

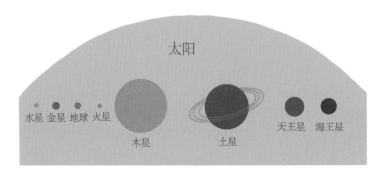

图 2-2　太阳系行星大小的比较

近年来，人类加强了对距地球最近的两颗行星——金星和火星的探测。1989年，亚特兰蒂斯号航天飞机将麦哲伦号金星探测器带上太空。2003年，欧洲航天局第一个火星探测器"火星快车"升空，紧接着美国的"勇气号"和"机遇号"火星车发射并成功着陆，从而引起世界各国掀起新一轮火星探测的高潮。2005年，欧洲航天局成功发射了"金星快车"。人们期望这些探测能够提供一些更新、更详细的资料，可为研究地球所借鉴。

月球是对认识地球有重要帮助的一个星体，它也是地球唯一的卫星。月球直径为3476km，质量为 7.35×10^{22}kg，距地球38.44万km，体积为地球的1/49，密度为地球的3/5，表面重力仅为地球表面重力的1/6。

月球表面地貌主要由两部分组成。一部分为巨大的低洼地区，称月海（实际上并无水），是肉眼所看到的较暗的地区；另一部分为月海之间的高地部分，称月陆，是肉眼所看到的较亮的地区。月陆有许多山脉，称月山。月海及月陆上均分布着环形山。月海直径最大可达1300km，月山最长达6400km，而环形山一般较小，范围为数公里。

根据月面重力和月震波传播速度的研究资料了解到月球也具有壳、幔、核等分层结构。最外层的月壳厚60～65km。月壳下至1000km深度是月幔，它占了月球大部分体积。月幔以下是月核。月核的温度约为1000℃，很可能呈熔融状态。

"阿波罗计划"中，科学家曾获得了大量令人震撼的照片和质量为382kg的月球土壤及岩石样品。研究这些月岩样品发现，月球上主要分布三种岩石，即玄武岩、苏长岩和斜长岩。其中，第一种分布于月海中，第二、第三种分布于月陆中。月海玄武岩与地球玄武岩相比，含铁多，而含钠、钾少。欧洲航天局的绕月航天器SMART-1于2006年对月球表面的化学成分进行测定并获得了一些化学元素的含量数据。该数据表明，月球岩石的主要成分为铝、硅、镁和钙，这为月球起源的分裂说提供了有力的证据。

据地球形成的拉普拉斯星云假说，月球是在地球形成的初期从地球分离出来的（分裂说）。因此，月球的平均成分应代表了早期地球的平均成分，或至少代表了早期地球上部的平

表 2-1　太阳系的运行数据和物理要素

星体	距日平均距离/天文单位	轨道面与黄道面交角	运转的恒星周期 公转	运转的恒星周期 自转	逃逸速度/(km/s)	赤道半径 km	赤道半径 与地球比	扁率 $\frac{a-c}{a}$	体积 与地球比	平均密度 g/cm³	平均密度 与地球比	平均质量 10^{27}g	平均质量 与地球比	平均表面重力 m/s²	平均表面重力 与地球比	表面压力 /atm	表面温度/℃ 夜间	表面温度/℃ 白天	表面状况	反照率/%	卫星数
太阳	—	—	2亿年	25日（赤道）	617.7	696000	109.23	0.002	1303150.0	1.409	0.255	1989000	332831	2.74	0.279	1.4	—	—	气体	—	—
水星	0.387	7°0′17″	88天	59日	4.3	2440	0.38	0.000	0.056	5.46	0.989	0.333	0.0554	3.63	0.37	1～4（估计）	-185	+410	固体	5.6	0
金星	0.723	3°24′0″	224.7天	243.01日（逆转）	10.36	6070	0.95	0.000	0.856	5.26	0.953	4.869	0.815	8.60	0.88	102	-40	+500	固体，云层	72	0
地球	1.00	—	365.25天	23时56分	11.18	6378	1.00	0.0034	1.000	5.52	1.000	5.976	1.000	9.82	1.0	1	+2	+22	固体，云层	39	1
火星	1.524	1°51′0″	1.88年	24时37分	5.03	3395	0.53	0.009	0.150	3.96	0.717	0.642	0.1075	3.76	0.38	5^{-3}	-103	+27	固体	16	2
木星	5.205	1°18′54″	11.86年	9时50分	59.5	71400	10.95	0.0648	1316	1.33	0.241	1900.0	317.94	25.92	2.64	10^4～10^5	-150	+40	云层	70	18
土星	9.576	2°29′58″	29.46年	10时14分	35.6	60000	9.14	0.108	745.0	0.7	0.127	568.3	95.18	11.29	1.15	10^2～10^4	-170	-50	云层	75	22
天王星	19.28	0°46′38″	84.0年	16时58分	21.4	25900	3.68	0.0303	65.2	1.24	0.225	87.42	14.63	11.49	1.17	2～3	-170	-150	云层	90	15
海王星	30.13	1°47′14″	164.8年	17时50分	23.6	24750	3.57	0.0259	57.1	1.66	0.301	102.4	17.22	11.59	1.18	5～10（估计）	-170	-150	云层	82	8

资料来源：① 中国大百科全书（天文卷）编委会. 1980. 中国大百科全书（天文卷）. 北京：中国大百科全书出版社.

② 中国大百科全书（简明版）编委会. 2004. 中国大百科全书（简明版）. 北京：中国大百科全书出版社.

均成分，月球的年龄也应与地球一致。放射性同位素年龄测定表明，月球表面上的绝大多数岩石年龄为 30 亿～46 亿年（2005 年测定的月球年龄数据为 45.27 亿年），而地球上超过 30 亿年的岩石稀少。这表明月球演化主要集中在早期，而地球早期演化的证据大多已被后来的演化抹掉了。这样，月球就提供了研究地球早期历史的借鉴材料。

陨石是另一类对认识地球有重要帮助的星体。当某些星际尘埃物质运动接近地球时，可被地球所吸引而改变其运动轨迹。当进入地球大气圈时，由于摩擦燃烧而发生光亮，这就是人们常见到的流星。流星在落向地面的过程中或燃烧殆尽，或剩有残体，此残留体就是陨石。从收集到的陨石来看，其成分可分为三种类型：石陨石，由硅酸盐矿物组成，密度为 3～3.5g/cm³；铁陨石，由金属铁和镍组成，密度为 8～8.5g/cm³；石铁陨石，由铁、镍等金属与硅酸盐矿物混合而成，密度为 5.5～6g/cm³。三种陨石从数量上看，石陨石最多，铁陨石较少，石铁陨石最少。上述陨石的组成物质多是结晶质的，但也有一些石陨石含有玻璃质小球粒，这种石陨石称球粒陨石。球粒陨石的主要组成矿物有橄榄石（46%）、辉石（25%）、铁镍金属（12%）、斜长石（11%）等，其用放射性同位素方法测得的年龄约为 45 亿年。

陨石对认识地球的组成及年龄有重要的意义。根据假说，球粒陨石中的球粒可能是太阳系开始形成初期被原始太阳热熔化并脱离太阳迅速冷凝而形成的，这种成分反映了太阳系初期未经后来物质作用改造过的成分，可能代表了原始地球的成分。另外，其脱离太阳后并未再次经历熔化（或高温烘烤），所以其年龄反映的也是太阳系早期或地球初期的年龄。

非球粒的铁陨石和石陨石被认为是某些小行星的爆炸碎片。这些小行星有类似于地球的内部成分分异经历。铁陨石可能代表了地球核部的成分，而石陨石可能代表地球上部的成分。

第二节　地球的物理性质

如何得到地球的宏观特性，如地球的形状与大小、地球的内部结构与组成等。前者通过现代技术已很容易做到，利用先进的空间技术，可以从不同高度上俯视地球，得到其形状与大小；而后者，由于"入地无门"，只能使用间接的手段来探索。物理场是重要的可利用的工具。过去接触过的物理场如电场、磁场、机械波速场等均可用来遥测地球内部的物理性质。以地球物质为场源的物理场也叫地球物理场。地球物理场有地磁场、地电场、地震波场、重力场、地温场等。

图 2-3　太空上看到的地球

一、地球的形状和大小

地球形状以不同近似程度描述时可以使用以下描述术语。

球形：从人造卫星或太空上看到的地球是个球形（图 2-3）。

旋转椭球体：这是一个绕南北极连线（地轴）旋转的椭球体。因赤道半径比两极半径大，这种描述比球体更精确。

倒梨形：更精确的描述，因北极相对于旋转椭球体凸出约 10m，而南极凹进约 30m（图 2-4）。

国际大地测量学和地球物理学联合会 1970 年给出的旋转椭球体的形态参数为：赤道半径（a）为 6378.160km；两极半径（c）为 6356.755km；扁率（$a-c$）/a 为 3.35282×10^{-3}；平均半径为 6371.393km；表面积为 $5.10070 \times 10^8 \text{km}^2$；体积为 $1.08316 \times 10^{12} \text{km}^3$。

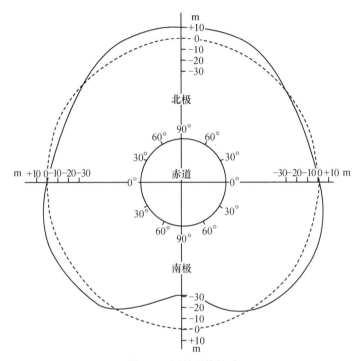

图 2-4　倒梨形的地球

二、地球内部重力、密度和压力

地球表面某点的重力是该点所受地心引力和地球自转引起的惯性离心力的合力（图 2-5）。地球上任何一点的重力 $G = mg$。地心引力在赤道最小，两极最大。离心力相反，赤道最大，约相当于地心引力的 1/289，两极最小，为零。

因为离心力相对很小，即使在赤道也只有万有引力的 1/289，所以重力基本上就等于万有引力，方向也基本上指向地心，在一般情况下地心引力即可近似代表重力。为了便于比较，通常用单位质量所受的引力来表示重力（重力加速度 g）。

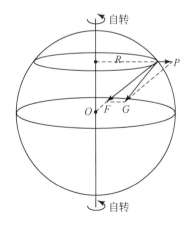

图 2-5　重力与地心引力和惯性离心力关系示意图
G-重力；F-地心引力；P-离心力；R-纬度圆半径

地球赤道表面的重力为 $978.0318cm/s^2$，两极为 $983.2177cm/s^2$。上述数字是海平面上的重力值，海拔高度增加重力值减小，每上升 1km 减少 $0.31cm/s^2$。重力在地表的变化特征为：重力随纬度的增加而增加，随海拔高度的增加而减小。

设地球为一均质体，以海平面为基准面计算可得出各纬度的标准重力值，这个数值随纬度（φ）增高而增大。计算公式为

$$g=978.0318（1+0.0053024\sin^2\varphi-0.0000059\sin^22\varphi）$$

实际上，地球内部物质密度分布不均、测站的高度不同、各测量地区的岩石种类不同等因素，会使实测值和标准值不一致，将实测值进行校正计算出各测站相当于海平面的校正值，如果与标准值仍有差异，其差值称为重力异常。实测值大于标准值为正异常，表明地下埋藏着密度大的物质，如铁、铜、铅、锌等金属或超基性岩（其中通常含有铬铁矿）；实测值小于标准值为负异常，地下可能埋有石油、煤、盐、地下水等低密度物质。地球物理勘探中的重力勘探就是利用此原理，通过了解重力异常的分布来寻找各类矿产和查明地质构造。特别在石油地质勘探中，重力勘探是一种有效的勘探手段。

重力加速度在地球内部 650km、2750km、2900km 的不同深度处分别出现 $995cm/s^2$、$1050cm/s^2$、$1030cm/s^2$ 三个最大值，反映出地球内部物质密度存在着重大变化。

在测量了全球地面的重力值后，可以计算出地球内部的密度分布（在一定精度范围内）。

地球的平均密度用总质量 $5.976\times10^{21}t$ 除以总体积得到，为 $5.517g/cm^3$。地表岩石密度为 $2.7\sim2.8g/cm^3$，而地表水体密度仅为 $1g/cm^3$，这意味着地球内部的密度应该较大。地球内部的密度还可通过地震产生的机械波在地球内部的传播速度来获得，这将在下文中叙述。

有了地球内部的密度数据后，便可算出相应的静压力值及地球内部的重力值。

地球内部的密度从地面附近的 $2.6g/cm^3$，向下渐增，但不是均匀增加，大约在 400km、600km、2900km 和 4600km 处有明显的增加，且在 2900km 处变化最大。在地心处密度最大达 $13g/cm^3$（表 2-2 和图 2-6）。

地球内部的压力由上覆物质所产生，可按静岩压力公式 $p=h\rho g$（式中：h 为深度，ρ 为岩石密度，g 为重力加速度）计算出（地球内部岩石在上覆物质长期作用下产生的压力类似于在水中的静水压力，称静岩压力）。地下 10km 处约为 3000atm，35km 处约为 1 万 atm，2900km 处可达 150 万 atm，地心高达 370 万 atm（表 2-2 和图 2-6）。

重力在地球内部的值，可使用类似于电场中的高斯定理（或称重力场中的高斯定理）算出。在 2900km 深度以内，重力大致随深度增加，但有波动；2900km 深度到地心，重力渐渐变小；地心处重力为零（表 2-2 和图 2-6）。

表 2-2　地球内部圈层和物理数据

圈层 名称	代号		深度/km	地震波速度/(km/s) 纵波 V_p	横波 V_s	弹性/(10^{12}dyn[1]/cm²) 体变模量	切变模量	密度/(g/cm³)	重力/(cm/s²)	压力/10^6atm[2]	温度/℃	附注
地壳	A	A'	0	5.6	3.4	0.44	0.26	2.6	981	0.00	14	岩石圈
			10	6.0	3.6	0.51	0.3	2.7	983	0.003	180~300	
		A''		6.6	3.8	0.68	0.4	2.9				
莫霍面			33	7.6	4.2	0.7	0.5	3.0	984	0.01	400~1000	
上地幔	B	B'	60	8.0	4.4	1.17	0.63	3.32				
		B''	100	8.2	4.6	1.2	0.68	3.34	984.7	0.019	500~1100	软流圈
		低速带	150	7.8	4.2	1.25	0.67	3.4	986	0.031	700~1300	
			250	7.7	4.0	1.36	0.64	3.5	987.5	0.049	800~1400	
			400	8.2	4.55	1.46	0.7	3.6	989	0.068	1000~1600	
过渡层	C	C'	650	9.0	4.98	1.87	0.92	3.85	994	0.14	1200~2000	物质不均匀
		C''	1000	10.2	5.65	2.58	1.32	4.1	995	0.218	1300~2250	
下地幔	D	D'		11.43	6.35	3.53	1.87	4.6	994	0.4	1850~3000	
			2000	12.8	6.92	5.11	2.48	5.1	986	0.87	2500~3900	
		D''	2752	13.63	7.31	6.5	3.0	5.6	1050	1.34	2800~4300	
古登堡面			2898	13.32	7.11	6.45	2.96	5.7	1030	1.50	2850~4400	
外核	E			8.1	0.0	6.3	0.0	9.7				液态
			3500	8.9	0.0	8.2	0.0	10.4	880	1.93	3700~4700	
			4640	10.4	2.07	12.2	0.51	12.0	610	2.98	4500~5500	
过渡层	F		4900	10.4	1.24	12.2	0.2	12.5	500	3.2	4700~5700	
			5155	11.0	3.6	13.4	2.08	12.7	430	3.32	4720~5720	
内核	G		5500	11.2	3.7	14.0	1.7	12.9	300	3.5	4900~5900	
			6371	11.3	3.7	14.1	1.3	13.0	0	3.7	5000~6000	

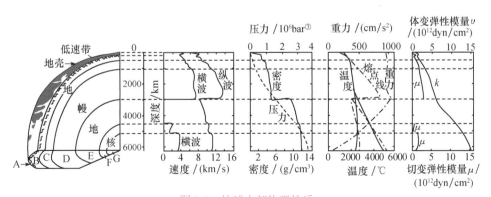

图 2-6　地球内部物理性质

① 1dyn=10^{-5}N

② 1atm=1.01325×10^5Pa

③ 1bar=10^5Pa

三、地球内部地震波速变化

地震产生的振动可以在地球内部传播，即地震波，类似于一般机械波。地震波有体波、面波。体波又分为纵波和横波两种。它们的质点振动都是直线运动。质点振动方向与地震波传播方向平行的叫纵波（P 波）；质点振动方向与地震波传播方向垂直的叫横波（S 波），它们都在介质体中传播（图 2-7），所以叫体波。在地表介质中，纵波的传播速度比横波快 0.73 倍。当体波传播到介质表面或两介质间的界面时就会反射或折射，同时有一部分转化为沿界面或表面传播，即为面波。面波传播速度更慢，只有横波速度的 3/4，但速度随频率而变化。

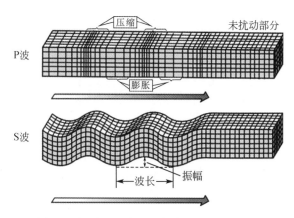

图 2-7   纵波（P 波）和横波（S 波）示意图

地震波在地球内部传播时的速度是变化的，地震波速的大小与地球内部物质的密度和弹性有关，因此，可以利用地震波速变化来认识地球内部的密度和弹性。地震波速与物体的密度和弹性的关系是

$$V_p^2 = \frac{\upsilon + \frac{4}{3}\mu}{\rho}, \quad V_s^2 = \frac{\mu}{\rho}$$

式中：V_p 为纵波速度，V_s 为横波速度，ρ 为物质密度，υ 和 μ 为物质弹性模量。其中 υ 为体变弹性模量，μ 为切变弹性模量，二者在普通物理学中已有介绍。由上式可见：波速平方与密度成反比，与弹性模量成正比。在固体中纵波和横波都可传播，而在液体中因切变弹性模量为零，横波不能通过。

对地球各地发生大大小小的地震所产生的地震波进行接收，并应用一定的公式计算便可得出地球内部各处的波速值。在一定的近似条件下，地球内部波速可看作是球对称的，即波速仅是半径的函数。地球物理学家经过一个多世纪的努力，已经得到这种波速的变化规律。

地震波速的变化特征见表 2-2，从地表向下至 2900km，纵波和横波速度总趋势在增加，但在几个深度处波速值有异常增加或降低。大陆地区 35km 深度范围内及大洋地区 10km 深度范围内，纵波速度 $V_p<7.0$km/s，横波速度 $V_s<4.0$km/s，在此深度之下 V_p 跳至 8.0km/s，V_s 跳至 4.5km/s，表明在此深度地球内部的弹性和密度有突变。在 60～250km 深度的范围地震波速值有所降低，显示了此深度段弹性降低。2900km 是地球内部波速变化的最剧烈处。V_p

和 V_s 在此深度均大幅降低，尤其是 V_s 降到零。表明 2900km 以下物质为液态，弹性大幅度降低。5100km 处 V_p、V_s 波速均有跳跃增加，表明液态区已结束。地球内部的物性特征及内部圈层的划分主要通过地震波在地球内部的传播速度来确定。

当地震波传播中遇到两种弹性不同的物质分界面时，由于波速变化横波和纵波便会发生折射和反射，而且部分还可相互转化为另一种波继续传播。利用此原理可通过测定人工地震产生的地震波在地下传播速度的变化，探测地下不同物质的分界面，从而了解地下深处的地质构造和寻找有用矿产，并用以研究地球内部的结构，这就是地震波勘探法。此种勘探方法在石油勘探中最为常用。

四、地球的磁性和电性

（一）地球的磁性

地球是一个磁化的球体，地球内部及周围存在着一个磁场，这个磁场称为地磁场。地磁场具有两个地磁极，但地磁场的南北极和地理极并不一致，两者相差 1280km。这是因为地磁轴和地球自转轴有 11.5° 交角（图 2-8）。

地磁场包围着整个地球，地磁场中有无数条磁子午线通过南北两个地磁极。磁子午线与地理子午线有一个交角称为**磁偏角**。所以罗盘磁针所指的方向不是地理南北极而是地磁南北极。磁针在磁赤道附近为水平，向高纬度方向移动，磁针发生倾斜，与水平面之间形成交角。磁针与水平面之间的交角称为**磁倾角**。在磁北极或磁南极周围一定范围内，磁针受磁场吸引而直立。磁倾角为 90°。

在地球磁场内，磁力的大小称**磁场强度**。地球赤道上水平磁场强度为 0.31Oe（Oe 为地磁场强度单位——奥斯特），磁北极的竖向磁强为 0.58Oe，磁南极为 0.68Oe，其他地区在上述数字之间。

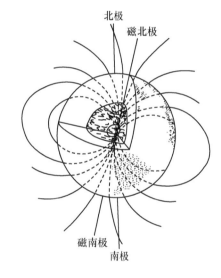

图 2-8 地球磁场

磁场强度、磁偏角及磁倾角称为地磁场三要素。

地球磁性不稳定。经过数十年的测量和研究，发现以下三种变化。

（1）磁场强度变化。磁场强度每天约有数十纳特斯拉（nT）的变化，这是由地球在公转和自转中日地相对位置和地轴倾斜引起的。另一种突然性的变化称磁暴，其变化范围可达数千纳特斯拉，平均每年发生 10 次左右，每次持续时间为几小时至几天。这期间，地球上的罗盘无法使用，无线电通信可能中断（如 1977 年 9 月 17 日和 20 日的磁暴使无线电分别中断 10 分钟和半小时），高纬度地区可出现极光等现象。这种磁暴与太阳出现黑子放出大量电磁辐射有关。

（2）地磁极的移动。地磁的南北极不是固定的，而是在缓慢地移动着。以磁北极为例，1600 年位于 78°42′N，59°00′W；1700 年是 75°51′N，68°48′W；1970 年是 69°18′N，96°37′

W；1980 年是 78°12′N，102°54′W。

（3）地磁极极性的变化。据有关资料，现在的磁北极在地质历史中曾经多次变为磁南极。尽管原因还不清楚，但这是近代地质学的一项重大发现。

地质历史时期形成的岩石可将当时的磁性特征记录下来，称古地磁。岩浆岩冷却过程中同时受到磁化而保存的磁性称热剩磁。沉积岩在沉积过程中，原已磁化的矿物沿磁场方向沉积而保存的磁性特征，称沉积剩磁。地质学家利用这些特征，现已查明，在地质历史时期，地磁极极性曾发生多次变化。古地磁在板块构造研究中起到了重要作用。

通常把地磁场近似看作均匀磁化球体所产生的磁场，这种磁场称正常磁场。如果实际观测的地磁场（消除短期变化）与正常磁场不一致，叫磁异常，如实测值大于正常值叫正磁异常，实测值小于正常值叫负磁异常。前者主要由强磁性（如磁铁矿、超基性岩等）引起；后者主要由弱磁性或逆磁性（如盐、煤、石油等）引起。利用磁异常寻找有用的矿床及了解地质构造的方法叫磁法勘探。此种勘探方法在铁矿勘探中是最常用的手段。

关于地磁场的成因目前尚不清楚，早先曾认为地球内部是一个永久性的大磁铁。然而，超过 500℃（居里点）时多数金属的磁性会消失的理论使上述假设失去了根据。后来又提出地球内部含铁等金属物质的流动可通过自激发电原理产生地球的磁场。目前这个理论要想得到证实还非常艰难，但由于内部物质流动方向的改变，磁北极可以轻易地转换为磁南极，这一点正是这种理论大有发展希望之所在。

（二）地球的电性

人们很早就已知道地球具有电性，如发电厂就以大地作为回路。地球内部物质电学性质一般用电导率或电阻率表达。如何知道地球内部的电性分布呢？浅层物质电性的探测可以人工供应直流电于待测物质的两端，通过测量供电电压电流值，再经一系列计算便可得出地下浅部物质的电性分布。更深物质电性的测量，需要利用天然大地电磁场。大气层雷电活动、太阳活动抛出的等离子体流等与地球磁场相互作用将产生大地电磁场，并在地球物质中产生大地电流。测量不同频率磁场与电场的幅度变化，便可计算地下物质的电阻率变化。

地壳中的电导率与岩石成分、空隙度及充填在空隙中的水的矿化度等有关。据实验得知，沉积岩的电导率大于结晶岩，空隙多而充满水的岩石电导率大于空隙少而无充填水的岩石，等等。另外，电导率还与岩层的层理有关，沿层理方向比垂直层理方向的电导率大。温度对电导率的变化影响更大，熔融岩石比未熔融的同类岩石的电导率大几百至几千倍。一般地热流大的地带电导率也大。电导率随深度增加而加大，在 60～250km 深度和 400～1000km 深度各有一次较明显的变化，前者是由于物质熔融态（软流圈），后者则因深部岩石相变而引起。

利用大地电磁场的分布及频率的变化，可以研究地球内部高导电层的分布及深度。在消除外加电场后，可获得正常电场（即正常的电场强度和电流方向），然后再将该地区测得的电场值与正常值比较，如有偏差，便是地电异常。局部的地电异常反映出可能有矿体或地质构造存在。例如，硫化物矿体可产生自发电流，矿体下部为正电极，上部为负电极，地面电流流向矿体，在矿体附近电位下降，形成负电位中心，电位差可达 700mV。石墨可产生负电位，而无烟煤则产生正电位。据此，则可探明矿体的位置。这种方法称电法勘探，是地球物理勘探方法之一，此种勘探方法在探测金属矿产中起着重要的作用。

五、地球内部的温度

地面常见的温泉、蒸汽泉、火山爆发等现象均反映地球内部具有较高的温度。定量地得到地球内部温度分布也可以做到。地球内部以固体为主，热向外传输以热传导方式进行。通过测量地表的热流（单位时间流过单位面积的热量）、浅部的地温梯度（单位深度内温度的变化量）及岩石热导率，便可计算地下温度随深度的变化值（图 2-6）。地球不同地区地下温度差异较大。高温区有大洋中脊、大陆裂谷、年轻山脉，低温区有地壳非常稳定的平原及高原区。高温区地下 35km 处温度可达 1000℃，而低温区仅 400℃。大洋中脊深处温度异常得高，以至于岩石出现熔化而导致岩浆喷发。

根据地球内温度分布状况可以将地球分为外热层、常温层和内热层。

（1）外热层：为固体地球的最表层，一般陆地区深度为 10～20m，内陆或沙漠地区可达 30～40m。本层热量来自太阳辐射，太阳到达地面的热量约为 10^{25}J/a（焦耳/年），其中绝大部分通过反射或散射又回到空中，只有约 5%送入地下使地面温度升高。由于组成地表的岩石或土层导热小，温度向下迅速减低。太阳热量有昼夜、四季和多年的周期性变化；而且各地变化的速度和幅度也不相同。但总的看来，到一定深度，温度变化开始不明显，而且趋于与常年平均温度一致，此处即为外热层的下界。

（2）常温层：在外热层下界一带，是一个厚度不大的层带。由于这个带内温度常年不变（相当于当地的年平均温度），故称常温层。常温层在中纬度及内陆区位置较深，在海滨地区及高纬度地区位置较浅。

（3）内热层：在常温层之下，热量由地球内热提供，温度随深度增大而增加，而且很有规律。地温增量有两种表示方法，一种为深度每增加 100m 所升高的温度数值，称**地温梯度**，又称**地热增温率**。一般为 0.9～5.2℃，平均为 2.5℃；另一种为温度每升高 1℃所需增加的深度，称**地温深度**，又称**地热增温级**。上述两种表示法互为倒数，例如，地温梯度为 5℃，则地温深度为 20m。

若按地温梯度为 2.5℃计算，地心温度将达 15 万℃以上，与太阳光球层的温度相当，地球将燃烧起来。地球是个行星，地心温度不会超过太阳的温度。因此，地温梯度在 70km 深度以上约为 2.5℃，再向深处则逐渐变小，为 0.5～1.2℃。据此推算，在 100km 深处约为 1100℃；2900km 深度为 3700℃；地心温度最多不超过 4300℃。

地球内部的热总是通过传导、对流和辐射等方式从高温区向低温区方向流动的，其主要表现是从深部流向地表。热流是单位时间内通过单位面积的热量，经测量统计，大洋中脊的平均热流值＞8J/（cm^2·s）；大洋盆地约为 5.43J/（cm^2·s）；海沟＜4J/（cm^2·s）；在年轻的造山带及火山带可高达 9J/（cm^2·s）；而活动性差的平原区一般为 3.8～5.4J/（cm^2·s）。这种不均匀分布表明地球表层活动性强烈地区为"热地壳"，而稳定地区则为"冷地壳"。

热流值较大的地区（如热泉，火山等地区）叫地热异常区。这些地区经过地热勘探，用钻孔把地下热水开发出来，用于发电（地热电站）、工业、农业、医疗卫生、生活饮用和提取稀有元素等。地热是主要天然动力资源之一。

第三节　地球的外部圈层特征

地球在结构上呈现出圈层的特征。不仅地面以下的固体地球部分，而且地面以上的外部空间都具有圈层特征。地表以上空间中的圈层称外圈层，地表以下固体地球部分中的圈层称内圈层。每个圈层都有自己的物理、化学等性质。对这些圈层的了解对从整体上把握地球及理解动力地质作用具有重要意义。

地球的外圈层一般分为三个层次，即大气圈、水圈和生物圈。

一、大 气 圈

大气圈是由包围着地球的大气组成的圈层，厚度超过几万公里。受地球万有引力作用，大气圈底部的气体最稠密，向上逐渐变得稀薄。

大气圈由混合气体组成，地表以上的低空成分主要是氮气（78%，体积比，下同）、氧气（21%）、氩气（0.9%）、二氧化碳、水蒸气及其他气体。大气圈由下至上在物理及化学性质上均出现明显的变化而显示出大气圈内部的次级分层。有多种次级分层方案，其中根据温度变化和密度状况而进行的分层方案最为重要。与此分层适应，其他物理、化学物质也相应地发生变化。根据温度变化和密度状况可把大气圈自下而上分为对流层、平流层、中间层、热成层和外逸层（图 2-9）。

对流层是大气层底部大气发生对流的层位。其厚度在赤道处约为 17km，两极处约为 9km。对流层的温度由地面向上逐渐变低。由于上部冷空气密度大，而下部热空气密度小，故对流运动可在其中发生。地球上的天气现象均源自于对流的发生。上冷下暖的温度结构起因于对流层的热源是地面热辐射（吸收太阳能后再辐射）。由于对流的发生，大气成分不断进行上下部分的混合，故比较均一。

平流层是对流层之上大气仅出现水平流动的层位。其高度为 10～50km。平流层的温度由下部的–83～–50℃至顶部的约 0℃。上暖下冷的温度结构抑制了对流的发生，因而没有了多变的天气现象，每日均晴空万里。

平流层中温度向上递增的原因为该层是臭氧分布的集中带，而臭氧吸收了太阳紫外辐射导致大气温度上升。

中间层是平流层以上至约 85km 处的层位。由于空气已非常稀薄，吸收太阳辐射较少，大气温度再次向上递减，至中间层顶时已降至约–90℃。中间层也有对流现象，但由于空气稀薄且无水蒸气，所以不能形成像对流层那样的天气现象。

热成层（暖层）是 85～500km 的层位。热成层温度向上递增很快，特别是在 100km 之上白天温度可达 1000℃以上。热成层的成分主要是原子态的氧和电离化的氧，它们均能强烈地吸收太阳的紫外辐射，故升温较快。在此层内部存在多层的电离层，也称电离层，可强烈地反射无线电波。

外逸层是 500km 以上的大气层位。这里，大气更加稀薄，物质组成以原子态和电离化的氧、氦、氢为主。这些物质对太阳紫外辐射的吸收导致该层具有很高的温度。其上界与太空气体连续过渡。

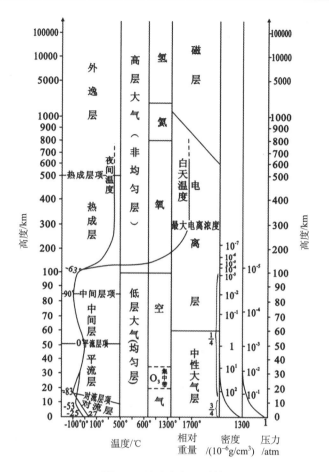

图 2-9　地球大气层结构

二、水　圈

水圈是由地球表层的水体构成的一个圈层。水圈的水体主要存在于海洋中，其次是江河湖泊中，另外地表以下的岩石土壤孔洞中也含有水体。从物态上看，水圈中 98% 的质量呈液态，约 2% 的质量呈固态。

（一）水圈的化学性质

水有很强的溶解能力，大多数物质都可被水溶解。实际上水圈中的水体是一种水溶液。盐度是水中溶解物质质量多少的量度，定义为 1kg 水溶解的固体物质的质量数，以千分率表示。按盐度大小可将水圈中的水体分为淡水（<0.3‰）、半咸水（0.3‰～24.695‰）、咸水（>24.695‰）。江河湖泊中的水体一般为淡水，海洋中的水体为咸水（平均盐度 35‰）。

淡水中溶解的物质从多至少为：阴离子 HCO_3^-、SO_3^{2-}、Cl^-；阳离子 Ca^{2+}、Na^+、Mg^{2+}。咸水中：阴离子 Cl^-、SO_4^{2-}、HCO_3^-；阳离子 Na^+、Mg^{2+}、Ca^{2+}。

（二）水圈中水的循环

海洋水体通过蒸发作用从液态变为气态，气态水随大气环流而向陆地运动，在适当的条件下，又转为陆地降水，降水至地面后在重力作用下由高向低流动形成地面径流或渗透至地下形成地下径流，最终流至海洋。这是水圈中最大的循环。另外水还在陆地范围内或海洋范围内进行循环（图 2-10）。

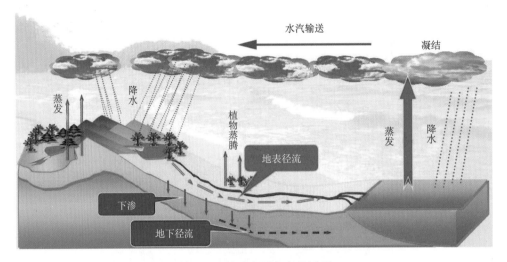

图 2-10　地球水圈中水的循环

大洋的海水大约 3200 年可以以此方式更新一次。在水循环的过程中，其动力可对地表的岩石进行溶解、冲刷、磨损等破坏作用，而后搬运这些破坏了的物质至另一个地方沉积下来，从而改造了地表的面貌。

三、生　物　圈

生物圈是地球上生物及其生存和活动的范围。生物活动的范围主要集中在地表附近，但高达 10km 的高空，深达 3km 的地下及大洋底部都可有生物存在，因此生物圈厚度可达十几公里。生物圈总质量约为 114800t，构成了一个包围地球的完整的封闭圈。

生物圈的组成成分包括了从低级到高级，从植物到动物的全部生物。按生物的分类原则，包括原核生物（是没有细胞核的单细胞生物）界、原生生物（是有细胞核的单细胞生物）界、真菌（是低等的真核生物）界、植物（能进行光合作用，营自养生活的生物）界和动物界。

生物圈的生物可以生活在非常恶劣的环境里。在深达 5000 余米的深海平原区域有一种水螅动物，叫海笔。在 500atm 下，它们生活得自由自在。在 180℃高温下有些真菌孢子仍可生存，同样在–250℃低温下有些孢子也不会马上死亡。

在地球不同环境下的生物形成了适应局部环境的生态组合，它们与环境一起构成了生态系统。生态系统是构成生物圈的一级单位，其中的生物按其作用可分为生产者、消费者、分解者三类，它们互相依存、互相配合，促使生态系统健康发展，从而也使生物圈保持平衡。

第四节　地球的内部圈层

一、地球内部圈层的划分

根据第二节提到的地球内部物理性质的变化特征，特别是地震波速的变化特征，可将固体地球的内部分为若干个圈层。同时为了进一步了解各圈层的化学组成及物质存在状态，还配合以其他方法综合研究。这些方法是：对深部样品露头的物理和化学分析、某些天然样品的物理和化学分析、地球物质的高压高温实验等。

1909 年，莫霍洛维奇发现地震纵波速度在地下 30～60km 处从 6～7km/s 跳到 8km/s 以上，意味着此深度存在着一个重要的物性界面，即命名为莫霍面（M 面）的界面。其上的圈层为地壳，其下的圈层为地幔。在地幔内，速度总体上随深度增加。大约在 2900km 深度，地震纵波突然从 13km/s 降到 8km/s 左右，这是地球内部的第二个大的界面，是由古登堡在 1914 年首先提出来的，被命名为古登堡面。其下部分被称作地核。

从 1956 年开始，布伦对地幔做了进一步分层的工作，认为地幔由上地幔、过渡层和下地幔组成。过渡层是地震波速度变化不均匀的层位，大致位于 400～1000km 处，而上、下地幔是地震波速率匀速增加的层位。

地核内部的分层由地震学家莱曼女士于 1936 年完成。从 2900km 开始纵波速度逐渐回升，但横波速度为零。直到 5000km，横波重新出现，纵波速度也有明显跳跃。这个位于地核内的重要界面，称 L 面。后来的精细研究发现 L 面实为一个过渡带，即具有一定的厚度。

因此，地球内部的分层从 20 世纪 50 年代以来便被接受为七层，它们从上而下依次为地壳（A 层），上地幔（B 层），过渡层（C 层），下地幔（D 层），外核（E 层），过渡带（F 层）和内核（G 层）（图 2-11 和表 2-2）。

I 级圈层	II 级圈层	代号	深度/km	剖面柱	状态
地壳	大陆地壳	A			岩石圈 固态
—莫霍面	大洋地壳		33		
地幔	上地幔	B	60 / 250		软流圈 柔性
	过渡层	C	400		固态
—古登堡面	下地幔	D	2898		
地核	外核	E	4640		液态
	过渡层	F	5155		固态过渡态
	内核	G			固态

图 2-11　地球内部圈层划分

尽管后来的研究证明地球内部在横向上也有物理性质上的变化，但纵向变化仍然是第一位的。

二、地球内部圈层的物质组成和物态

前述的地球内部的两个最重要的界面（莫霍面和古登堡面）将地球内部分为的地壳、地幔和地核是三个一级圈层。这三个一级圈层的特征如下。

1. 地壳

地壳厚度在大陆地区较厚，平均为 35km（厚处可达 60km），大洋地区较薄，平均为 6km。大陆地壳由硅、铝成分为主的硅酸盐和硅、镁成分为主的硅酸盐组成。大洋地壳由硅、镁成分为主的硅酸盐组成。硅铝质硅酸盐主要成分硅占 73%、铝占 13%，密度为 $2.7g/cm^3$。硅镁质硅酸盐的主要成分硅占 49%，镁和铁占 18%，铝占 16%，密度为 $3.1g/cm^3$。前者的代表性岩石是闪长岩，后者的代表性岩石是玄武岩（图 2-12）。

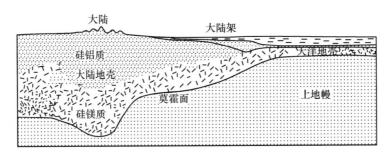

图 2-12　大陆地壳和大洋地壳的厚度及组成

2. 地幔

地幔厚为 2800 多公里，占地球体积的 83.4%，占地球质量的 2/3。上地幔组成为超基性岩，理由有以下几点：①玄武岩喷发带出的上地幔捕房体样品为超基性岩；②地表分布的部分超基性岩露头据其形成时的温度压力估计，原位于上地幔深度，是后来的地壳运动将其带至地表；③将超基性岩置于上地幔的温压条件下测其波速，其值可与上地幔地震波速很好地对比；④陨石成分的比较研究，根据假说，石陨石可以代表上地幔的成分，石铁陨石可以代表下地幔的成分，铁陨石可代表地核的成分。

上地幔中 60～250km 深度，在地震波速上表现为低速层。而玄武岩喷发的源区深度也位于此深度段，故认为这是一个上地幔物质的部分熔化层。说其是部分熔化是根据地震波速的降低程度及玄武岩的成分分析得到的。地质上称该层为软流层（或软流圈）。其上的地幔部分与地壳合起来称岩石层（或岩石圈）。软流层是大陆漂移学说的重要基础，这在以后的章节中还要提到。

上地幔以下部分的样品在地表已不可能见到，对其成分及物态的推测主要依据理论和实验研究。在相当于 670km 的高温高压条件下超基性岩的主要矿物橄榄石和辉石将发生分解，见下式：

$$(Mg, Fe)SiO_4 \longrightarrow MgO+FeO+SiO_2$$

即橄榄石分解为方镁石、方铁矿和超石英。可见，C 层过渡中硅酸盐矿物已渐渐分解为氧化物矿物。

下地幔深度为 1000～2900km，厚约 1900km，平均密度为 5.1g/cm^3。组成物质仍是氧化物，只是结构更密实些。

3. 地核

地核深度为 2900～6387km，厚约 3473km，占地球体积的 16.3%，占地球质量的 1/3。外核因横波不能通过而被确定为液态。平均密度为 10.5g/cm^3。过渡层约为 515km，横波已出现，但波速小，看来是从液态向固态过渡的区域。内核厚度为 1216km，平均密度为 12.9g/cm^3，纵波和横波均有，应是固态。

地核成分的推测主要依据陨石成分的类比、地磁场起源研究及高温高压实验。前已提到，据假说，铁陨石应与地核具有相当的成分，即主要是铁，并含 5%～20%的镍。地磁场起源的自激发电说需要地核具备导体的条件。另外，冲击波超高压实验得到的铁镍在地核压力下的波速测量值与实际地核波速值较为一致。这些均可证明地核应由铁镍合金组成，不过外核部分可能还含有硅、硫等轻元素。

第五节　地球表面的形态特征

地球表面高低起伏不平，分为陆地和海洋两大部分。陆地面积约为 1.495 亿 km^2，海洋面积约为 3.61 亿 km^2，二者面积比约为 1：2.5。海陆在地球表面的分布极不均匀，陆地多分布于北半球，而海洋多分布于南半球。陆地上的最高峰是位于中尼边界的珠穆朗玛峰，海拔为 8844.43m。海洋最深处为马里亚纳海沟，海拔为–11034m。二者相差约 20km。陆地平均高度为 0.86km，海洋平均深度为 3.9km。

一、陆 地 地 形

陆地表面地形十分复杂，按照高程和起伏变化，陆地地形可分为山地、丘陵、平原、高原、盆地和洼地等类型。

1. 山地

山地按海拔可分为低山（500～1000m）、中山（1000～3500m）和高山（大于 3500m）。山脉是线状延伸的山体。世界上著名的山脉有喜马拉雅山脉、阿尔卑斯山脉、安第斯山脉等。世界上高大的山脉大多是在地壳活动特别强烈的地带逐渐形成的，它们主要沿着两大地带分布，一个是环太平洋两岸地带，另一个是从阿尔卑斯山到喜马拉雅山再到东南亚的地带。上述两个地带也是地球上火山和地震活动最剧烈的地带。

2. 丘陵

地表起伏不大（一般仅数十米，最高 200m），属重峦叠嶂的低矮地形，如我国东南丘陵、川中丘陵。

3. 平原

平原是海拔较低的宽广平坦地区，海拔多在 0～500m。海拔 0～200m 者叫低平原，如我国华北平原、东北平原；200～500m 者叫高平原，如成都平原。平原在陆地上的分布比较有规律，一般分布在山地与海洋之间或者大陆内部的山岳之间。地势宽广平坦，或略有起伏。世界上最大的平原是南美洲的亚马孙平原，面积为 560 万 km²。

4. 高原

高原是指海拔在 500m 以上，顶面平缓，起伏较小，而面积又比较辽阔的高地。世界上最高的高原是青藏高原，海拔在 4000m 以上；最大的高原是南美洲的巴西高原，面积达 500 多万 km²。

5. 盆地

盆地是周围山岭环绕、中部地势低平似盆状的地形，如非洲的刚果盆地，我国的四川盆地（图 2-13）、柴达木盆地。

6. 洼地

洼土是指陆地上有些地区很低，高程在海平面以下的土形。我国吐鲁番盆地中的艾丁湖湖水面便在海平面以下 150m，称为克鲁沁洼地。

二、海 底 地 形

海底景象千姿万态，绚丽壮观。它的崎岖程度不亚于陆地，而高低之差又大大超过陆地。和陆地地形一样，海底地形也是内外动力地质作用相互矛盾和统一的结果，特别是内动力地质作用促使海底塑成极为崎岖的地形，图 2-14 为大西洋海底地形示意。

图 2-13　四川盆地三维地形特征

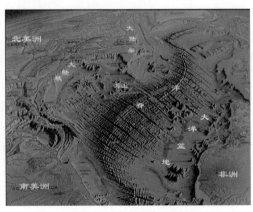

图 2-14　大西洋海底地形

根据海底地形的基本特征，把海底分为大陆边缘、大洋盆地和洋脊三个单元。

（一）大 陆 边 缘

大陆边缘是大陆与大洋连接的边缘地带，包括大陆架、大陆坡、大陆基（图 2-15）。这里把大陆地壳与大洋地壳分界的过渡地带——海沟与岛弧暂包括在大陆边缘范畴。

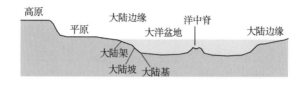

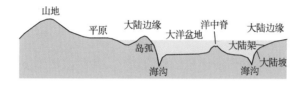

图 2-15　地球表面形态示意剖面图

1. 大陆架

大陆架是围绕大陆的浅水海底平原，地势平坦，一般坡度小于 2°，深度各地不一，一般为 20～500m。大陆架一般指水深 200m 以内的水域，平均深度 133m（图 2-14 和图 2-15）。我国大陆架宽度为 100～500km，水深一般在 50m，最大水深达 180m。大陆架在各大洋的宽度是不等的：有些地区宽达 1000km，如欧亚大陆的北冰洋沿岸；有些地区很狭窄，如日本群岛大陆架仅 4～8km，甚至缺失。以各大洋而论，北冰洋大陆架最发育，几乎占北冰洋面积的一半；印度洋大陆架最不发育，仅占印度洋面积的 4%。

2. 大陆坡

大陆坡是大陆架外缘的倾斜部分，以坡度陡为特点，平均坡度为 4.3°，最大坡度在 20°以上，最大深度为 1400～3200m，宽度为 20～90km，平均宽度为 28km（图 2-14 和图 2-15）。大陆边缘常有许多两岸很陡甚至直立、高差很大的凹槽，横切大陆坡，有的甚至切穿大陆架，与现代或近代河口相连，这种深且陡峭的 V 形谷称为海底峡谷，犹如陆地上的峡谷。恒河、印度河、圣劳伦斯河、密西西比河河口外都有海底峡谷。海底峡谷的研究已有百余年的历史了，但它的成因却是海洋地质学争论不休的问题之一。有人认为是构造成因，有人认为是浊流作用所造成，有人认为是河流在历史时期的产物，等等。

3. 大陆基

大陆基是大陆坡与大洋盆地之间常有比较平坦的地区，其坡度仅 1/700～1/100。大陆基是浊流和滑塌作用在大陆坡坡麓所形成的堆积物，一部分覆盖在大陆坡上，一部分覆盖在大洋盆地上。这些堆积物向大洋盆地方向逐渐变薄并向大洋盆地方向倾斜。一般分布在水深

2000~5000m 的地方，平均深度为 3700m。

4. 海沟与岛弧

太平洋北部和西部的阿留申群岛、千岛群岛、日本群岛、琉球群岛、菲律宾群岛，无论是这些岛屿的本身，还是把它们连接起来，都成弧形，称为岛弧；岛弧靠大洋一侧常发育有长条状的巨型凹地，横剖面类似不对称的 V 形，深度在 6000m 以下，称为海沟。海沟与岛弧常平行伴生，构成统一系统，广泛发育于环太平洋带。太平洋中的马里亚纳海沟是地球表面最低点，深达 11034m。岛弧与海沟位于陆壳与洋壳的分界处，板块学说认为，这里是大洋板块向下俯冲的地方，是地壳变动剧烈的不稳定地区，有强烈的地震和火山活动。大陆边缘除大陆基外，其基底性质与大陆地壳一样，下面都有较厚的硅铝层，与大洋盆地基底缺失硅铝层有明显区别。因此认为它们是大陆地壳的水下延伸部分。

（二）大 洋 盆 地

大洋盆地是海洋的主体，约占海洋总面积的 45%。其中主要部分是水深 4000~5000m 的开阔水域，称为深海盆地（图 2-15）。深海盆地中最平坦的部分称为深海平原，是地表最平坦的地区。一般坡度小于 1/1000，甚至小于 1/10000。平均深度达 4877m。深海平原中可见到范围不大、地形比较突出的孤立高地，称为海山（图 2-14）。其中有一类极为突出的海山，呈锥状，比周围海底高 1000m 以上，隐没于水下，或露出海面，称为海峰。大洋盆地中还有一些比较开阔的隆起区，高差不大，没有火山活动，是构造活动比较宁静的地区，称为海底高地或海底高原，如大西洋中的百慕大海底高地。有些无地震活动的长条状隆起区，称为海岭，如印度洋中的九十度东海岭。据研究，九十度东海岭、北冰洋罗蒙诺索夫海岭、扬马延海岭下面都属大陆地壳性质，与洋壳有显著的不同，它们是后期地壳运动下沉到海面之下形成的。

（三）洋 脊

大洋底部很重要的地势特征是有一种线状分布的海底隆起，像屹立在大洋底部的巨大"山脉"，延伸于大洋，连绵数万公里，称为洋脊（图 2-14）。洋脊大多分布于大洋的中部，所以也称为洋中脊。其规模超过陆地上最大的山系，有地震和火山活动。洋中脊由火山岩组成，被一系列横向断裂所错开，错开距离可达数百公里。它突出海底的高度可达 2~4km，宽度在 1000km 以上。洋脊的中央有明显的裂缝，称为中央裂谷，其深度达 1000~2000m，宽度达数十公里甚至百余公里。板块学说认为中央裂谷是地壳下面地幔物质上涌的通路，涌出地壳的熔岩冷却，形成新的地壳。

第三章
地壳的物质组成

固体地球的最外圈是地壳，它是地质学最直接的研究对象。地壳由岩石组成，岩石由矿物组成，矿物由各种元素组成，所以研究地质学首先要从元素与矿物入手。

第一节　元　　素

一、元素在地壳中的分布和克拉克值

地壳是由物质组成的，其最小单位就是化学元素。元素可由原子、分子或离子的形式单独出现，但更多的是与其他元素结合成化合物。组成地壳的元素从种类上讲，几乎包括了元素周期表上的所有元素。

为了研究元素在地壳中的分布规律，不少学者采集了世界各地的各种岩石样品和矿物标本，进行了大量的化学分析。在获得大量资料的基础上，1889 年美国学者克拉克统计了全球地壳中的化学分析资料，计算出了每一种化学元素的质量分数，并公诸于世。当时他是依据全世界大约 5159 个样品的结果来统计的。尽管后来随着样品数量的增加、采样方法的精确及采样范围的扩大，有些学者不断进行补充和修正，给出一些新的资料和数据，但为了纪念克拉克的功绩，后人把元素在地壳中的质量分数称为克拉克值。当然，因为研究和生产工作的

需要，在一些较小的区域或一定的地壳构造单元内取得的元素的质量分数，称为元素的丰度，以此和全地壳的元素含量（克拉克值）相区别。

有了克拉克值就容易讨论元素在地壳中的分布规律了，把它绘制成图就更加清晰（图 3-1）。其主要特征如下：①元素的含量很不均一，相差悬殊；②氧和硅是最主要的组成元素，占据了 74%～75% 的比例；③组成地壳的主要元素包括氧、硅、铝、铁、钙、钠、钾、镁 8 种，共占据地壳质量的 98% 以上。其他数十种元素总含量都很小，总计不足 2%。

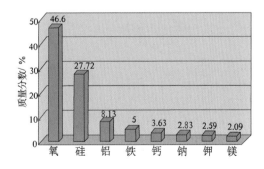

图 3-1　地壳的主要元素的质量分数图

二、元素在地壳中的迁移和富集

如上所述，元素的含量和分布在地壳中都是不均一的，但它们常常又可以因为某些原因而发生迁移，例如，水的溶解可以把某些元素带走，化学反应也可使某些元素被迁移；相反，也可以在一定的条件下使某些元素聚集起来。所以总的说来，元素在地壳中的分布是不断变化的。就整个地壳来说，克拉克值是基本不变或很少变化的，而因为元素在地球上可以迁移和富集，所以具体到每一个地点、地区或局部范围内，在一定的时间内则是可以变化的。正是这种迁移和富集的活动过程，才可能导致某些元素的集中而形成一定的矿产资源，或者由于迁移而使某些资源受到破坏。实际上，发生于地表或地球内部的一些物理的、化学的或生物的地质变化过程，都会伴随元素的迁移或富集。了解和掌握元素迁移和富集的规律，是人类保护自然资源、寻找矿物资源的前提和理论依据。

通过对地表岩石和土壤的系统采样和分析化验，就可以求得某地区某种元素的含量，把它与正常的地球化学背景值（即丰度）进行比较，就会发现取样地区元素含量与标准值的差异，从而确定某些元素的高富集区，即异常区。这就是地球化学找矿方法的基本原理。

地壳中某些元素的含量是很少的，其克拉克值很低，似乎很难形成矿产，但在一些特定的地质条件下，它们仍然可以富集成矿产，如果平均分布则不可能形成矿产。许多稀有分散的元素的确形成了有重要利用价值的稀有元素矿产和贵金属矿产，构成了国民经济的重要自然矿产资源和物质财富。是什么样的地质作用造就了地壳中的含量极少的元素富集成矿？这就是地质工作者们应当探寻的重要课题。

第二节　矿　　物

地壳中，地表面上除去极少元素是以单质形态产出外，绝大多数都是与其他元素结合以化合物的形式出现的。这些能独立存在于自然界的单质和化合物称为矿物。换句话说，矿物是元素的存在形式。在地表或地壳中肉眼所能见到的最小物质组成就是矿物，所以研究矿物就成了认识地球的基础工作。

一、矿物的概念

矿物是在地质作用过程中形成的、结晶态的自然元素和无机化合物。它们具有一定的化学组成和存在形式，具有一定的物理和化学性质。矿物内的离子排列是有一定规律的，即按一定的几何样式排列的，这就是说具有一定的结晶格架或空间点阵。这种具有一定结晶格架排列方式而形成的矿物，称为结晶体，简称晶体。不同矿物往往具有不同的结晶格架，元素在结晶格架中结合的紧密程度和结合方式是不相同的。因此结晶构造往往就是控制矿物某些性质的重要因素之一。也有少数固体矿物的内部质点的排列是不规则的，或不具有固定的几何结构，这些矿物称非晶质矿物，或称**准矿物**，随着地质年代的推移，它们将会转变为结晶态的矿物。

如图 3-2 所示，方铅矿就是由元素铅和硫形成的一种自然硫化物。铅和硫的质点（离子状态）交互联结形成立方体状的晶体构造。所以方铅矿也常成立方体状晶体产出或由许多个立方体的晶体形成粒状集合体，方铅矿也容易在受力后分裂成立方体的小块状。

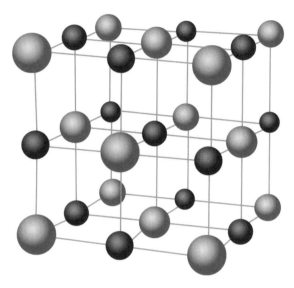

图 3-2　方铅矿的晶体构造

大者为 S，小者为 Pb

此外，自然界还有一部分以液态或气态存在的单质和化合物，如水银、石油、水和天然气等目前均未纳入矿物的范畴。人工方法获得的某些与天然矿物相同或类同的单质或化合物，称为合成矿物或人造矿物，如人造金刚石、人造水晶、人造云母、人造宝石等。

二、矿物的分类

矿物最主要的分类依据是矿物的化学成分及化合物的化学性质。可以划分成单质、氧化物、氢氧化物、卤化物、硫酸盐、碳酸盐、磷酸盐和硅酸盐等。这样分类的每一类矿物都具有相似的化学性质和物理性质。自然界中同一大类矿物在内部结构上和元素种类及数量上是不尽相同的，这就引起了它们物理性质和化学性质上的某些差异。

从结晶学的角度上还可以划分为结晶质矿物和非晶质矿物。结晶质矿物又可根据晶体质点的空间排列方式分为岛状、环状、链状及层状等（图 3-3）。

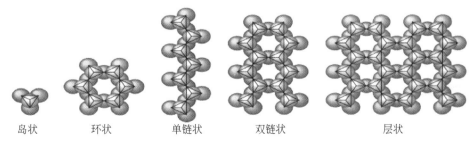

岛状　　　　环状　　　　单链状　　　　双链状　　　　层状

图 3-3　结晶结构

在实际应用中还可以进行其他的分类，如划分出金属矿物和非金属矿物；矿石矿物和脉石矿物；造岩矿物和非造岩矿物（或造矿矿物）；农用矿物、药用矿物等。

三、常见矿物及造岩矿物

地质学家研究矿物主要是为了寻找矿产。一方面，因为矿产的概念在不断扩大，所以构成矿产的矿物种类也在变多，某些矿产也不仅仅是单一种类的矿物了，而是扩大到了某些岩石类型，如花岗岩、大理岩都列入了矿产的范畴。另一方面，地质学家在实际工作中总是要跟岩石打交道，而要认识岩石，首先就要认识矿物。因此认识矿物是最重要的基本功，就像读书得先识字一样，否则无从下手。目前科学家在地球上（及地壳中）已经发现的矿物已达2000余种，但最常见的不过200多种。其中经常形成各种岩石的矿物有20～30种，形成重要矿产资源的矿物也不过20～30种，合起来就是50～60种。这些就是我们所说的常见矿物，其中包括了造岩矿物和造矿矿物的重要部分（表3-1）。每一个初学地质科学的人都必须熟练地认识和掌握它们的特征和简单的鉴定方法。常见的矿物种类可参见表3-1和表3-2。

表3-1　最主要的常见矿物

分　类	矿　物　名　称
自然元素	石墨、自然铜、自然银、金、硫黄、金刚石
氧化物	赤铁矿、磁铁矿、锡石、铝土矿、石英、刚玉、金红石
氢氧化物	纤铁矿、针铁矿、水锰矿、水镁石
卤化物	石盐、萤石、钾盐、光卤石
碳酸盐	方解石、白云石、孔雀石、菱镁矿、菱铁矿、蓝铜矿
硫化物	黄铜矿、黄铁矿、方铅矿、闪锌矿、辉锑矿、斑铜矿、雄黄、辰砂
硫酸盐	石膏、重晶石、芒硝、天青石、明矾石
磷酸盐	磷灰石、独居石、绿松石
硅酸盐	滑石、云母、长石、石榴子石、绿泥石、绿帘石、角闪石、辉石、橄榄石、蛇纹石、石棉、高岭石、红柱石

以上矿物中大部分是经常组成各种岩石的矿物，称为造岩矿物，而不一定富集成矿产，造岩矿物中又以硅酸盐类矿物为主。熟练地掌握它们的物理性质，了解它们的共生组合特征，是认识主要岩石类型的基础。常见的造岩矿物如表3-2所示。

表3-2　常见的造岩矿物

富铁镁硅酸盐	贫铁镁硅酸盐	其　他　矿　物
橄榄石、辉石、角闪石、石榴子石、蛇纹石、绿泥石、黑云母	石英、钾长石、斜长石、白云母、绢云母、高岭石、红柱石	金红石、磁铁矿、褐铁矿、黄铁矿、方铅矿、白云石、磷灰石、霞石、方解石等

四、矿物的形态及主要物理性质

矿物多数呈固态，而且大多数矿物内部都具有一定的结晶构造，所以外表上也就形成了它们各自固有的几何形态，而且各自保持着一定的物理性质，这些都是不同矿物的化学组成和内部结构的某种反映，也是识别它们的重要标志。认识和了解矿物的形态及主要物理性质，能够帮助人们识别最常见的造矿矿物和造岩矿物。矿物的主要物理性质包括形态、颜色与条痕、光泽、透明度等光学性质和硬度、解理和断口等力学性质。再加上形态特征和某些简易的化学性质测试，就可以鉴定出大多数的常见矿物。

1. 形态

矿物的形态即矿物的单体及集合体的形状。单体形态是指单个矿物晶体的结晶外形；集合体形态是指同种矿物聚集在一起成群产出所构成的组合形态。晶体都是由一些（一种或几种）规则的几何平面（晶面）围限起来的固定的几何形体，也叫单体外形，如立方体、四面体、菱面体、平行六面体、四角三八面体、五角十二面体等（图3-4）。每一种矿物都有比较常见的固有晶形，也有的矿物可以有两种以上的晶形，但大多数矿物只有一种固定的晶形。所以晶体形态可以成为矿物很好的鉴定标志之一。不同矿物也可以具有相似的或相同的晶形，如石盐和方铅矿都可以呈立方体形，黄铁矿也可具立方体晶形，石榴子石可以具四角三八面体和五角十二面体的晶形。

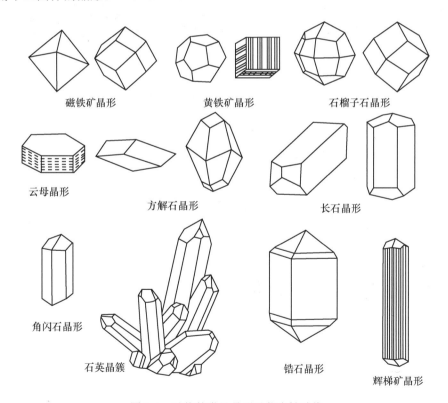

磁铁矿晶形　　　　黄铁矿晶形　　　　石榴子石晶形

云母晶形　　　方解石晶形　　　　长石晶形

角闪石晶形　　石英晶簇　　　锆石晶形　　辉梯矿晶形

图3-4　矿物的常见晶形及代表性矿物

晶形的种类很多，为方便认识，按晶体中的三个互相垂直的轴向的发育程度大致把矿物划分成三向延长型、两向延长型和一向延长型。三向延长则指三个轴向上几乎同等发育，因此形成的晶形几乎呈等轴状，如立方体、四面体、菱面体等。三向延长的矿物有黄铁矿、萤石、石榴子石、金刚石等。两向延长则指两个轴向上几乎同等发育，第三个方向相对发育较慢，常形成板状、片状晶体。两向延长的矿物有长石、板状石膏、云母等。一向延长是指矿物在某一个轴向上生长发育迅速，其他方向相对发育较慢，因而形成的晶形为长条状、长柱状，甚至针状和纤维状等。一向延长的矿物有石英、角闪石、辉锑矿、石棉和纤维状石膏等。

有些矿物常成团成群出现，使许多小晶体组合成群，称为矿物集合体。常见的集合体有放射状集合体、针状集合体、纤维状集合体、片状集合体及簇状集合体等（图3-5）。也有些矿物是以隐晶质或胶状的固体矿物集合体形态产出，如葡萄状、鲕状、钟乳状及结核状等（图3-6）。

放射状   纤维状及针状

片状   簇状

图 3-5　矿物集合体形态

2. 颜色与条痕

矿物的颜色是它吸收不同波长可见光的反映。矿物呈什么颜色，首先取决于它所含的色素离子的成分，所以矿物一般具有固定的颜色。矿物的颜色也与杂质的影响、表面状况或后期风化程度等有关，因而有自色、他色和假色之分。自色是指矿物本身固有的颜色；他色是指外来带色杂质的机械混入所染成的颜色；假色是指因矿物存在裂隙或表面氧化薄膜所引起的颜色。

葡萄状　　　　　　　　　　　　钟乳状

结核状　　　　　　　　　　　　鲕状

图 3-6　隐晶及胶状矿物集合体形态

条痕是矿物粉末的颜色，矿物粉末是用矿物在无釉瓷板上刻划得到的。它对于某些金属矿物具有重要的鉴定意义。如赤铁矿有赤红、铁黑或钢灰色，但其条痕则总为樱红色，比较稳定。透明矿物的条痕都是近白色，一般无鉴定意义。

3. 光泽

光泽是指矿物表面对光线的反射、折射程度。因此它常和矿物的表面特征（如平坦与否，新鲜与否等）有关，也与矿物的内部组成有关。一般按矿物表面反光的强弱程度及特征可把矿物的光泽划分为金属光泽和非金属光泽两大类。非金属光泽又可再细分出金刚光泽、玻璃光泽、油脂光泽、土状光泽、蜡状光泽等。

4. 硬度

硬度是指矿物抵抗刻划的能力。据此，可以把矿物划分成软矿物（指甲可以刻划的），硬矿物（小刀不能刻划的）和中等硬度的矿物（硬度介于软、硬矿物之间的）。为了更确切地表示矿物硬度的等级，早在 1822 年，德国矿物学家摩氏（Mohs）提出用 10 种矿物来衡量矿物的硬度，这就是摩氏硬度计。现在矿物学中普遍采用了摩氏硬度计来计量硬度。摩氏硬度计把所有矿物的硬度分为 10 个等级，并分别以 10 种典型矿物为代表（表 3-3）。

在实际工作中，只要记住了这 10 种矿物的名称和硬度等级，就可以用它们作标准，把未知矿物分别与它们相互刻划，观察是否能互相刻划，或哪一个被刻划出了印痕，就能由此比较出未知矿物的相对硬度等级。

矿物的硬度是对新鲜矿物而言的，如果遭受风化则可能降低其硬度等级。所以鉴定时应当考虑到这种因素，还应注意区分脆性和硬度的差异。

表 3-3　摩氏硬度计

硬度级别	代表矿物名称	硬度级别	代表矿物名称
1	滑　石	6	长　石
2	石　膏	7	石　英
3	方解石	8	黄　玉
4	萤　石	9	刚　玉
5	磷灰石	10	金刚石

5. 解理和断口

解理是指矿物在受到机械力作用之后沿着晶体内部的一定方向（即结晶格架中一些化学键联结较弱的面）分裂的特性。容易分裂者称解理好，反之则称解理差，甚至无解理。这种分裂面往往是平面，称为解理面。因为它们是沿着结晶格架内部结合面分裂的，所以解理是代表矿物内部结构的可分裂特性的一种性质。因此解理面具有固定的方向，并且是可以多次重复裂开的面。矿物中有时可以具有不止一个方向的解理。沿着同一个方向分裂的所有解理面称为一组解理。有的矿物只有一组解理，有的矿物可有两组解理，有的矿物可有三组甚至四组解理。有的矿物受力后不能沿着一定方向呈平面状重复裂开，则称为没有解理。这种情况下的破裂面多不规则，常呈贝壳状、参差状等断开面，这些面统称为断口。每种矿物是否具有解理，有几组解理等均取决于其内部的结晶格架的性质，而与外部特征无关。因此解理是矿物的一种最稳定的物理性质，最具鉴定意义。所以对某种矿物来说，其解理组数、发育程度、解理面的夹角基本上是固定不变的。

除了以上几种主要物理性质外，矿物还具有一些其他特性，如密度、弹性、滑感、磁性、透明度等，也都具有一定的鉴定意义，例如，磁铁矿具有磁性，滑石、蛇纹石具滑感，石盐具咸味，硫黄具臭味，云母具弹性，石英一般呈透明状，方铅矿和黑钨矿比重大等。

以下根据矿物的主要物理性质及形态，把常见矿物列述如下，供参考（表 3-4）。

表 3-4　常见矿物特简表

名称	化学式	形态	颜色	光泽	条痕	硬度	解理	其他
石墨	C	片状、块状	钢灰色、铁黑色	金属	灰黑色	1	一组解理	易染手，具滑感
自然铜	Cu	片状、薄板状、树枝状	铜红色	金属	橙黄色	2.5～3	无解理	不透明
金	Au	片状、粒状、块状	金黄色	金属	金黄色	2.5～3	无解理	具延展性

续表

名称	化学式	形态	颜色	光泽	条痕	硬度	解理	其他
金刚石	C	八面体、粒状	无色透明	金刚、玻璃		10	中等	含杂质时具有它色
方铅矿	PbS	立方体、粒状集合体	铅灰色	金属	黑灰色	2~3	三组解理	密度大
闪锌矿	ZnS	粒状集合体	黄褐色至黑色	半金属	黄褐色	2~4	多理解理	
黄铁矿	FeS_2	立方体、粒状集合体	浅铜黄色	金属	绿黑色、黑色	6~6.5	无解理、参差状断口	晶面有平行条纹
黄铜矿	$CuFeS_2$	块状、粒状	铜黄色	金属	绿黑色	3~4	无解理	
辉锑矿	Sb_2S_3	柱状集合体、柱状	钢灰色、灰色	金属	灰黑色	3~4	一组解理	
辰砂	HgS	粒状、柱状、板状	红色	金刚	红色	2~2.5	完全解理	
石英	SiO_2	柱状、块状	无色、白色	玻璃、油脂	白色	7	无解理、贝壳状断口	
刚玉	Al_2O_3	短柱状、粒状集合体	灰色、黄灰色	玻璃		9	无解理	硬度大
赤铁矿	Fe_2O_3	块状、肾状、鲕状	红褐色、钢灰色、铁黑色	半金属	樱红色	5.5~6	无解理	性脆易碎
磁铁矿	Fe_3O_4	块状、八面体状	铁黑色、深灰色	半金属	黑色	5.5~6	无解理	具磁性
褐铁矿	$Fe_2O_3 \cdot nH_2O$	块状、土状、蜂窝状	褐色、红褐色	半金属	褐色	1~4	无解理	
方解石	$CaCO_3$	菱面体、粒状、钟乳状等	无色、灰白色	玻璃	白色	3	三组解理	加稀HCl强烈起泡
白云石	$MgCa(CO_3)_2$	菱面体、粒状、块状	白色、浅黄色、粉红色	玻璃	白色	3.5~4	三组解理	加稀HCl微弱起泡
石膏	$CaSO_4 \cdot 2H_2O$	板状、纤维状、块状	白色、浅灰色	玻璃、丝绢、珍珠	白色	2	板状者具一组解理	性脆,半透明
重晶石	$BaSO_4$	板状、块状、粒状	无色、白色、浅红色	玻璃、珍珠	白色	2.5~3	三组解理	半透明
芒硝	$Na_2SO_4 \cdot 10H_2O$	针状、粒状、纤维状、粉末状	无色、白色	玻璃	白色	1.5~2	一组解理	溶于水
孔雀石	$Cu_2(OH)_2CO_3$	放射状、肾状、钟乳状	鲜绿色、深绿色	玻璃、丝绢	淡绿色	3.5~4		性脆
雄黄	As_4S_4	柱状、块状	橘红色	金刚	橘黄色	1.5~2	两组解理	
磷灰石	$Ca_5[PO_4]_3[F,Cl...]$	柱状、块状、粒状	白色或浅绿、浅黄等色	玻璃、油脂	白色	5	无解理、参差状断口	性脆
萤石	CaF_2	块状、粒状	绿、紫、黄白等色	玻璃	白色	4	四组解理	
石盐	NaCl	立方体、粒状	白色	玻璃	白色	1~2	三组解理	具咸味
滑石	$Mg_3[Si_4O_{10}](OH)_2$	板状、片状、块状	白色、灰白色、浅粉红色	玻璃、蜡状	白色	1	一组解理	具滑感
白云母	$KAl_2[AlSi_3O_{10}](OH)_2$	板状、片状、短柱状	无色	玻璃、珍珠	白色	2~3	一组解理	具弹性

续表

名称	化学式	形态	颜色	光泽	条痕	硬度	解理	其他
黑云母	$K(Mg,Fe)_3$ $[AlSi_3O_{10}](F_2OH)_2$	板状、片状、短柱状	黑褐色、棕色、黑色	玻璃、珍珠	白色、灰白色	2～3	一组解理	具弹性
钾长石	$K[A1Si_3O_8]$	板状、短柱状	白色、淡肉红色	玻璃	白色或无	6～6.5	两组解理	
斜长石	$Na[AlSi_3O_8]$-$Ca[Al_2Si_2O_8]$	板状、块状	白色、黄白色	玻璃	白色或无	6～6.5	两组解理	
高岭石	$Al_2Si_2O_5(OH)_4$	细粒状集合体、土状	白色、灰白色	土状	白色	1～2		
绿泥石	$(Mg,Al,Fe)_{12}$ $[(Si,Al)]_8O_{30}$ $(OH)_{18}$	片状、板状、鳞片状	绿色、暗绿色	珍珠、油脂、丝绢	白色	2～2.5	一组解理	
石榴子石	$(Cg,Mg)_3(Al,Fe)_2$ $[SiO_4]_3$	菱形十二面体、粒状	黑、褐、红、灰黄等多种颜色	玻璃、油脂		6.5～7.5	无解理	可半透明
绿帘石	$Ca(Al,Fe)_3[SiO_4]$ $[Si_2O_7]O(OH)$	长柱状、针状、粒状等	黄绿色为主	玻璃		6.5	一组解理	
角闪石	$Ca_2Na(Mg,Fe)_4$ $(Al,Fe)[(Si,Al)_4O_{11}]_2$ $(OH)_2$	长柱状、六边形断面、针状	黑绿色、黑色、暗绿色	玻璃	白色、灰绿色	5.5～6	两组解理（斜交）	
辉石	$Ca(Mg,Fe,Al)$ $[(SiAl)_2O_6]$	短柱状、八边形断面、粒状	黑色、绿黑色	玻璃	灰绿色	5.5～6	两组解理（直交）	
橄榄石	$(Mg,Fe)_2[SiO_4]$	粒状	黑绿色、黄绿色、黄褐色	玻璃	白色或无	6.5～7	无解理，贝壳状断口	性脆、易碎裂
蛇纹石	$Mg_6[Si_4O_{10}](OH)_8$	块状、片状、纤维状	浅黄色、暗绿色、黄绿色	油脂、蜡状	白色、灰绿色	2.5～3.5	一组解理或无解理	具滑感
红柱石	$Al_2[SiO_4]O$	柱状、放射状	灰白色、淡红色、灰黑色	玻璃	白色、灰黑色	7～7.5	两组解理	
石棉	$Mg_6[Si_4O_{10}](OH)_8$	纤维状集合体	白色、灰绿色、灰白色	丝绢		2～3	平行纤维具完全解理	耐火
透闪石	$Na_2Mg_2Al_2[Si_4O_{11}]_2$ $(OH)_2$	柱状、针状、纤维状	白色、蓝灰色	玻璃、丝绢	白色	5.5～6	两组解理	

第三节　岩　石

　　岩石是在地质作用过程中由一种（或多种）矿物或由其他岩石和矿物的碎屑所组成的一种集合体。这种集合体多数是由多种矿物组成，而且在地壳中有一定的分布，是组成地壳的基本单元。所以也是人们在工作中首先要遇到的对象。组成地壳（或岩石圈）的岩石包括大量的固体状岩石及少量尚未固结的松散堆积物（也可称为松散岩石）。这里主要讨论前者。

一、岩石的分类

按照成因，一般把岩石划分成三大类，即岩浆岩、沉积岩和变质岩。岩浆岩是熔融状态的岩浆冷凝而形成的岩石。岩浆岩通常分为侵入岩和喷出岩两类。岩浆在地表以下不同深度的部位冷凝而成的岩石称侵入岩。当岩浆喷出地表冷凝而形成的岩石称喷出岩（火山岩）。沉积岩是在地表或接近地表的条件下，由母岩（岩浆岩、变质岩和已形成的沉积岩）风化剥蚀的产物经搬运、沉积和成岩作用形成的岩石。变质岩是指地壳中早先形成的岩石（包括岩浆岩、沉积岩和变质岩）经过变质作用形成的新岩石。岩浆岩经变质作用改造形成的变质岩称为正变质岩，沉积岩经变质作用改造形成的变质岩称为副变质岩。

岩浆岩、沉积岩和变质岩在成因上、野外的宏观产状上、内部特征（结构和构造）和物质组成上都有很大差别。与之相关的矿产乃至它们本身的物理性质上都有所不同。但它们共同组成了人们赖以生存的地壳。然而它们在地壳中的分布和数量都是很不均一的。其中，沉积岩多半分布于地壳表层及不太深的范围内，它可以覆盖地表相当大的面积，貌似很多，但实际上只占岩石总体积的少部分。岩浆岩多分布于地壳相对较深处，在地表相对出露不多，但实际上是三大类岩石中数量最多的一类，是组成地壳的主体岩石成分。而变质岩则常常分布于大的造山带的核心部位或构造活动带。其数量介于前两者之间。

这三大类岩石在产出状态上是很不相同的。岩浆岩常成团块状出现，不分层，有时具方向性，但也不明显，向下延伸的深度也较大。沉积岩则多表现为层状，或水平地覆盖于地表，或以不同角度倾斜地堆叠于地表，但往下延伸的深度一般不大。而变质岩则介于其间，有的也具明显的定向性，但向下的延伸一般要比沉积岩深。

从成分上说，岩浆岩多含硅镁质和硅铝质成分，不含有机物质。而沉积岩则恰好相反，常含有机质，特别是含有生物遗体或遗迹所组成的化石，也含有蒸发作用所形成的某些盐类，如石膏、芒硝等。变质岩则视其变质程度深浅不同而异，若变质程度浅，则可保存其原岩成分；若变质程度深，则产生新生变质矿物，难见原岩组分。

常见的岩浆岩有：花岗岩、闪长岩、辉长岩、橄榄岩、流纹岩、安山岩、玄武岩等。

常见的沉积岩有：砾岩、砂岩、粉砂岩、页岩、石灰岩、白云岩等。

常见的变质岩有：大理岩、石英岩、蛇纹岩、板岩、千枚岩、片岩、片麻岩等。

二、岩石肉眼鉴定的主要特征

为了分辨和描述种类繁多的岩石，首先要依据前面所述的三大类岩石的宏观特征来区别它们的成因类型；然后再进一步从岩石内部的微观特征来详细研究其他内容，这主要是指岩石的结构和构造，以及组成它们的物质成分（主要是指矿物成分）。只有依据岩石的结构、构造及矿物成分，才能更详细地划分出各大类岩石中的不同岩石种类。

1. 岩石的结构

岩石的结构一般是指组成岩石的矿物或碎屑个体本身的特征。对由结晶的矿物所组成的岩石来讲包括矿物颗粒的大小（相对大小和绝对大小）、结晶程度、自形程度等。对由碎屑组成的岩石（沉积岩）来讲，是指碎屑颗粒的大小、磨圆度和分选性（即大小均一程度）等。结构反映了岩浆岩、变质岩形成的条件，或反映了沉积岩的搬运距离、搬运介质条件，甚至沉积速度等环境条件。所以反过来说，岩石的结构特征是它们形成条件的一个重要记录。

三大类岩石常见的结构及形成条件如表 3-5 所示。

表 3-5　三大类岩石的常见结构

岩类	结构名称	形 成 条 件
岩浆岩类	花岗结构	形成于缓慢冷却条件下；一般为地表以下较深处
	斑状结构	部分早形成的矿物形成于较深处，其他形成于较浅处，先形成的较大矿物晶体为斑晶，后者为基质
	隐晶质结构	形成于较快速冷凝的地表或近地表条件
	玻璃质结构（非晶质结构）	迅速冷凝条件，多半形成于地表或水下
沉积岩类	碎屑结构	形成于地表，经过搬运滚动的条件下，包括碎屑和胶结物
	泥质结构	形成于较少流动的水体中或呈悬浮状态搬运的条件下
	化学结构	形成于相对稳定的沉积条件
	生物碎屑结构	形成于生物繁盛的地表，但又经过水体搬运而破碎的水下条件
变质岩类	变晶结构	形成于再度受热或受压的环境，也可能有化学物质带入或带出的重结晶条件
	变余结构	形成于较低级的变质环境，温度、压力较低的条件下，保持原岩的结构

在实际鉴定中可以确定出不同尺度来进一步定量地划分岩石的结构，并分别给以不同名称，而且把它们作为岩石进一步分类和命名的依据之一。例如，岩浆岩可进一步划分出粗粒结构、中粒结构和细粒结构等；沉积岩可再区分为角砾状、砾状、粗砂状、细砂状和粉砂状结构等；变质岩也可分为粒状变晶结构、鳞片变晶结构、变余砾状结构、变余砂状结构等。

2. 岩石的构造

岩石的构造是指由组成岩石的各种结晶矿物、未结晶的物质成分或碎屑等物质在岩石中的整体排列方式或分布均匀程度，以及固结的紧密程度等所显示的岩石总体外貌特征。例如，矿物在岩石中定向排列显出明显的定向性称为片理构造；沉积岩中物质成分或结构不同，而显示的分层特征称为层理构造；岩石中矿物或碎屑分布无明显定向而又固结牢固者称块状构造；火山岩中由于气体的逸散在岩石中留下的孔洞称为气孔构造等。

岩石的构造也是在一定成因条件下形成的，所以具有成因意义，可以很好地反映其形成的深度、温度、压力或沉积岩形成时的水动力条件、搬运距离等。岩石中常见的构造及形成条件如表 3-6 所示。

表 3-6　三大类岩石的常见构造

岩类	构造名称	形 成 条 件
岩浆岩类	块状构造	岩浆在地下深处缓慢冷却
	气孔构造	岩浆喷出地表，快速冷却
	杏仁构造	气孔被后期次生物质充填

续表

岩类	构造名称	形 成 条 件
岩浆岩类	流纹构造	岩浆喷出地表，且有流动
	枕状构造	岩浆水下喷发（多为海水中）
沉积岩类	层理构造	地表或水下沉积形成
	层面构造（波痕、泥裂）	浅水或风沙环境形成波纹；浅水泥质沉积又暴露于地表晒裂形成泥裂
变质岩类	片理构造（板状、千枚状、片状和片麻状构造）	在定向压力为主的条件下形成
	块状构造	温度或化学活动性流体作用下，以重结晶为主的条件下形成

　　结构和构造都是由岩石的生成环境或条件决定的，但又是完全不同的两个概念，各有其具体含义，很容易被初学者混淆。要特别注意结构是相对微观的个体特征，构造是宏观的整体特征。

3. 矿物成分

　　矿物成分又称物质成分。不同岩石类型的形成条件不同，物质来源也不同，因此其矿物组合也有差异，虽然它们大都是由一些最常见的造岩矿物组成，但其组合方式和特征都是有区别的。

　　岩浆岩中最常见的造岩矿物有橄榄石、辉石、角闪石、钾长石、斜长石、黑云母、白云母及石英等。

　　变质岩中除橄榄石极少出现外，上述其他矿物均可出现，但在结晶形态上它们常常要比在岩浆岩中要伸展得更长一些，压得更扁一些，在岩石中的排列有时具定向性。此外变质岩中还有一些典型的变质条件下形成的特有矿物，如石榴子石、绢云母、红柱石、绿泥石、透闪石、十字石、蓝晶石、夕线石、石棉、蛇纹石等，它们是识别变质岩的重要标志。

　　沉积岩多数是由岩石碎屑或矿物碎屑经过地表流水（或风沙流）搬运及沉淀后，再胶结压固而形成，少数经化学或生物化学作用形成，所以一般结晶细小或不结晶，不具有完整的矿物晶形，但无论岩石碎屑还是矿物碎屑都可以用某些鉴定方法判定其矿物成分。沉积岩中常可见到地表蒸发条件下形成的可溶盐类矿物，如石膏、芒硝、石盐、钾盐等矿物及可燃有机物形成的矿物，如煤、石油、天然气等，也可见到直接保存在岩石中的生物遗体或遗迹，即各种化石。

　　所有这些矿物成分及物质特征都是在一定的温度及压力条件下形成的，并且常常在共生组合上有一定规律可循，所以既是鉴定标志，又是环境标志。了解它们的物理性质及化学组成是了解其生成环境的重要线索，与结构构造具有同等意义。

三、各类岩石的划分及命名原则

1. 岩浆岩的分类及命名原则

　　岩浆岩的分类，首先是依据其化学组成中 SiO_2 的含量确定的，因为它们都是由硅酸盐类矿物组成的。当 SiO_2 含量多时称酸性，含量较少时称中性，含量过少且镁铁等含量高时称为基性或超基性。SiO_2 和镁铁等含量均低，而钾和钠含量高时称碱性。但地壳中典型的碱性环境并不多，故碱性岩石也少。当岩石中酸性程度较高时，岩石化学组分中的 SiO_2 组分和其他元素离子一起首先组成各种硅酸盐矿物，如果还有剩余的 SiO_2 组分存在，才能单独结晶形成石英矿物。这里的石英与前述分类时的 SiO_2（指化学组分）是不同的概念，不要混淆。一种是岩石总化学成分中的 SiO_2 含量，它可以而且首先应组成一切在化学组成中可能包含 Si 和 O 的矿物。另一种是指由 SiO_2 所独立组成的矿物——石英。由此可知，如果在岩浆岩中能直接看到石英，说明此岩石属于比较酸性的岩类，SiO_2 含量是较高的。相反，当岩石中无石英矿物出现时，一般比较基性，但并不表明岩石化学组成中不含 SiO_2 的化学成分，只能说明它仅够组成其他硅酸盐矿物，而无多余的 SiO_2 析出形成石英。由此也可以知道石英比其他硅酸盐矿物结晶要晚。据此，可用石英存在与否来初步判断岩浆岩的酸、中、基性。

把结构、构造和矿物的化学成分（表现为矿物组合）结合起来就得出了岩浆岩的详细分类表和判别依据（表 3-7）。由此可知划分和鉴定岩浆岩就是依据其矿物成分和结构构造。命名时依据主要矿物成分及结构构造确定其基本名称。

表 3-7　岩浆岩分类简表

岩类		大类	SiO₂含量	岩石类型	主要矿物成分	构造	结构
侵入岩	深成（侵入）岩	酸性岩	≥65%	花岗岩、花岗闪长岩、似斑状花岗岩	钾长石、斜长石、石英、角闪石、黑云母	块状构造	全晶质中-粗粒结构、似斑状结构
		中性岩	52～<65%	正长岩	钾长石、角闪石		
				闪长岩	角闪石、斜长石		
		基性岩	45～<52%	辉长岩	辉石、斜长石		
		超基性岩	<45%	橄榄岩、辉石岩	橄榄石、辉石		
	浅成（侵入）岩	酸性岩	≥65%	花岗斑岩、花岗闪长斑岩	钾长石、斜长石、石英、角闪石、黑云母	块状构造、气孔构造	细粒结构、斑状结构、似斑状结构
		中性岩	52～<65%	正长斑岩	钾长石、角闪石		
				闪长玢岩	角闪石、斜长石		
		基性岩	45～<52%	辉长玢岩	辉石、斜长石		
		超基性岩	<45%	橄榄玢岩	橄榄石、辉石		
喷出岩		酸性岩	≥65%	流纹岩、英安岩	钾长石、斜长石、石英、黑云母	气孔构造、杏仁构造、流纹构造、块状构造	隐晶质结构、斑状结构、玻璃质结构
		中性岩	52～<65%	粗面岩	钾长石、角闪石		
				安山岩	角闪石、斜长石		
		基性岩	45～<52%	玄武岩	辉石、斜长石		
		超基性岩	<45%	苦橄岩	橄榄石、辉石		

2. 沉积岩的分类和命名原则

沉积岩的分类及命名首先是依据结构，然后再考虑物质成分。所以在鉴定中也应首先分辨其结构特征，其次判断其主要物质成分来确定基本名称，然后依据胶结物成分或其他特征确定次级名称（表 3-8）。如具碎屑结构者称碎屑岩。碎屑结构中具粗砂状结构者称粗砂岩。最后依据碎屑的物质成分，若主要为石英，次之为长石，则可定为长石石英粗砂岩。

表 3-8　沉积岩分类简表

分类	碎屑岩			黏土岩	化学岩及生物化学岩	火山碎屑岩			
结构	碎屑结构			泥质结构		火山碎屑结构			
	砾状结构 ≥2mm	砂状结构 2～0.05mm	粉砂状结构 0.05～0.005mm	粒径 <0.005mm	生物结构、化学（晶粒）结构、内碎屑结构	集块结构 ≥64mm	角砾状结构 64～2mm	凝灰质结构 2～0.005mm	火山尘结构 <0.005mm
岩石名称	砾岩、角砾岩	砂岩	粉砂岩	泥岩、页岩	石灰岩、白云岩、生物灰岩、硅质岩、煤、盐岩、铁质岩、铝质岩	集块岩	火山角砾岩	凝灰岩	火山尘凝灰岩

3. 变质岩的分类和命名原则

变质岩常按其成因分为两大类。一大类是以热力变质（包括接触变质及气-液变质）为主的，称热接触变质岩类。它们一般无明显定向构造，结晶程度也有差异，但多形成一些特殊的变质矿物，已如前述，分类和鉴定时的主要依据就是这些特殊矿物及其组合。所以鉴定变质矿物是鉴定这类岩石的关键。岩石的定名则因为这类岩石多数已成有用岩石，常常有专门的名称，故因袭使用，如大理岩、夕卡岩；也有少数是按矿物名称命名的，如蛇纹岩、石英岩等。另一大类则是主要形成于区域性的动力作用或区域构造作用，分布面积又具区域性的变质岩类，其形成因素往往具有温度、压力等多种作用，它们常具有特殊的定向构造，统称片理构造，按其变晶矿物的结晶程度和片理构造的发育程度又可进一步分为板状构造、千枚状构造、片状构造和片麻状构造等。所以这类岩石的分类和命名首先是依据片理特征（构造特征）并采用片理构造的名称确定岩石的基本名称，然后再根据组成矿物的主次确定详细名称（表 3-9）。

表 3-9　变质岩分类简表

变质类型	变质岩名称	主要变质矿物	结构	构造
接触变质作用	大理岩	方解石、白云石、透闪石、硅灰石	粒状变晶结构	块状、条带状构造
	角岩	云母、石英、长石、红柱石、石榴子石	斑状变晶结构	块状构造
	夕卡岩	石榴子石、辉石、硅灰石，角闪石、磁铁矿、云母、透闪石	粒状变晶结构	块状构造
	石英岩	石英、长石、云母	粒状变晶结构	块状构造
气-液变质作用	蛇纹岩	蛇纹石、石棉、磁铁矿、铬铁矿、钛铁矿	隐晶质、网纹状结构	块状、条带状、片状构造
	青磐岩	钠长石、阳起石、绿帘石、绿泥石、黝帘石、方解石、绢云母	粒状变晶结构、变余斑状结构	块状构造
	云英岩	石英、云母、萤石、黄玉、电气石	粒状变晶结构、鳞片变晶结构	块状构造
动力变质作用	构造角砾岩	视原岩成分而定	角砾状结构	块状构造
	碎裂岩	视原岩成分而定，可见少量绿泥石、绢云母	碎裂结构、碎斑结构	块状构造
	糜棱岩	绿泥石、绢云母、石英、绿帘石、透闪石、长石	糜棱结构	条带状构造

续表

变质类型	变质岩名称	主要变质矿物	结构	构造
区域变质作用	板　岩	绢云母、绿泥石	变余泥质结构	板状构造
	千枚岩	绢云母、石英、钠长石、绿泥石	显微鳞片变晶结构	千枚状构造
	片　岩	云母、绿泥石、石榴子石、石英、角闪石、长石	鳞片变晶结构	片状构造
	片麻岩	长石、石英、云母、角闪石	粒状变晶结构	片麻状构造

第四节　矿物和岩石的利用——矿床的概念

人类的科学研究和生产实践最终总是为了利用和开采自然资源，所以自采矿事业出现以来，人们就从经济观点来对待各种矿物和岩石资源。在此过程中发展起了矿床学、找矿勘探地质学等应用性学科。通常人们把一切可供利用和开发的矿物和岩石资源统称为矿产资源或矿产，以别于其他资源，如农产品或工业产品等。为了提供可资开发的矿产，就必须寻找更多的矿床，这是地质工作者义不容辞的责任。

一、矿　床

矿床是指在地质作用过程中天然产出的、赋存于岩石中的各种能满足目前工业开采利用的有用矿物的集合体及岩石的区段（或地质体）。一个矿床可以由一个矿体或许多个矿体所组成。矿体通常由有用矿物（矿石矿物）和无用矿物（脉石矿物）所组成。所以一个矿床中的主体部分是由用以提炼某种元素的矿物所构成，而与之相伴生的还有其他不能提炼的矿物。这是因为矿床中可供利用的有用矿物中某元素或有用组分的含量比例是按工业要求而定的，并不要求百分之百的品位。因此必定有一部分为无用的脉石矿物，而采矿时也不可能仅仅把有用矿物采出，这只有通过选矿才能办到。所以矿床的概念是具经济意义的。某一种矿物的集合体或某类岩石能否被确定为矿床要取决于当时当地的经济水平和工业水平，也取决于市场的需求程度。控制它的指标就是品位，即有用组分含量的百分比。随着技术的进步和人类利用自然能力的提高，对于矿床品位的要求也是在变化的，许多过去还不能利用的低品位的矿物集合体今天可能成为矿床。而许多现在还认为不够开采品位的矿体，将来有一天也许会成为符合要求的矿床。另外，人们利用资源的涉及面也在扩大，过去着重于金属原料和少量非金属原料的利用，而现在利用面扩大了，许多过去无用的岩石，如今却变成了很好的建筑材料、装饰材料、工艺品原料等。

二、矿床的主要分类

矿床学上关于矿床的分类方案是很多的。有的按成因类型划分，如热液矿床、沉积矿床、变质矿床等；还有的按工业类型划分，如黑色金属矿床、有色金属矿床、可燃有机岩类矿床等。目前也有人为了实用方便采用实用类型划分，如金属矿床、非金属矿床、能源矿床、建材矿床、肥料及农用矿床、宝石和贵金属矿床、化工原料矿床等。

　　常见而重要的金属矿床包括铁矿床、铜矿床、铬矿床、锰矿床、稀有金属元素矿床等。常见的能源矿床有煤矿床、石油矿床、油页岩矿床、天然气矿床、可燃冰（固态天然气）矿床等。化工矿床有岩盐矿床、泥炭矿床、芒硝矿床、硼砂矿床等。建材、装饰及工艺原料矿床有花岗石矿床、大理石矿床、宝石矿床等。

　　从寻找矿床的角度出发，还不能只考虑工业类型，成因类型也是十分重要的。只有弄清矿床的形成地质环境及赋存条件才能为进一步寻找新的矿床或为扩大已有矿床提供可信的预测依据。

　　当然，要真正搞清和找到各种矿物资源，必须具备大量地质基础知识，例如，了解形成矿床的成岩条件、构造作用、地层特征等。

第四章 生命演化与地质年代

第一节　生命的起源与演化

第一个生物经过再生、繁殖和演化，进而形成无数的生命形态并遍布整个地球，这是一个充满传奇色彩的生命历险记。古菌类和后来的细菌在水里、空气中及地上迅速繁殖，在 20 多亿年中构成了一个生物圈。这个生物圈的成员之间彼此交流，由此又先后产生了真菌和真核生物。然后，它们又集合和组织成多细胞植物和动物。生命在海洋里蔓延开来，它们登上陆地，使世界充满树木和花草，昆虫和鸟类飞翔天空。于是，在地球上形成"生命之树"。人类是这棵生命进化树上最奇异的枝叶。

一、前寒武纪时期

前寒武纪时期是指距今 6 亿年之前。对最早的真核生物化石的证据迄今为止还没有一致的看法。真核生物只能出现在地球大气圈含氧量增加到一定程度，即最初大气圈形成之后。在美国加利福尼亚州南部，距今大约 14 亿年的贝克泉（Beck Spring）组产有大的单细胞形体和分叉的管状绿藻，多数学者认为这些化石是真核细胞有机体，并可能是已知最老的、真正的真核细胞化石。另一个被证实为真核细胞的化石是在澳大利亚苦泉（Bitter Spring）组的灰岩中发现的，其年龄约为距今 10 亿～9 亿年，其中有些细胞呈现出正在进行细胞分裂的状态。

最早的动物化石出现在前寒武纪晚期的震旦纪。软躯体后生动物在震旦纪冰期之后得到突发性的迅猛发展，在距今 7 亿～6 亿年间成为海洋生物的统治者。这一生物发展阶段可分为前埃迪卡拉和埃迪卡拉两个亚阶段。前埃迪卡拉亚阶段以中国的淮南生物群为代表，埃迪卡拉亚阶段以澳大利亚的埃迪卡拉动物群为代表。

淮南生物群为最早出现的无壳后生动物化石群。产于安徽省八公山，距今 8 亿～7.5 亿年前。其特征是动物体没有硬壳，化石是以软躯体的印模和活动的遗迹保存的。主要是一些蠕虫类、宏观藻类，共生的有带藻和疑源类植物的组合，如宏观藻类、蠕虫类及海生藻类中的带藻等。淮南生物群的明显特征是，虽已出现许多类型的后生动物，但在数量、地理分布、生物体结构上都显示初发的特征，不仅数量不丰富，地理分布不广，而且生物体也比较小，结构较简单。淮南生物群发现的意义是，表明最早出现在地球上的后生动物是裸体的，它们身体还不具有形成硬壳或骨骼的能力。

埃迪卡拉动物群位于澳大利亚南部的埃迪卡拉地区，是生活在距今 6.8 亿～6 亿年前的前寒武纪一大群软体躯的多细胞无脊椎动物。包括腔肠动物门、节肢动物门和环节动物门等 8 科 22 属 31 种低等无脊椎动物（图 4-1）。1960 年召开的第 22 届国际地质会议正式命名该化石群为"埃迪卡拉动物群"。埃迪卡拉动物群的发现，初步解开了寒武纪初期突然大量出现各门无脊椎动物化石的"进化大爆炸"之谜。

图 4-1　埃迪卡拉动物群复原图

二、古生代时期

古生代（距今 6 亿～2.25 亿年）共经历了约 3 亿多年时间，这是地球上生物大规模发育的时期。大约在距今 6 亿～5 亿年前，寒武纪开始之时，绝大多数无脊椎动物在几百万年的短时间内出现了，是什么原因使得早期寒武纪世界能够激发这样的生命"爆发"？长期以来这是古生物学研究中的一大难题。

这一时期首次在地球上出现了以鱼类为代表的脊椎动物，也首次出现了陆生植物和两栖类爬行类动物，晚期又有大量生物灭绝（如三叶虫等），说明生物由海洋到陆地、由水生到陆生都是在这个时期内完成的。这一时期内保存下来的化石有：以三叶虫为代表的节肢动物；以笔石为代表的笔石动物；以贝壳为代表的腕足动物；以角石为代表的头足动物；以珊瑚为代表的腔肠动物；以鲢科为代表的原生动物。这一时期的植物化石主要有各种裸子植物化石，如芦木、轮木及羊齿类的化石。

三、中生代时期

中生代（距今 2.25 亿～0.65 亿年）包括三叠纪、侏罗纪和白垩纪三个时期，时间跨度约1.6 亿年。古生代末的构造运动使地球面貌发生巨大变化，反应灵敏的生物也变化极大，三叶虫、腕足、笔石、四射珊瑚等大都灭绝，取而代之的是更加高等的生物种属，产生一些形体巨大的脊椎和爬行类动物，恐龙就是代表，而且它由兴起、繁盛直到衰亡，哺乳动物得到了发展。首次出现了鸟类。植物的陆生种属也大大繁盛起来。这一时期恐龙及蕨类、苏铁、银杏、松柏等植物占了统治地位。中生代也称为恐龙的时代。中生代后期，恐龙变得越来越少，到中生代末期恐龙终于全部灭绝。

四、新生代时期

新生代（距今 0.65 亿年～现在）包括古近纪、新近纪和第四纪，共经历了约 0.65 亿年。这一时期生物发展逐渐接近现代生物特征，所以取名新生代。陆生动植物相对于过去的历史来说都得到了最大、最兴盛的发展。大量哺乳动物的出现是其特征。鸟类和昆虫的发展超过了以往任何时期，这一时期植物种属也到了鼎盛时期，被子植物占据绝对优势，蕨类植物和裸子植物相对衰落。到第四纪晚期，人类的出现是一个划时代的进步，从此开始人类就占据了地球历史的大舞台。

第二节 地 质 年 代

地质年代就是指地球上各种地质事件发生的时代。它包含两方面含义：一是指各种地质事件发生的先后顺序，称为相对地质年代；二是指各种地质事件发生的距今年龄，称为绝对地质年代。探讨地球发展演化，研究各种地质事件，如构造运动、岩浆作用、海陆变迁、山脉形成、风化剥蚀和沉积作用等出现的时间和顺序，以及研究分析矿产的形成和分布规律等，都需要时间概念。通过对地质事件的相对地质年代和绝对地质年代的研究，才构成对地质事件及地球、地壳演变时代的完整认识，地质年代表正是在此基础上建立起来的。

一、确定地质年代的方法

（一）相对地质年代及其确定方法

在地球整个地质时期中，地质作用总是永不停息地进行着。它们在各个地质历史阶段的影响和作用结果，或多或少都在岩石中留下一定的遗迹。因此，研究各地质时期形成的岩石的特征和空间关系，结合埋藏在岩石中的生物演化特征等，可确定出这些岩石形成的先后顺序，从而展示各地质事件的早晚（新老关系），即其相对地质年代。

确定相对地质年代的方法，主要是根据沉积岩石形成的顺序、生物演化和地质构造等，也就是地层学、古生物学和构造地质学等方法。

1. 地层学方法

沉积岩在沉积时，是一层一层叠置起来的，因此，它们具有下伏沉积的一定早于上覆沉积的相对新老关系，在正常的情况下，处于低处的岩石相对较老，处于高处的岩石相对较新（图 4-2）。这种由沉积形成的一层层的层状岩石，称为岩层。各地质时期都有岩层的形成。某一地质时期形成的岩层称为地层。将一个地区地质剖面中的岩石，按上、下叠置关系划分成不同时期的地层，确定其相对年代的早晚，这就是地层的划分。要建立区域的乃至全球的完

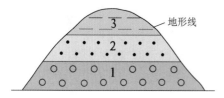

图 4-2 岩层形成的顺序示意图

数字 1→2→3 表示岩层形成由老至新的顺序

整地层系统和相对地质年代，则需要将各地区的地层剖面进行划分和对比，并加以综合研究，从而归纳出一个完整的且全球大体统一的地层系统和相对地质年代，以此作为划分和对比地层的标准。利用地层的叠置关系来建立地层系统和确定相对地质年代的方法，称为地层学方法或叠置律。

2. 古生物学方法

地质历史时期的生物称古生物。但现代生物和古生物在时间上并无严格界线。一般是将距今约 1 万年（全新世）以前的生物称为古生物。在地质历史时期，由于各种地质动力的作用，地表自然环境不断变化，生物为了生存，则必须不断改变其自身各种器官的功能以适应这种变化，否则将被自然淘汰而绝灭。据研究，总体来看，生物演化是由简单到复杂，由低级到高级，种属由少到多，而且，这种演化和发展是不可逆的，也是不可能出现重复的。因而，各地质时期所具的生物种属、类别的多少是不相同的。一般来说，地质时代越老，所具生物类别越少，生物越低级，构造越简单；地质时代越新，所具生物类别越多，生物越高级，构造越复杂。对古生物的研究，主要是依据其保留下来的遗体和遗迹——化石。因此，在老地层中保存的是低级而构造简单的化石，而新地层中保存的则是较高级而构造复杂的化石。不论岩石性质是否相同，只要所含化石种属相同，则其地质时代就基本相同。利用古生物（化石）的这种特征，对不同地区的地层进行划分、对比、建立地层顺序和确定相对地质年代及地质演化阶段的方法，称为古生物学法或生物演化律。

特别应当指出的是，在地质历史时期，有些生物种属生存时间短、演化快、分布地区广、数量多、易于保存，所形成的化石易于寻找和鉴定地质时代，这类生物化石称为标准化石。在实际工作中，只要记住为数不多的标准化石，就可在野外迅速划分、对比地层和确定其相对地质年代。

3. 构造地质学法

构造运动、沉积作用和岩浆作用的结果，使不同地质时代的岩层之间，岩层和侵入岩体之间，以及侵入岩体和侵入岩体之间出现切割（穿插）关系，而这种切割关系中，总是被切割的岩层（岩体）比切割它的岩层（岩体）形成时代早（图 4-3）。利用这种切割关系确定各岩层（岩体）形成的先后顺序和相对地质年代的方法称为构造地质学法，又称切割律。

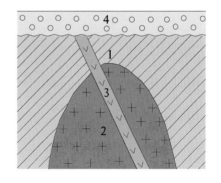

图 4-3　地质体切割关系示意图
数字 1→2→3→4 表示地质体形成由老至新的顺序

（二）绝对地质年代测定

相对地质年代只能说明各个地质历史时期和各种地质事件出现的先后顺序，而不能确切指出某一地质历史时期所经历的时间长短和各地质事件出现的具体时间，即距今多少年，也不能确切判定在地质历史时期中促使地球面貌演变的地质作用和生物演化的速率。为此，地质学的研究工作需要对某些地质体进行绝对地质年代的测定。现今应用现代技术测定岩石或矿物绝对年龄的方法有很多，如放射性同位素法、电子自旋共振法、裂变径迹法等。

1. 放射性同位素法

具有不同原子量（中子数不同、质子数相同）的同种元素的变种称为同位素。有的同位素其原子核不稳定，会自动放射出能量，即具放射性，称为放射性同位素。如 ^{238}U、^{235}U、^{234}Th、^{232}Th、^{87}Rb、^{40}K 等。经过放射性衰变（放出 α 粒子、β 粒子、γ 射线）变成稳定同位素。矿物岩石一旦形成，它们中所含的放射性同位素便按固定的蜕变速度进行衰变，即从母体变为子体，这两者含量直接与衰变时间有关，而且不受环境变化的影响。衰变时间越长，子体越多。因此矿物岩石形成年龄可按如下公式计算

$$t = \ln(1+D/P)/\lambda$$

式中：λ 为衰变系数；D 为子量；P 为母量；t 为年龄。

2. 电子自旋共振法

电子自旋共振法是由德国科学家泽勒提出的一种根据样品所吸收的自然辐照量来推导样品形成年代的方法。地质样品由于受到放射性元素的辐射，样品中的辐射剂量就随时间增加而增长。通过测量样品的辐射剂量，就可推算出样品的形成年龄。

3. 裂变径迹法

在含放射性元素的矿物中，放射性元素发生放射性裂变，使矿物产生损伤，这种损伤称为裂变径迹。裂变径迹的数目和长度与时间成正比，所以可以通过测定矿物中裂变径迹的数目和长度来推算样品的年龄。

二、地质年代单位和地质年代表

（一）地质年代单位

利用上述地质学上的一些方法，对全球地层进行划分、对比研究，综合考虑各地层形成顺序、生物演化阶段、构造运动和古地理特征等因素，可把地质历史时期按相对地质年代划分成大小不同的时间单位。由大到小依次为宙、代、纪、世。在这些地质时间单位内所成的地层，相应地分别称为宇、界、系、统。两者的级别和对应关系如表 4-1 所示。

表 4-1　地质年代单位和年代地层单位对应表

级别	地质年代单位	年代地层单位
大↓小	宙	宇
	代	界
	纪	系
	世	统

表 4-2　地质年代简表

地质年代及代号				绝对年龄 /Ma	生物界演化		构造阶段
宇（宙）	代（界）	纪（系）	世（统）		植物	动物	
显 生 宙（宇）	新 生 代 （界） Kz	第四纪（系）Q	全新世（统）Qh		被 子 植 物 繁 盛	哺 乳 类 与 鸟 类 繁 盛	喜 马 拉 雅 期 构 造 阶 段
			更新世（统）Qp	2.6			
		新近纪（系）N	上新世（统）N_2				
			中新世（统）N_1	23			
		古近纪（系）E	渐新世（统）E_3				
			始新世（统）E_2				
			古新世（统）E_1	65			
	中 生 代 （界） Mz	白垩纪（系）K	晚白垩世（统）K_2		裸 子 植 物 繁 盛	爬 行 类 动 物 繁 盛	燕山 期构 造阶段
			早白垩世（统）K_1	137			
		侏罗纪（系）J	晚侏罗世（统）J_3				
			中侏罗世（统）J_2				
			早侏罗世（统）J_1	205			
		三叠纪（系）T	晚三叠世（统）T_3				印支期 构造阶 段
			中三叠世（统）T_2				
			早三叠世（统）T_1	251			
	古 生 代 （界） Pz	二叠纪（系）P	晚二叠世（统）P_3		蕨 类及 原始裸 子植物 繁盛	两栖类 动物繁 盛	海 西 期 构 造 阶 段
			中二叠世（统）P_2				
			早二叠世（统）P_1	295			
		石炭纪（系）C	晚石炭世（统）C_2				
			早石炭世（统）C_1	354			
		泥盆纪（系）D	晚泥盆世（统）D_3		裸蕨植 物繁盛	鱼类 繁盛	
			中泥盆世（统）D_2				
			早泥盆世（统）D_1	410			
		志留纪（系）S	（顶）末志流世（统）S_4		藻 类 及 菌 类 植 物 繁 盛	海 生 无 脊 椎 动 物 繁 盛	加 里 东 期 构 造 阶 段
			晚志留世（统）S_3				
			中志留世（统）S_2				
			早志留世（统）S_1	438			
		奥陶纪（系）O	晚奥陶世（统）O_3				
			中奥陶世（统）O_2				
			早奥陶世（统）O_1	490			
		寒武纪（系）€	晚寒武世（统）$€_3$				
			中寒武世（统）$€_2$				
			早寒武世（统）$€_1$	543			
元 古 宙（宇）	新元古代（界）Pt_3	震旦纪（系）Z					
		南华纪（系）Nh					
		青白口纪（系）Qb					
	中元古代（界）Pt_2	蓟县纪（系）Jx					
		长城纪（系）Ch					
	古元古代（界）Pt_1			2500			
太 古 宙（宇）	新太古代（界）Ar_3						
	中太古代（界）Ar_2						
	古太古代（界）Ar_1						
	始太古代（界）Ar_0						

　　年代地层单位表示的是在特定地质时间间隔内形成的地层。其顶、底界面均为等时面（同一时期形成的界面）。除年代地层单位外，常用的地层单位还有岩石地层单位。它是以地层的岩性特征作为主要划分地层单位的依据。岩石地层单位包括组、段、群等几个级别：①组是基本的岩石地层单位，也是在地质工作中常用的地层单位，一般是指岩性较均一或两种（及以上）岩石有规律组合而成的一个地层单位；②段是组内进一步划分出来的次一级岩石地层单位，代表组内明显的或特殊的一段地层；③群是最大的岩石地层单位，它由相邻两个或两个以上有相似岩性特征的组联合构成，但并非所有的组都一定要联合成群。另外，对于某些厚度大，岩性复杂，未进行深入研究，但又很可能划分为几个组的一套岩系，也可称为群。

（二）地质年代表

　　经过全世界，特别是一些重要地区的地层划分、对比研究，以及对各种岩石进行同位素年龄测定等所积累的资料进行综合研究，地质年代按时代编年成为地质年代表（表4-2）。地质年代表建立后，将绝对地质年代和相对地质年代对比并用，相辅相成，使地质历史时期中地球演化过程的时代概念更加确切，对总结地质历史规律，指导找矿等均起到重要作用，同时，使地层的划分和对比走向系统化，地质年代表对整个地质学发展起着重大作用。

　　表4-2所列的地质年代单位和年代地层单位与以前一直使用的国际地质年代表的内容基本相同，仅少量名称及划分有变化。原来的老第三纪和新第三纪分别更名为古近纪和新近纪；二叠纪由原来的二分改为三分；石炭纪由三分改为二分；志留纪由三分改为四分。

　　在国际地质年代表中，地质年代中的"代"和年代地层中的"系"的代号取自其英文名称的第一个字母。因为寒武纪（Cambrian）、石炭纪（Carboniferous）及白垩纪（Cretaceous）的英文名称的字首均为"C"，为了区别这三个纪，石炭纪仍用"C"；寒武纪（系）用"Є"（字母C中加一横）；白垩纪（系）用"K"（源于德文的白垩纪Kreidezeit的首字母）。世和统的代号是在所属纪（系）的代号右下角加注1、2、3，如早三叠世的代号为"T_1"。

第五章 地质作用概述

第一节 地质作用概念

地球形成至今已有 46 亿年以上的历史，它处在永恒的、不断的运动之中。我们今天所看到的地球，只是它全部运动和发展过程中的一个阶段。就地壳而言，虽然它只能代表地球演变的一个侧面，但它的表面形态、内部结构和物质成分也时刻在变化着。最显著的例子是地震。强烈的地震给人类带来灾难，产生山崩地裂及其他许多地质现象。世界上许多地方都有火山，如日本的富士山、意大利的维苏威火山，我国山西、云南、台湾、新疆等地也有近代和现代火山分布。太平洋中的夏威夷岛上的火山至今仍常常喷出大量火红的岩浆，地下物质不断向上迁移，形成火山锥和其他熔岩地形，很快改变了地表形态和物质组成。地下深处高温高压的岩浆向上迁移过程中，不断熔化围岩，改变了岩浆本身的成分，也改造了围岩成分，形成新的岩石和矿产。天津市和河北沧县一带钻孔资料揭示，在地面以下七八百米深度以内都是近 200 万年以来第四纪陆相和海相沉积物，表明这些地方近期一再下沉，有些地区下沉达 1000 多米。只是因为在下沉的同时，黄河、海河等河流及海水等的沉积形成大量的砾石、泥沙堆积，不断补偿着因下沉失去的高度才没有被海水淹没，华北平原才有今天这样的面貌。大的江河上游地段一般是深沟峡谷，而下游地段开阔，有大量砾石和泥沙堆积，从成分和其他特征分析可知它们是靠近上游地区河流两岸和谷坡上岩石被破坏后由河水等搬运来的。河水等长期剥蚀作用使地表物质不断迁移着。

许多自然现象有力地证明地球是在不断变化的。这些运动和变化主要是自然动力作用引起的，人类活动也常具明显作用。人类活动（尤其是工程活动）以空前的速度急速发展，对地球的表层系统产生了巨大的影响，甚至超过了自然地质作用及其产物。科学家们通过努力得出了这样的结论：在过去的若干年，地球环境的变化幅度已经超过了过去 50 万年的自然变化幅度。人类活动日益改变着地球的表层系统，并且不断恶化人类赖以生存的环境，已成为一种极具破坏和威胁的作用。

由自然动力或人类活动引起地球（最主要是地壳或岩石圈）的物质组成、内部结构、构造和地表形态等不断运动、变化与发展的作用，称为地质作用。

地质作用一方面不停息地破坏着地壳中已有的矿物、岩石、地质构造和地表形态，另一方面又不断地形成新的矿物、岩石、地质构造和地表形态。各种地质作用既有破坏性，又有建设性。在破坏中进行新的建设，在建设中又同时遭到破坏。例如，一条河流，流水对所流经的河谷和沿岸进行冲刷破坏，又把冲刷下来的泥沙、砾石、矿物在适宜的场所堆积起来，最后形成河漫滩、三角洲和各种沉积沙矿床等。

地质作用所产生的现象称为地质现象，是地质作用的客观记录。如流水地质作用产生的峡谷、冲积平原、阶地；构造运动形成的褶皱、断层等。我们看不到过去几十亿年中发生的地质作用，但可以通过保留在岩石中的各种地质现象，反演地质作用的过程，分析地球的演化历史。

第二节　地质作用的能量

动力地质作用需要消耗能量。按照其来源的不同，把地质作用的能量分为内能与外能。

一、内　能

能量来源于地球本身，主要有地球自转产生的旋转能、重力作用形成的重力能、放射性元素蜕变等产生的热能，此外尚有结晶能和化学能等。

1. 旋转能

地球不停地旋转使不同纬度上产生不同的离心力，赤道离心力最大，高纬度的物质向赤道附近运移而使赤道鼓了起来。据计算，地球自转产生的旋转能有 2.1×10^{36} erg[①]。

2. 重力能

重力不仅存在于地球表面的任何地点，而且存在于地球内部的各个位置。地心引力给予物体的位能，不仅表现在外动力地质作用的流水、冰川等运动过程中，而且表现在地球内部由于重力作用的影响使密度不同、重量不同的物质重新分配。那些密度较大的物质下沉组成地核，密度较小的物质则上升富集在上层形成地幔和地壳。有人估算过，仅铁一种元素在重力作用下大量下沉时所释放的重力能转化成热能就有 2×10^{37} erg。重力作用使失衡的地壳发生局部的升降运动。据计算，地球的重力能总计约有 1×10^{38} erg。这样巨大的能量必然促进地球更完善的核—幔—壳的分异作用。

3. 热能

地热现象早已为人们所熟悉。一般认为地球通过三种过程逐渐把热量聚集起来（图5-1）。一是吸集作用，在由许多星际物质聚集的过程中，它们的运动速度很快，携带巨大动能的物质相互碰撞冲击，使动能转变为热能，其中一部分保留在地球内部；二是压缩作用，比现今地球大得多的原始地球，在本身重力作用下发生压缩，体积逐渐变小，重力压缩能也要转变为热能，据估算，倘若地球半径收缩 1cm，所放出的热能就约有 3.35×10^{30} erg；三是放射性元素蜕变，地球内部存在着的放射性元素在蜕变过程中所产生的大量热能。例如，1g 花岗岩中所含的放射性元素蜕变时每年可产生热能 300erg，1g 玄武岩中所含的放射性元素蜕变时每年可产生热能 50erg。美国的普雷斯和德国的卡普迈伊等认为如果把地球含放射性元素的岩石都折合成花岗质层，则其厚度可超过 20km，如以 20km 厚度计算，那么其中所含的放射性

---

① 1erg=1×10^{-7}J

元素蜕变时每年就可产生热能 2×10^{20}cal[①]或约 10^{28}erg。如果再加上其他能量（如地球旋转能、构造运动产生的机械能、化学能等）转化来的热能，其数值就超过 10^{28}erg。按全球平均热流为 1.5 热流单位计，每年从地球内部经地表散失的热能仅 10^{28}erg，收支平衡后剩余的热量使地壳局部熔化，从而形成岩浆作用及变质作用等。

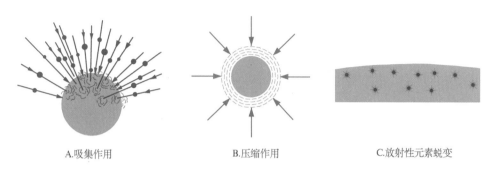

A.吸集作用　　　　　　　　　B.压缩作用　　　　　　　　　C.放射性元素蜕变

图 5-1　引起地球热量聚集的三种过程

4. 结晶能与化学能

地幔与地壳、上地幔与下地幔之间化学成分的转变和结晶相变所产生的结晶能与化学能，熔融岩浆冷凝结晶时产生的结晶能，岩浆作用与变质作用中进行一系列化学反应产生的化学能，都可转化成热能，使温度局部升高甚至使物质熔化。

据实验资料，固态钠与气态氯相互作用形成 1g NaCl 时要放出 97700cal 热量。地壳中的许多硫化物氧化时也要放出热量，如 FeS_2 氧化形成 1g $FeSO_4$ 时要释放 311200cal 的热量，$FeSO_4$ 氧化形成 1g $Fe_2(SO_4)_3$ 时要释放出 43000cal 热量；而硬石膏经水化作用形成 1g 石膏要释放 5000cal 热量等。这些作用产生的热可以引起局部地区地热异常。

二、外　　能

来自地球以外的能量主要是太阳辐射能、生物能及日月引力能，此外尚有恒星及行星的辐射、宇宙射线及人类活动等。但它们比太阳辐射能、日月引力能小得多，因此本节主要讨论太阳辐射能、生物能和日月引力能。

1. 太阳辐射能

太阳以辐射形式向四面八方输出能量，到达地球表面的能量仅为太阳所发出的全部能量的 22 亿分之一，其余的都散射到太空中去了。虽然如此，到达地球表面的太阳辐射能的功率仍约有 1.7×10^{24}erg/s，相当于 1.7×10^{14}kW。

地球是个梨形体，它的自转轴与公转轨道平面（即黄道平面）不垂直，交角为 66°33′，因此当地球自转和围绕太阳公转时，由于纬度、海陆、季节、昼夜等的不同，地球表面各地所获得的太阳辐射能也不同。

---

① 1cal=4.187J

地球表面某一地区获得太阳辐射能的多少取决于太阳光线投射角的大小，投射角的大小取决于地理纬度（图5-2）、太阳在地平线上的高度（图5-3）及地形特点（图5-4）。

太阳辐射到达地球表面以前必须经过大气圈，进入大气圈的太阳辐射一部分被散射、一部分被吸收、部分被反射到宇宙空间。散射、吸收和反射的多少取决于太阳辐射所穿过的大气圈的厚度，它直接取决于太阳在地平线上的高度（图5-5）。日照时间的长短、地表物质特征也是地表获得太阳辐射能多少的重要因素。从而地面温度因地而异。

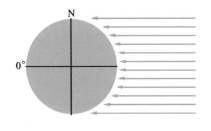

图 5-2 太阳光线同一时刻在各纬度投射角的变化

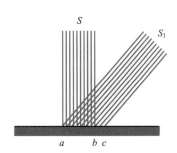

图 5-3 太阳光线投射角的大小取决于太阳在地平线上的高度

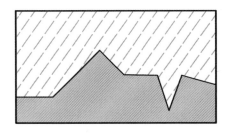

图 5-4 太阳投射角随地形而变化

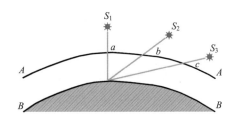

图 5-5 太阳光线通过大气圈的厚度随太阳高度 S_1、S_2、S_3 而改变

因此，在不同时间、不同地理纬度、不同地形条件下地表所获得的太阳辐射能是不同的，即使地理纬度、地形条件、时间相同而组成地表的物质类型不同，所获得的太阳辐射能也不相等，地表把吸收到的太阳辐射能（短波）转变为热能，使地表物体增温，增温的物体又以长波向外辐射，绝大部分长波辐射被近地面 40~50m 厚的大气层吸收并用于增温。低层大气吸收的热量又以辐射、对流等方式传递到更高的大气层中去。所以在对流层中气温随着高度的增加而降低。

大气圈获得热量而运动，产生大气环流；水圈获得热量而运动，通过大气圈和岩石圈形成水的循环；生物则利用阳光进行新陈代谢，储集生物能，进行特殊的地质作用。

2. 生物能

生物进行新陈代谢的整个生命活动及其繁衍的漫长演化过程中，其能量都来自太阳辐射能。生物不断把太阳辐射能储备在有机体中，成为发生在地球表面的生物化学作用和生物机械作用的能量来源。

植物储备太阳能是通过光合作用进行的。一般认为，现代大气圈中游离氧的全部或绝大部分与植物的光合作用有关，即

$$CO_2 + H_2O \xrightarrow[\text{叶绿素}]{\text{光}} CH_2O + O_2 \uparrow$$

光合作用把地球获得太阳辐射能的 1/1000，即约 1.7×10^{21}erg 的能量暂时固定在有机体中。它形成的游离氧除使大气增加氧外，还有部分游离氧消耗在一些变价元素上，如使含铁砂岩中的低价铁氧化成高价铁（$4FeO + O_2 \rightarrow 2Fe_2O_3$）而呈红色，形成红色砂岩。

光合作用每年消耗大气中 CO_2 含量的 1/24。有人估算每年通过光合作用固定在有机体中的净碳为 100 亿～1000 亿 t。它们埋藏在地下，经过地质作用形成了煤、石油等可燃矿产。这些矿产的燃烧和有机体的分解又释放能量，放出的 CO_2 又回到大气中补偿光合作用损失的 CO_2。CO_2 还可以从动物的呼吸作用、火山作用等得到补偿，使大气中的 CO_2 大致保持一定数量。显然，生物在 CO_2 的平衡中起着极为重要的作用。

有机质的分解、可燃矿产燃烧放出的 CO_2 除了在光合作用中成为绿色植物有机体的主要原料外，还是地球特有的防寒保温物质。大气中现有的 CO_2 含量能保存地面辐射的 18%。如果大气中 CO_2 含量增加或减少，将导致地球表面大气平均温度的升高或降低，那么外动力地质作用的性质和强度也将会随之发生变化。

此外，植物的生长、动物的活动及广泛分布、繁殖极快而数量又很大的微生物等都能够以自己的能量对岩石进行破坏，如使土壤疏松及形成某些岩石和矿产。

事实表明生物能在整个地质历史的地质作用过程中与其他各种能量一样不可忽视。

3. 日月引力能

根据万有引力定律可知，两个物体之间的引力与两物体质量乘积成正比，与两物体距离平方成反比。在太阳系中，地球与月球距离最近，太阳质量最大。因此，天体中日月与地球之间的相互吸引力最显著，而月球对地球的引力比太阳对地球的引力大一倍多。在月球引力作用下，地球发生弹性变形——沿月球与地球中心连线拉长成对称卵形。这种变化在海洋、大湖泊中表现最为明显，称为潮汐。据施温奈尔（Schwinner）估算，潮汐摩擦所释放的能量每年约为 4.18×10^{26}erg，这些能量对水体岸边地形的塑造、物质的搬运起极大作用。

除上述自然产生的能量外，人类活动也产生导致地质作用发生的能量，包括内能和外能，前者如地下核爆炸产生人工地震，后者如人类移山填海、筑坝建库及打井开矿等。

第三节 地质作用分类

按照能源的来源和作用部位的不同，地质作用分为内动力地质作用和外动力地质作用及人为地质作用（表 5-1）。

一、内动力地质作用

由内能引起整个岩石圈物质成分、内部构造、地表形态发生变化的作用称为内动力地质作用（endogenic process），包括构造运动、地震作用、岩浆作用和变质作用。

表 5-1　地质作用分类简表

地 质 作 用											
内动力地质作用				外动力地质作用						人为地质作用	
构造运动	地震作用	岩浆作用	变质作用	风化作用	剥蚀作用	搬运作用	沉积作用	负荷地质作用	固结成岩作用	人为地质作用地质作用人为内动力	地质作用人为内外力
水平运动 垂直运动	孕震地质作用 临震地质作用 发震地质作用 余震地质作用	侵入作用 喷出作用	接触变质作用 碎裂变质作用 气液变质作用 区域变质作用 混合岩化作用 洋底变质作用	物理风化作用 化学风化作用 生物风化作用	风的吹蚀作用 流水的侵蚀作用 地下水的潜蚀作用 冰川的刨蚀作用 海水、湖水的冲蚀作用	风的搬运作用 流水的搬运作用 地下水的搬运作用 冰川的搬运作用 海水、湖水的搬运作用	风的沉积作用 流水的沉积作用 地下水的沉积作用 冰川的沉积作用 海水、湖水的沉积作用	崩落作用 潜移作用 滑动作用 流动作用	胶结作用 压实作用 结晶作用	人工地震作用 诱发地震作用	人为剥蚀作用 人为搬运作用 人为沉积（排放）作用 人为灾害作用

（1）构造运动：使岩石圈发生变形、变位及使洋底增生和消亡的地质作用。

（2）地震作用：由地震引起的岩石圈物质成分、结构和地表形态变化的地质作用。按时间和产物可分为震前地震地质作用和震后地震地质作用，也可分为孕震地质作用、临震地质作用、发震地质作用及余震地质作用。

（3）岩浆作用：指岩浆的形成、演化直至冷凝成岩石的全部地质过程。按其作用部位分为侵入作用和喷出作用（火山作用）。

（4）变质作用：地表以下一定环境中岩石在固态下发生结构、构造或物质成分变化而形成新岩石的地质过程。按变质作用的因素和所处的部位分为接触变质作用、碎裂变质作用、气液变质作用、区域变质作用、混合岩化作用及洋底变质作用等。

二、外动力地质作用

主要由外能引起地表形态和物质成分变化的地质作用称为外动力地质作用，包括以下几种。

（1）风化作用：在地表或近地表条件下，岩石、矿物在原地发生物理的和化学的变化过程。按其因素和性质分为物理风化作用、化学风化作用和生物风化作用。

（2）剥蚀作用：风或流水、冰川、湖、海中的水在运动状态下对地表岩石、矿物产生破坏，并将其剥离原地的作用。按动力来源分为风的吹蚀作用、流水的侵蚀作用、地下水的潜蚀作用、冰川的刨蚀作用和海水、湖水的冲蚀作用等。

（3）搬运作用：风化及剥蚀作用的产物被迁移到他处的作用。由于搬运介质和环境的不同分为风的搬运作用、流水的搬运作用、地下水的搬运作用，冰川的搬运作用和海水、湖水的搬运作用等。

（4）沉积作用：当搬运介质的动能减小、搬运介质的物理化学条件变化时，或在生物的作用下，被搬运的物质在新的环境下堆积起来的作用。按沉积方式分为机械沉积作用、化学沉积作用和生物沉积作用。由于动力性质和环境的不同，又可分为风的沉积作用、流水的沉积作用、地下水的沉积作用、冰川的沉积作用和海水、湖水的沉积作用。

（5）负荷地质作用：松散堆积物、岩块等由于自身的重量并在其他动力地质作用触发下产生位移和变化的作用。按其运动方式可分为崩落作用、潜移作用、滑动作用和流动作用等。

（6）固结成岩作用：使松散堆积物转变成沉积岩的作用。包括胶结作用、压实作用和结晶作用等。

三、人为地质作用

人为地质作用是指由人类活动引起的地壳内部结构、地表形态变化和物质迁移的作用。包括人为内动力地质作用及人为外动力地质作用。

（1）人为内动力地质作用：人类活动改变或增加地壳内部的应力状态产生的地质作用。如工业爆破、地下核爆炸造成的地壳震动，即人工地震作用。一般来说，能量越大的活动引起人工地震的震级越大，一次百万吨级的氢弹在花岗岩中爆炸所产生的地震效应约相当于一次 6 级地震。在深井中进行高压注水成大水库蓄水后，有时也会产生地震，即诱发地震作用。

（2）人为外动力地质作用：人类活动引起地表形态和物质成分变化的地质作用。包括人为剥蚀作用、人为搬运作用、人为沉积（排放）作用及人为地质灾害作用等。

第六章 构造运动

由地球内力引起地壳乃至岩石圈的变位、变形及洋底的增生、消亡的机械作用和相伴随的地震活动、岩浆活动和变质作用称为构造运动（广义）。

构造运动产生褶皱、断裂等地质构造，引起海陆轮廓的变化，地壳的隆起和拗陷及山脉、海沟的形成等（狭义构造运动）。

构造运动还决定地表外动力地质作用的方式，控制地貌发育的过程、外生矿床和内生矿床的形成及分布。所以，构造运动是使地壳乃至岩石圈不断变化发展的最重要的一种地质作用。构造运动的研究不仅在理论上是地质学的主要研究课题之一，而且对于资源勘察、生态环境和国民经济建设也有重要的实践意义。

人们根据构造运动发生的时间，常把新近纪以来发生的构造运动称为新构造运动，又将人类历史时期至今所发生的新构造运动称为现代构造运动。现代构造运动是新构造运动的一部分，它与人类的经济活动关系更为密切。新近纪以前所发生的构造运动称为古构造运动。

第一节 构造运动的基本特征

一、构造运动的方向性

构造运动按其运动方向可以分为两类——水平运动和升降运动。

（一）水 平 运 动

地壳或岩石圈大致沿地球表面切线方向运动叫水平运动。依地理方位（东、南、西、北）来表明其运动方向。水平运动表现为岩石圈的水平挤压或水平拉张，因而引起岩层的褶皱和断裂，形成巨大的褶皱山系或地堑、裂谷。板块运动形成大洋、大陆和海陆变迁。

现代水平运动的研究可以通过大地测量和全球卫星定位技术（GPS）的观测来进行，后者对水平运动分量进行的技术测量已经达到 0.5cm 的测量精度。大地测量的典型例子是美国西部圣安德烈亚斯断层，在美国旧金山附近跨越圣安德烈亚斯断层布置的三角测量网在 1882～1946 年的 65 年中做了四次定时测量，各三角测量点水平位移矢量如图 6-1 所示。各点运动矢量不尽相同，但总方向是与断层线基本平行的。断层西盘主要向西北方向移动，平均速度为 1cm/a。近几年来，美国使用轨道卫星和激光束新技术测定，断层两侧的昆西和奥泰山两点之间在四年内靠拢了 35.6cm，即每年达 8.9cm。看来，近年来运动速度明显地在加快（图 6-1 和图 6-2）。

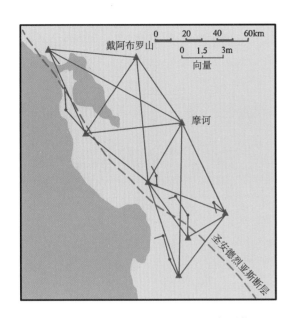

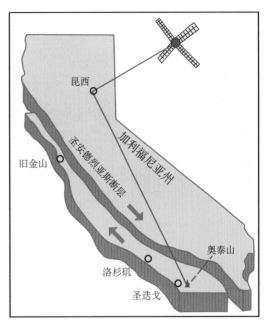

图 6-1 旧金山附近的三角测量站的相对位移
（林茂炳，1992）

图 6-2 美国圣安德烈亚斯断层示意图

地质历史中对大规模的水平运动的分析通常采用古地磁方法或生物群落与古地理之间的关系等方法，小规模的水平运动则是通过褶皱（岩层缩短）、走滑或平移断层、推覆构造等反映近水平运动的构造形迹加以判别。

（二）升 降 运 动

升降运动是地壳或岩石圈沿垂直于地表（即沿地球半径）方向的运动。表现为大面积的上升运动和下降运动，形成大型的隆起和拗陷，产生海退和海侵现象。

一般说来，升降运动比水平运动更为缓慢。在同一个地区的不同时期内，上升运动和下降运动常常交替进行。

意大利那不勒斯湾海岸是说明现代升降运动的最好例子。1750 年在这里的火山灰沉积中发掘出一座古建筑废墟。据考证，该建筑修建于公元前 105 年的罗马帝国时代，现在只保存了三根高约 12m 的大理石柱（图 6-3），每根柱子上都保留着地壳曾经发生过升降运动的痕迹。柱子下部 3.6m 一段是在 1553 年努渥火山喷发时被火山灰掩埋的部分，柱面光滑；其上 2.7m 一段在地壳下降时淹没在海水中，被石蜊和石蛏凿了许多小孔；柱子上段 5.7m，一直未被海水淹没过，但遭受风化，不甚光滑（图 6-4）。18 世纪中期，全柱露出海面。19 世纪地面又开始下沉，柱脚已被淹在海水里了。据近百余年来的观测记录，柱脚被海水淹没的深度在不断增加，1826 年为 0.3m，1878 年为 0.65m，1913 年为 1.53m，1933 年为 2.05m，1954 年已达到 2.50m。其下降速度约为 17.2mm/a。从这些地质遗迹和历史资料中可知，这座古建筑在 2000 多年中曾几度沧桑。

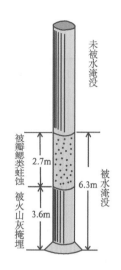

图 6-3　意大利那不勒斯湾海边古建筑废墟前的三根
　　　　大理石柱

图 6-4　大理石柱上的遗迹

地质历史中的升降运动则依靠对岩层的地质记录的分析完成，如研究地层剖面、鉴别不整合面、测量断层位移、确定沉积相与古水深的关系等，不过这种分析更多的是定性的。

水平运动和升降运动是构造运动的两个主导方向，是地球三维空间运动的两个分量，二者有着密切的关系。实际上，通常表现为既有水平又有升降运动的复杂情况。例如，以水平运动为主的推覆作用可以引发推覆体的升降运动，水平方向的拉张和挤压过程使地堑、地垒中的断块发生升降运动；升降运动也可以引发水平运动，例如，地壳的均衡调整可以引发岩石圈地幔的水平运动等。现代构造地质学观点认为，全球构造运动的主要方向（方式）是水平运动；升降运动只是水平运动的分量和局部表现形式。

二、构造运动的速度和幅度

构造运动速度指构造运动的快慢。除地震作用等能在短暂时间内引起显著的构造活动外，一般来讲，构造运动是岩石圈一种长期而缓慢的运动，人们日常生活中往往不能直接感觉出来，必须进行长期的观测才能发觉。其速度一般以 mm/a～cm/a 计。但正是这种缓慢的构造运动，在几十亿年漫长的地质历史时期中可引起翻天覆地的变化。例如，世界上最雄伟的喜马拉雅山，近 2500 万年前才开始从海底升起，200 万年前初具规模，现在已成为世界上最高的山脉，其平均增高速度只有 4mm/a。

构造运动虽然极其缓慢，但也有相对快慢的差别，在空间上和时间上都是这样。从空间上来看，不同地区运动的速度有着很大的差别，如东欧地区现代升降运动平均速度为 0.2～0.4cm/a；美国西部山区则为 1～1.5cm/a；大西洋中脊两侧的板块以 2～4cm/a 的速度向两侧迁移；而太平洋洋隆有的地段则以 18.2cm/a 的速度向两侧移动。从时间上来看，运动速度也不一样，例如，山西霍县的什林断层是汾河流经的地方，根据不同时代河流阶地的高程变化，推算出构造运动的速度和幅度有很大的差别（表 6-1）。

表 6-1　什林断层活动速度和幅度

阶地顺序与时代	什　林　断　层			升降运动幅度 /m	年平均运动速度 /m
	北盘标高/m	南盘标高/m	高差/m		
T_8（N_2^2）	195	97	98	20	
T_7（Qp^{1-1}）	200	122	78		
T_6（Qp^{1-2}）	170	86	84	- 6	0.004
T_5（Qp^{2-1}）	136	69	67	17	
T_4（Qp^{2-2}）	110	49	61	6	0.086
T_3（Qp^3）	36	25	11	50	
T_2（Qh^1）	9	8	1	10	0.067
T_1（Qh^2）	4	5	- 1	2	0.167

资料来源：北京大学地质系，1978

从表中看出，什林断层在第四纪时，随着时间的推移，其活动速度越来越快，但不同阶段存在缓急变化。例如，中更新世（Qp^2）活动速度、幅度显著加快增大，晚更新世（Qp^3）的活动速度有减慢的趋势，全新世（Qh）活动速度又见增快。

构造运动速度往往在地震前夕或地震过程中明显加快。例如，美国西部圣安德烈亚斯断层，在 1908 年旧金山大地震前的 16 年中断层位移达 7m，平均速度为 44cm/a；又如四川龙门山地区，2008 年 5·12 汶川地震后，沿映秀—北川断层可见最大水平位移达 4.9m，而其垂直的最大位移量达 6.2m。

构造运动的幅度指构造运动的位移量。幅度也有大小，常以某一段时间间隔内升降运动高程或水平运动距离来衡量。不同地区在相同的时间间隔内表现的运动幅度是不相同的。例如，喜马拉雅山地区在新近纪以来上升了近万米；相反，在同样的时间内，江汉平原地区却下降了近千米（据新近系和第四系的沉积物厚度计算）。又如，圣安德烈亚斯断层水平错动幅度达 480km。更大规模的运动要数大洋底的扩张运动了，它们表现为从洋脊向深海沟达数千公里的运动幅度。必须指出的是，大陆上沿断裂出现的水平运动，在一条断层的各段的运动幅度是不同的。一般来说，断层中段幅度最大，向两端幅度逐渐减小，到端点部位活动幅度趋近于零。图 6-5 所示郯城—庐江断裂各段的运动幅度是根据地质标志确定的，最大错动可达 740km。

对于某一地区来说，如果长期处于上升或下降运动，或者一直朝某个方向发生水平运动，则其运动幅度就大；如果在一定时间间隔内，运动的方向频繁变化，时而上升，时而下降，或者做往复水平运动，则在地质记录上反映其运动幅度不大。

构造运动的幅度大小，直接反映某个地区的地壳活动性，也是推算构造运动速度的依据。同一时间内，运动幅度大，说明运动的速度也大。

三、构造运动的周期性和阶段性

在地壳演化的地质历史中，全球构造运动并不是均匀的，而是表现为时而激烈、时而平静的周期性变化。在构造运动比较剧烈的时期，运动速度和幅度较大；在比较平静的时期，

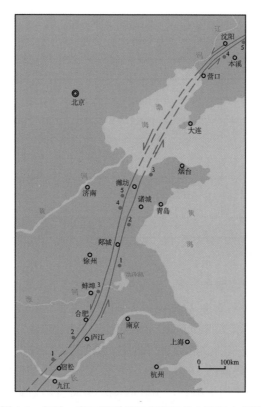

图 6-5 郯城—庐江断裂带两侧错开的主要标志点图

1. 皖西宿松地区—苏北锦屏地区变质磷矿带错开 450km; 2. 桐柏—磨子潭断裂—五莲、胶州湾断裂错开 490km; 3. 皖北蚌埠、五河一带—胶北招远一带石英脉金矿带错开 520km; 4. 鲁西地区—辽北太子河地区晚二叠世煤相带错开 710km; 5. 鲁西沂蒙山区—辽北鞍山、新宾由西太古界组成的隆起带错开 740km

运动速度和幅度变小。地壳发展过程中，有过多次强烈活动的阶段和相对缓和的阶段，这就显示出了构造运动的周期性和阶段性。

比较平静时期主要表现为缓慢的升降运动，常常引起海陆变迁，其间也可夹有次一级的比较剧烈的升降运动或水平运动，但一般历时短暂、范围较小。而一次大的强烈的构造运动常常表现为水平运动占主导地位，所经历的活动时期中较平静的时期较短，通常形成巨大的褶皱山系，所以也称造山运动。

可见构造运动具有活动—宁静的周期性，并决定了地壳发展历史的阶段性。因而，构造运动可作为划分地层界线的主要根据之一。通常代（界）与代（界）之间由最强烈的构造运动分开；纪（系）与纪（系）之间由强烈的构造运动分开。

虽然构造运动具全球周期性，但不同地区又有自己具体的周期性，不能认为每次构造运动都会波及整个地球，也不能设想每次构造运动在所有地方都会有相同的形式。即使如此，通过对整个地质历史时期的地质记录研究后认为，地球上曾经发生过几次比较强烈、影响范围较大的构造运动，而每次强烈的运动时间虽然各地都有先后不同，但大体上是同时的，这些剧烈的构造运动时期也称构造运动期（tectonic phase）。据统计，自古生代以来每隔 2 亿年左右就发生一次全球性的剧烈构造运动，如加里东运动、海西运动、阿尔卑斯运动。这些激烈的构造运动具有全球分布的特点。

第二节 构造运动的直接产物——地质构造

组成地壳岩石圈的岩层或岩体受力而产生的变位、变形痕迹称为地质构造。它是构造运动遗留下来的最直接的地质证据，利用地质构造不但能够确定构造运动的存在，还可以根据地质构造来分析构造运动的性质、构造运动的方式和方向等。

地质构造在层状岩石中最明显，在块状岩体中也存在。地质构造的基本类型有水平构造、倾斜构造、褶皱构造和断裂构造等。

地质构造是通过岩层或岩体的形态和位态表现出来的，因此，确定岩层的产出状况是研究地质构造的基础。为此，地质学中常常应用岩层产状的概念。

岩层的产状是指岩层在空间的产出状态。用走向、倾向和倾角来确定岩层的空间状态，这三者称为岩层产状的三要素。

原始沉积物，特别是海洋中的沉积物大多是水平或近于水平的层状堆积物，按沉积顺序先后，先沉积的在下面，后沉积的覆盖在上面，一层层地叠置起来，经过压实、固结而成为坚硬的层状岩石，称为沉积岩层。每个岩层具有相互平行或近于平行的两个层面——顶面和底面。

走向——岩层层面与水平面相交线的延伸方向，其交线叫走向线（ab 线）（图 6-6）。走向表示岩层在空间的水平延伸方向。

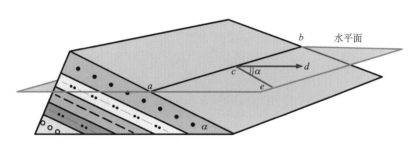

图 6-6 岩层产状要素

ab 为走向线；ce 为真倾斜线；cd 为倾向；α 为倾角

倾向——岩层向下倾斜的最大倾斜线（ce 线）（图 6-6）在水平面上的投影（cd）所指的方向，它与走向正交。

倾角——岩层层面与水平面之间所夹的平面角，即最大倾斜线与其在水平面上投影之间所夹的角（ce 与 cd 之间的夹角 α）。

产状要素用地质罗盘来测量，走向和倾向通常用方位角表示。常用的记录格式为：倾向∠倾角，如 150°∠30°，150° 表示倾向（即东南方向），30° 表示倾角。走向与倾向垂直，走向有两个方向，用倾向加减 90° 即为走向。

一、水 平 构 造

岩层产状近于水平的构造称为水平构造（图 6-7）。水平构造出现在构造运动影响较轻微的地区或大范围内整体抬升或下降的地区，岩层未发生明显变形。如川中盆地上侏罗统岩层在某些地区表现为水平构造。水平构造中较新的岩层总是位于较老的岩层之上。当岩层受切割时，老岩层出露在河谷低洼区，较新的岩层出露在较高的地方。不同地点在同一高程上，出现的是同一套岩层。

图 6-7　水平构造

二、倾斜构造

岩层层面与水平面之间有一定夹角时称为倾斜构造（图 6-8）。

图 6-8　倾斜构造

倾斜构造常常是褶曲的一翼或断层的一盘,也可以是大区域内的不均匀抬升或下降所形成的。具有倾斜构造的岩层,不同地点在同一高程上出现不同时代的岩层,这与水平构造有区别。

岩层形成以后,经受构造运动产生变位、变形,改变了原始沉积时的近水平状态,但仍然保持顶面在上,底面在下,层序是下老上新,称为正常层序。如果岩层受到强烈变位,使岩层倾角近于 90°,称为直立岩层(图 6-9)。当岩层顶面在下,底面在上时,岩层发生了倒转,层序是下新上老,称为倒转层序。

岩层的正常与倒转可以依据化石确定地层新老加以判定,也可以根据沉积岩的沉积构造及岩性特征等来判断。如泥裂裂口的正常状态是上宽下窄,直至尖灭(图 6-10)。波痕的波峰一般比波谷更窄而尖,正常状态是波峰向上(图 6-11)。根据沉积岩层面上的泥裂、波痕等特征可以确定岩层的正常与倒转。

图 6-9　直立岩层(陶晓风摄于峨眉山)

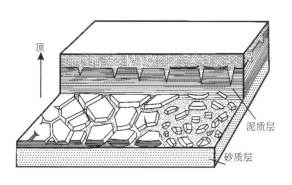

图 6-10　泥裂示意图

(据 R. R. Shrock, 1948, 修改)

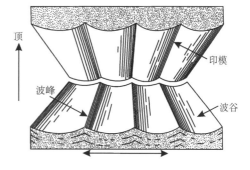

图 6-11　对称型波痕及印模示意图

(据 R. R. Shrock, 1948, 修改)

三、褶皱构造

(一)褶皱的基本形态

褶皱(图 6-12)是岩层受力变形产生一系列连续的弯曲。岩层的连续完整性没有遭到破坏,是岩层塑性变形的表现。褶皱形态多种多样,规模有大有小。小的在手标本上即可见,大的可长达上千公里、宽达百余公里。

图 6-12   褶皱构造

褶皱的基本类型有两种：背斜和向斜（图 6-13）。

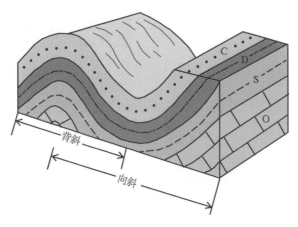

图 6-13   褶皱构造的类型

背斜是岩层向上弯曲，中心部分为较老岩层，两侧岩层依次对称变新；向斜是岩层向下弯曲，中心部分是较新岩层，两侧部分岩层依次对称变老。如岩层未经剥蚀，则背斜成山、向斜成谷，地表仅见到时代最新的地层。而当褶皱遭受风化剥蚀后，背斜山被削低，整个地形往往变得比较平坦，甚至背斜遭受强烈剥蚀形成谷地，而向斜反而成为山脊（图 6-14）。

背斜和向斜遭受风化剥蚀之后，地表就可见到不同时代的地层出露。在平面上认识背斜和向斜，是根据岩层的新老关系有规律的分布确定的。如中间为老地层，两侧依次对称出现较新地层，则为背斜构造，如中间为新地层，两侧依次对称出现较老地层，则为向斜构造（图 6-15）。

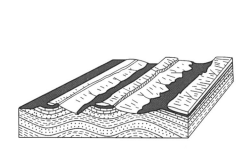

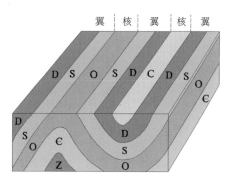

图 6-14　背斜成谷，向斜成山　　　图 6-15　组成褶皱的岩层经剥蚀后，平面上岩层呈对称排列

（二）褶皱要素

为了对各式各样的褶皱几何形态进行描述和研究，认识和区别不同形状、不同特征的褶皱构造，需要统一规定褶皱各部分的名称。组成褶皱各个部分的单元叫褶皱要素。褶皱基本要素如下。

（1）核：褶皱的中心部分。指褶皱岩层受风化剥蚀后，出露在地面上的中心部分。如图 6-15 中，背斜的核部为奥陶系地层分布地区；向斜的核部为石炭系地层分布地区。在剖面上看，图 6-15 中寒武系地层组成了背斜的核部。背斜剥蚀越深，核部地层出露越老。因此，一个褶皱的不同地段，往往由于剥蚀深度上的差异，可以出露不同时代的核部地层，故核与翼仅是相对的概念。

（2）翼：褶皱核部两侧对称出露的岩层。图 6-15 中志留系、泥盆系地层为背斜的翼部，又是向斜的翼部。相邻的背斜和向斜之间的翼是共有的。

（3）枢纽：指褶皱弯曲面上最大弯曲点的连线，也是轴面与岩层面的交线，即图 6-16 中的 ef 线。枢纽可以是倾斜的、水平的、直立的或呈波状起伏的。

（4）轴面：指褶皱各相邻弯曲面上枢纽连成的面，也是平分褶皱的一个假想面，这个面可以是平面，也可以是一个曲面。图 6-16 中 abcd 代表轴面。轴面可以是直立的，也可以是倾斜的。轴面直立，则两翼岩层倾角相等；轴面倾斜，则两翼岩层倾角不等。

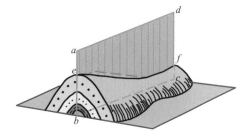

图 6-16　褶皱要素

（三）褶皱的主要类型

褶皱的几何形态很多，其分类也不同，其中按轴面产状及枢纽产状是常用的两种分类方式。

1. 按照轴面的产状划分

直立褶皱——轴面直立，两翼岩层倾向相反，倾角大致相等［图 6-17（A）］。

　　斜歪褶皱——轴面倾斜，两翼岩层倾向相反，倾角不等[图 6-17（B）]。

　　倒转褶皱——轴面倾斜，两翼岩层倾向相同，一翼岩层正常，另一翼岩层倒转[图 6-17（C）]。

　　平卧褶皱——轴面近于水平，两翼岩层产状近于水平。一翼岩层正常，另一翼岩层倒转[图 6-17（D）]。

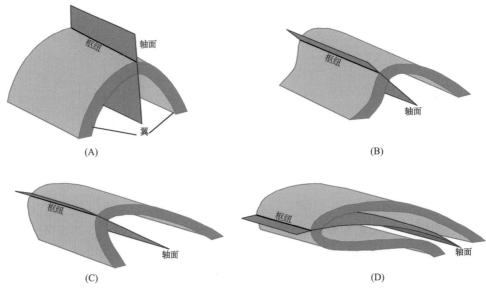

图 6-17　各种褶皱

2. 按枢纽的产状划分

　　水平褶皱——枢纽水平。褶皱经风化剥蚀后，两翼岩层的露头线平行延伸，如图 6-18（A）和图 6-18（C）所示。

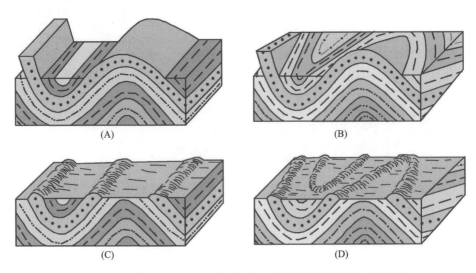

图 6-18　褶皱的枢纽水平及倾斜时，风化剥蚀后岩层的延伸状况

倾伏褶皱——枢纽倾斜。褶皱经风化剥蚀后，两翼岩层的露头线不平行延伸，或成"V"字形分布，如图 6-18（B）和图 6-18（D）所示。

如果枢纽向两端很快倾伏或扬起，形成长宽之比小于 3：1 的背斜和向斜，分别叫穹隆和构造盆地。穹隆构造的岩层向四周倾斜，常是良好的储藏油气的构造。

四、断 裂 构 造

岩体、岩层受力后发生变形，当所受的力超过岩石本身强度时，岩石的连续完整性就会被破坏，形成断裂构造。断裂构造包括节理和断层。

（一）节 理

节理是指岩层、岩体中的一种破裂，但破裂面两侧的岩块没有发生显著的位移（图 6-19）。

节理是野外常见的构造现象，一般成群出现。凡是在同一时期、同样成因条件下形成的彼此平行或近于平行的节理均归入一组，称为节理组。节理的长度不一，有的节理仅几厘米长，有的达几米到几十米长，有的则可长达数百米；节理之间的间距也不一样。节理面有平整的，也有粗糙弯曲的。在剪切应力作用下形成的节理，称为剪节理；由张应力作用形成的节理，称为张节理。

节理的研究在找矿、找水及工程地质上都十分重要，它常常是地下水的良好通道，也是矿液运移的通道和沉淀的重要场所。例如，著名的赣南脉状钨矿就是充填在节理中的。在野外常见到节理被各种矿物质充填或被岩浆侵入形成岩脉或岩墙。

图 6-19 节理

（二）断 层

岩层或岩体受力破裂后，沿破裂面两侧岩块发生了显著的位移，这种断裂构造叫断层。断层包含破裂和位移两重意义。断层是地壳中广泛发育的地质构造（图 6-20），其种类很多，形态各异，规模大小不一。小的断层在手标本上就可见到，大的断层延伸数百甚至上千公里。断层深度也不一致，有的很浅，有的很深，切穿了岩石圈的断层称为深断裂。

断层主要由构造运动产生，也可以由外动力地质作用（如滑坡、崩塌、岩溶陷落、冰川等）产生。外动力地质作用产生的断层一般规模较小、数量也少。

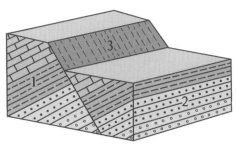

图 6-20　断层

图 6-21　断层要素图

1.下盘；2.上盘；3.断层面

1. 断层要素

一条断层由几个部分组成，称为断层要素。通常根据各要素的不同特征来描述和研究断层。最基本的断层要素是断层面和断盘（图 6-21）。

（1）断层面：指断裂两侧的岩块沿之滑动的破裂面。断层面的产状测定和岩层面的产状测定方法一样。由于两侧岩块沿破裂面发生了位移，所以在断层面上有摩擦的痕迹，常表现为无数平行的细脊和沟纹，称为擦痕（图 6-22）。断层面上的擦痕，常可以指明断层面两侧岩块的相对滑动方向。断层面可以是一个面，也可以是由许多破裂面构成的断裂带，宽度数米至数百米，断裂带中常有断层构造岩发育（图 6-23）。

由于断裂带中岩石破碎，抗风化剥蚀能力弱，因而常被风化剥蚀成谷地，河谷冲沟沿其发育，也常有地下水沿断层面流出。

断层面与地面的交线称为断层线，是重要的地质界线之一。

（2）断盘：指断层面两侧的岩块。断层面如果是倾斜的，位于断层面之上的断盘称为上盘；位于断层面之下的断盘称为下盘。按其运动方向，把相对上升的一盘称为上升盘；相对

图 6-22　擦痕构造

图 6-23　断层角砾岩

下降的一盘称为下降盘。上盘可以是上升盘，也可以是下降盘；反之，下盘也可以相对于上盘上升或下降。

（3）断距：断层面两侧被错断岩层的相对错动距离。

2. 断层的主要类型

按断层两盘相对位移的方向分为正断层、逆断层和平移断层。

（1）正断层：上盘相对下降、下盘相对上升的断层。断层面倾角较陡，通常在 45º 以上。主要是由引张力和重力作用形成的[图 6-24（A）]。

（2）逆断层：上盘相对上升、下盘相对下降的断层。主要是由水平挤压作用形成的[图 6-24（B）]。根据断层面倾角大小，又可把倾角小于 45º 的逆断层称为底角度逆断层。如果断层面倾角非常平缓，水平推移量在数千米以上，可称为逆冲推覆断层。

（3）平移断层：两盘沿断层面走向方向相对错动的断层[图 6-24（C）]。断层面近于直立，断层线较平直，主要是水平剪切作用形成的。

正断层和逆断层常常成列出现，形成各种组合类型。

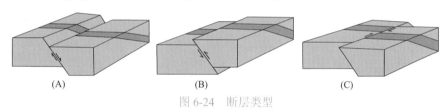

(A)   (B)   (C)

图 6-24　断层类型

阶梯状断层：两条或两条以上的倾向相同而走向又互相平行的正断层组合而成，其上盘依次下降，呈阶梯状[图 6-25（A）]。

地堑：两条（或两组）走向大致平行的正断层组合成的一个中间断块下降、两边断块相对上升的构造[图 6-25（B）]。

地垒：是由两条（或两组）走向大致平行的正断层组合成的一个中间断块上升、两边断块相对下降的构造[图 6-25（B）]。

叠瓦状断层：是数条倾向近于一致的逆断层组合（图 6-26）。

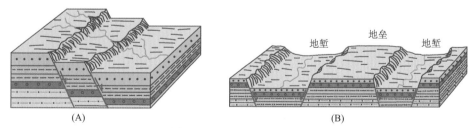

(A)   (B)

图 6-25　正断层的组合类型

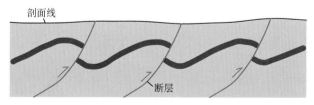

图 6-26　叠瓦状断层剖面示意图

第三节　构造运动的其他证据

一、地 貌 标 志

地表各种地貌是内、外动力地质作用相互制约的产物，不同类型的地貌分布多受构造运动的控制。上升运动的地区以剥蚀地貌为主，而下降运动的地区则以堆积地貌为主。高山深谷、河谷阶地、多层溶洞的出现作为新构造运动上升的标志，埋藏阶地的出现及冲积平原等可作为下降的标志。由于新构造运动的时间较近，相关地貌形态保留得较好，因此用地貌方法研究新构造运动，是特别重要的方法之一。

海底平顶山和珊瑚岛距海底的高度或距海面的深度也可说明地壳的升降运动情况。一般认为，珊瑚生长在高潮线到水深 70m 的水域。如果发现珊瑚礁水深大于 70m，可作为地壳下降的标志。相反，珊瑚礁高出海面，可作为地壳上升的标志。在海南三亚、榆林一带，可见高出高潮位 0.8～2m 的原生珊瑚礁。西沙群岛的石岛分布着距今 4000 年左右的珊瑚灰岩，现在已高出海面 15m。我国台湾高雄附近下更新统珊瑚灰岩已被抬升到海拔 200m 甚至 350m 高处。这些都说明现代地壳的上升运动。

在陆地上，河流两岸常会发现像台阶一样的地貌——河流阶地，有的地方只有二三级阶地，有的地方则有五六级阶地。阶地位数越高，形成时间越久，保存的形态越不完整；反之，阶地位数越低，形成时间越新，保存的形态也就越完整。此外在山区河流出口处，常有好几个冲（洪）积扇依次叠置。这些标志都是或可能是地壳上升的证据。

现代构造运动在较短时间内不能产生显著的地貌标志，地形、地物的变化较小，不易被人们察觉，但只要通过精密的测量仪器观测，就能发现某个地方高程和位置（经纬度）的变化。我国目前对活动性断裂进行观测及在地震区定期进行三角测量和水准测量，据测量结果（表6-2），四川安宁河断裂活动年变化率为 0.06～0.60mm / a，断裂两盘各处升降差异甚大。云南小江断裂活动年变化率达 0.62mm / a。

表 6-2　安宁河断裂和小江断裂现今活动垂直位移表（据陈庆宣等，1979）

测点位置	断裂名称	测线方向	上升盘	年变化率/（mm/a）
石　棉	安宁河断裂	东　西	东　盘	0.60
冕　宁	安宁河断裂	东　西	东　盘	0.07
会　理	安宁河断裂	东　西	西　盘	0.06
东　川	小江断裂	东　西	西　盘	0.62

二、地 质 证 据

发生在几百万、几千万甚至若干亿年前的构造运动所造成的地貌形态，几乎都为后期的地质作用所破坏，因此不能使用研究新构造或现代构造运动的方法进行研究。但是，构造运动的每个进程都留下了可靠的地质记录。所以根据地层的岩相特征、厚度、接触关系及构造变形等，便能从中找到构造运动留下的信息，重塑地壳构造的发展历程。

1. 沉积厚度

沉积物或沉积岩的厚度资料可以反映地壳升降运动的一些情况。一般认为浅海的深度不超过 200m，浅海沉积物充填或沉积岩的最大厚度为 200m，如果大大超过这个界限，则表明是在地壳不断下降又不断接受沉积的条件下产生的。如果海底边下沉边沉积，且沉积速度、沉积幅度与海底的下降速度、幅度相适应，则沉积物必然越来越厚，而且始终保持浅海环境。例如，我国燕山地区蓟县一带，震旦纪的浅海相沉积岩厚达 1 万多米，说明这个地区在震旦纪时，地壳处于不断下降、不断沉积并始终保持浅海的环境。又如我国中生代地层，许多是在大陆盆地中沉积的，其厚度也常达 6000～7000m，肯定也是盆地边下沉边充填形成的，如果没有地壳下沉不可能形成厚度这样大的沉积物。

下降运动引起相应的沉积，而上升运动则引起沉积中断或沉积物的剥蚀，所以在一定时间内形成的岩层总厚度是升降幅度的代数和，在一定程度上代表该地区下降的总幅度。如果在一定地区范围内进行地层厚度对比，即可了解当时的下降幅度及古地理环境。

2. 岩相变化

岩相能反映沉积岩或沉积物生成环境的成分、结构、构造、化石等各种特征。岩相变化与构造运动存在着千丝万缕的联系。在一定沉积环境中，是海还是陆，是浅海还是深海，气候条件是干燥还是湿润，是炎热还是寒凉，生物情况如何，等等，必然要反映在沉积物上，使之具有一定的特征，如沉积物的矿物成分、颜色、颗粒粗细、结构构造、生物化石种类等。

当地壳发生升降运动时，古地理环境随着改变，沉积相也相应发生变化。一般说来，地壳下降时，引起海进（transgression），粒度细的深水沉积物盖在粒度粗的浅水沉积物之上［图 6-27（A）］，而地壳上升，引起海退（regression），粒度粗的浅水沉积物盖在粒度很细的深水沉积物之上［图 6-27（B）］，甚至没有沉积遭受风化剥蚀。从图 6-27aa′、bb′线上看沉积剖

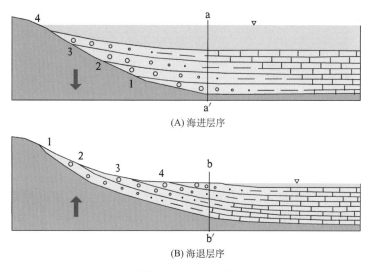

(A) 海进层序

(B) 海退层序

图 6-27　岩相变化

1～4：海面变化位置；aa′、bb′：垂直剖面

面，从下到上，沉积物的粒度有粗细变化，明显地反映沉积物沉积时环境有了变化，间接地反映了构造运动的存在和状况。

3. 地层接触关系

上下两套地层之间的接触关系是构造运动的综合表现，它们是构造运动的重要证据。常见的地层接触关系有整合、不整合两种。

整合是指上下两套地层的产状完全一致，时代是连续的。当地壳处于相对稳定下降（或虽有上升，但未升出海面）的情况下，形成连续沉积的岩层，老岩层沉积在下，新岩层在上，其间不缺失岩层，且新老岩层的岩性和古生物特征是递变的。整合岩层说明在一定时间内沉积地区的构造运动的方向没有显著的改变，古地理环境也没有突出的变化，总体反映地壳持续稳定下降的过程。

不整合是上下两套地层时代不连续，即两套地层之间有地层缺失。这种接触关系反映沉积了一套地层之后，发生了显著的或较剧烈的构造运动；或者是上升运动使该地区全部从海面以下抬升成陆地，或者是水平运动使该地区褶皱成山而高出海面，或者是两种运动兼而有之。总之，地壳升到水面以上后，不仅沉积中断了，而且还可将已经沉积了的地层也被风化剥蚀掉一部分；后来又下降到海里，再接受沉积，新沉积的地层和原先沉积的地层之间产生了不连续的接触关系，或者说，发生了沉积间断，形成了不整合的接触关系。不整合上下两套地层之间的接触面叫不整合面，通常保留着古风化壳或大陆沉积物，或在不整合面上有粗粒的、由下伏地层碎屑物组成的底砾岩。

不整合据其产状关系和形态又可进一步分为以下两种。

（1）平行不整合：如果不整合面上下两套地层的产状是彼此平行的，称为平行不整合或叫假整合（图 6-28），反映地壳有一次显著的升降运动。

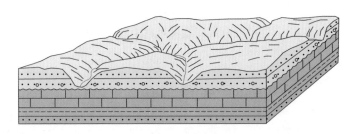

图 6-28　平行不整合

平行不整合的形成过程表示为：地壳下降，接受沉积→地壳隆起，遭受剥蚀→地壳再次下降，重新接受沉积。这种接触关系说明在一段时间内沉积地区有过显著的升降运动，古地理环境有过显著的变化（图 6-29）。

（2）角度不整合：如果不整合面上下两套地层的产状是斜交的，叫角度不整合（图 6-30）。反映发生过一次强烈的水平运动。

角度不整合形成过程是：地壳下降接受沉积→水平挤压（岩层褶皱、断裂）、上升遭受剥蚀→再下降接受新的沉积；即反映该区有显著的水平运动，古地理环境发生过极大的变化（图 6-31）。

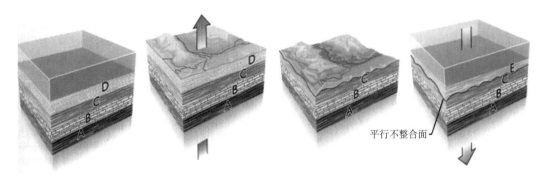

图 6-29 平行不整合形成过程示意图

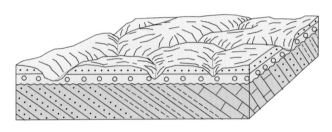

图 6-30 角度不整合

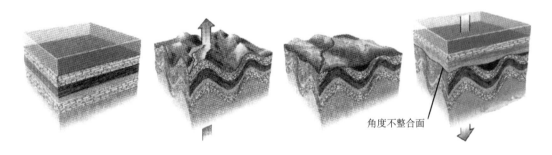

图 6-31 角度不整合形成过程示意图

无论是平行不整合还是角度不整合，都具有以下共同特点：①有明显的侵蚀面存在，侵蚀面上往往有底砾岩、古风化壳等。底砾岩是指位于不整合面上的砾岩（有时横向变为砂岩）。②有明显的岩层缺失现象，表明有较长时期的沉积间断。③不整合面上下的岩性、古生物等有显著的差异。

对不整合的研究，除了解构造运动外，根据不整合面上下地层的时代，还可以大致确定发生构造运动的时代。研究不整合面本身的特征还可以恢复当时的古地理环境。不整合面又是时代不同的地层之间的分界面，所以，在地层划分上具有重要意义。而且也可以找出某些矿产的分布规律，如在不整合面上常富集铝土、黏土、铁矿、锰矿等矿产。

第四节　板　块　构　造

20 世纪 40 年代以后，广泛的海底地质调查大规模兴起，这是出于军事上的需要，也是着眼于海洋和海底的资源。近 80 年来已经获得了大量成果，从而使地质工作的认识从陆地扩大到海底，导致了板块构造说的诞生。在大地构造学的发展史中，曾出现过许多学说，如地槽-地台学、地洼学、地质力学、板块构造学等。每一个新的大地构造学说的提出，常标志着地质学进入一个更高水平阶段，但对地质学影响最为深远的是板块构造学说。

板块构造学说认为，岩石圈是由一些大小不一的坚硬的球面形片块组成，这些片块厚度平均约为 80km，但与延伸数百公里的宽度相比是很薄的，故称为板块。板块之间的边界处是地质作用，特别是内动力地质作用表现最为强烈的地带，如构造运动，地震、火山活动和变质作用等绝大多数集中分布于这些板块边界上或其附近。而板块内部则是相对稳定的地区。岩石圈板块漂浮在软流圈上，并不断增长、移动和消亡着，由于各板块彼此运动，相互作用，从而形成岩石圈中的各种地质构造，故称为板块构造。

一、板块构造的由来

板块构造学说是 20 世纪 60 年代兴起的一种构造运动理论，它是从大陆漂移说、海底扩张说的基础上发展起来的。

法国的斯奈德（Snider）在 1908 年和美国的泰勒（Taylor）在 1910 年都论述过大陆的漂移。但德国的探险家和地球物理学家魏格纳（Wegener）在 1915 年对大陆漂移论述得最为完善。

魏格纳从南美洲和非洲几个大陆边缘形态正好可以拼接起来的现象着手，搜集了大量有关地质构造、古气候、岩石和化石等的资料，分析研究了它们的相似性之后，提出了大陆漂移的设想。他认为，3 亿年前全球大陆曾是连在一起的统一整体，也就是当时只有一个大陆，称为泛大陆，围绕泛大陆的称为泛大洋。到了中生代，泛大陆开始分裂和漂移，逐渐形成了现代全球大陆和大洋的格局（图 6-32）。

魏格纳提出的大陆漂移的主要证据有以下几点：①通过对大西洋两岸进行拼接（图 6-33），发现大西洋两岸即南美洲东岸与非洲西岸轮廓的相似性。②各大陆边缘，在地层、岩石和构造方面也遥相对应，如巨大的非洲西部片麻岩高原和巴西片麻岩高原的构造线方向及岩石年龄都能很好地对应起来。③从古气候、古生物来看，南美洲、非洲、印度半岛、澳大利亚等地在古生代和中生代初期都是很近似的，但到中生代后，则显著不同。例如，在这些地区的石炭系和二叠系地层中都发现了冰川遗迹；又如，有一种庭圆蜗牛既发现于德国和英国等地，又发现于大西洋对岸的北美洲。庭圆蜗牛是陆生生物，它不可能跨过大西洋，从一岸迁移到另一岸去。大陆漂移说的论据虽多，但漂移的机制并未很好解决，到 20 世纪 30 年代，便逐渐衰落下来。

1962 年，美国的赫斯（Hess）和迪茨（Dietz）在地幔对流说的基础上，提出了海底扩张说。这一学说认为，大洋中脊和大陆裂谷系是地幔物质上升的涌出口，涌出的地幔物质冷凝成新的洋壳，并推开先形成的洋壳逐渐向两侧对称扩张。大陆黏在洋壳之上，与洋壳一起向同一方向运动。当洋壳扩张到达海沟处，便向下俯冲，重新回到地幔中去（图 6-34）。

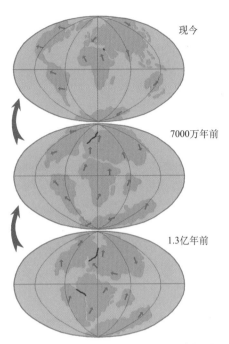

图 6-32 大陆漂移过程中的几个位置

现今

7000万年前

1.3亿年前

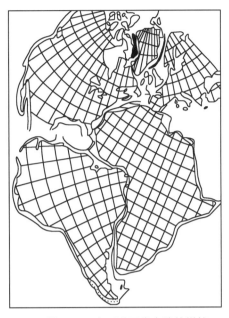

图 6-33 大西洋两岸大陆的拼接

海底扩张的主要证据有：①海底磁异常条带的分布。海底正、负磁异常呈平行条带相间排列，并平行对称分布于洋脊两侧。图 6-35 为冰岛南部洋脊的磁异常条带。在其他各大洋中也有清楚的磁异常条带的分布。磁异常条带实际记录了地磁场变化的历史，是海底扩张的有力证据。②大洋沉积物厚度变化和形成时代。钻探结果证实，洋底沉积物厚度自洋脊轴部向两侧逐渐增大，覆盖在洋底玄武岩基底之上的

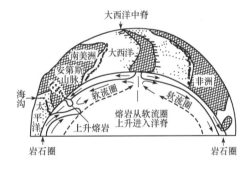

图 6-34 地幔对流拉动岩石圈移动（地幔对流）

沉积物年龄与距洋脊的距离成正比，洋脊附近沉积物最年轻，离洋脊越远的两侧的沉积物越老，并以洋脊为中心，由新到老对称分布。

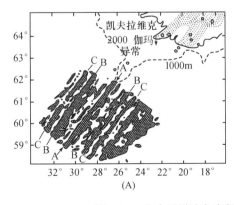

(A)

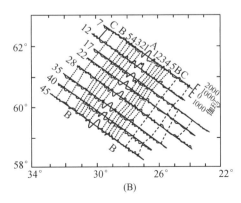

(B)

图 6-35 北大西洋冰岛南部雷克雅奈斯洋脊的磁异常条带

1965 年，加拿大的威尔逊（Wilson）在海底扩张说的基础上，提出转换断层的机制和布拉德对大陆的拼接后，才逐渐形成了板块构造说。

二、岩石圈板块的划分和分界线的类型

（一）岩石圈板块的划分

1968 年，法国勒皮雄（le Pichon）根据地震带、地形和地质等方面的资料将全球划分为六大板块：太平洋板块、亚欧板块、印度板块、非洲板块、美洲板块和南极洲板块（图 6-36）。除太平洋板块几乎全是海洋外，其余五大板块包括大块陆地，又包括大片海洋。如美洲板块，除包括美洲大陆外，还包括大西洋中央裂谷以西的半个大西洋。可见板块的划分与海陆轮廓无关。后来，英国的麦肯齐（McKenzie）等根据浅源地震的集中分布带，将美洲板块分为南美洲板块、北美洲板块、科科斯板块、加勒比板块及纳斯卡板块等次一级小板块，又将亚欧板块又分为菲律宾板块、阿拉伯板块、中国板块、伊朗板块、土耳其板块等次一级小板块。

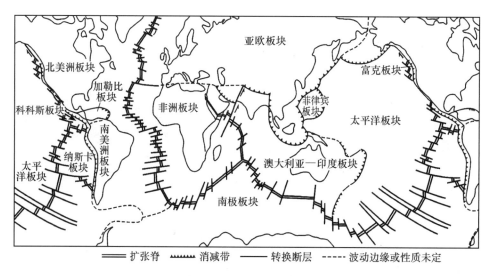

图 6-36　全球板块的划分

（Press et al.，2001）

（二）板块的边界类型

根据板块之间相对运动的性质，可将板块间的分界线分为 3 种类型（图 6-37）。

1. 分离型板块边界

两板块沿边界相背运动，使边界被拉开形成张裂缝，地幔物质沿裂缝涌出，冷凝成新的洋底，促使板块不断增长，故又称增生型板块边界。大洋中脊和大陆裂谷系统属此种类型的边界。

2. 汇聚型板块边界

两板块沿边界相向运动，表现为两板块对冲、汇聚、碰撞。根据汇聚的板块性质不同，又可进一步分为俯冲边界和地缝合线两种亚类：①俯冲边界为陆壳与洋壳板块之间或洋壳与洋壳之间的分界线。边界两侧的板块相向运动，洋壳板块俯冲到陆壳板块之下，或一洋壳板块俯冲到另一洋壳板块之下，并下沉消亡在上地幔中，故又称为消减带。山弧-海沟系和岛弧-海沟系的海沟属此类型的边界。②地缝合线为两陆壳板块之间的分界线。边界两侧的陆壳板相向运动，经碰撞、汇聚而成更大的陆壳板块。我国喜马拉雅山脉以北雅鲁藏布江一带，为典型的地缝合线实例。

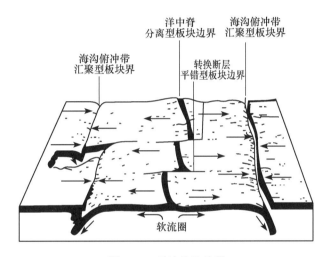

图 6-37　板块构造边界

3. 平错型板块边界

边界两侧板块相互滑动，沿边界岩石圈板块既不增生也不消亡。转换断层则属此种边界类型，故又称转换断层边界。

三、板块的运动

板块自身主要表现为大规模的，具有一定方向的水平运动。但在板块之间的相对运动则不完全相同，其运动有以下三种方式。

（一）分离型运动——海底扩张运动

两板块沿洋脊相背运动，留下的空间不断被从地幔上升的物质所充填，形成新洋壳，促使板块不断增长。板块运动的速度（扩张速度）在洋脊的不同部位是不相同的。根据磁异常条带推算，太平洋洋脊在南纬 30° 附近处，扩张速度最大，为 18.3cm/a，由此向南或北其速度可降为 4.1cm/a。大西洋洋脊的扩张速度在南纬 30° 附近为 4.1cm/a，向北减少到 1.8cm/a。

印度洋洋脊在南纬45°处，扩张速度为7.3cm/a，向北则减少到2cm/a（图6-38）。板块相背运动除发生在洋脊外，在大陆的裂谷带也同样存在。东非裂谷就是一例。

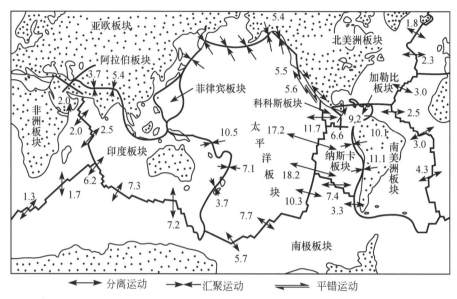

图6-38　各板块运动的方向和速度图

（二）板块的汇聚运动——板块的俯冲或碰撞运动

两板块相向运动，表现为板块的对冲、汇聚、碰撞、挤压，主要发生在汇聚板块边界处，如海沟-岛弧、年轻的山脉地带。按板块汇聚的情况又可分为以下三种运动型式（图6-39）。

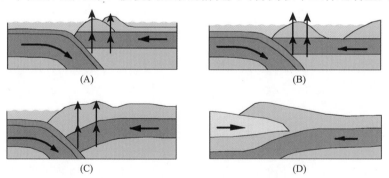

图6-39　板块汇聚运动的不同形式

A、B. 岛弧-海沟型　C. 山弧-海沟型　D. 山弧-地缝合线型

（1）岛弧-海沟型：为两个洋壳板块或洋壳板块与前缘带有岛弧的陆壳板块的汇聚，在汇聚分界线处，形成岛弧和海沟。

（2）山弧-海沟型：为洋壳板块与陆壳板块直接汇聚的。洋壳板块在海沟处俯冲并使大陆边缘形成巨大山系。如南美洲的安第斯山。

（3）山弧-地缝合线型：为两个陆壳板块的对冲、碰撞和挤压，可形成巨大山脉。如喜马拉雅-雅鲁藏布江地缝合线。

　　板块的俯冲、碰撞是造成地球表面各种地质构造现象的重要原因，与板块俯冲相伴生的主要构造现象有：①形成海沟-岛弧系（沿太平洋西岸）或海沟-山弧系（沿太平洋东岸），这是地球表面地形起伏最大的地带。②世界上 80%的浅震、90%的中深震和近 100%的深震都分布于此，是地震最集中、最强烈的地区。③在离海沟一定距离（150～200km）的岛弧或大陆边缘出现较多的火山活动。④在板块俯冲带或海沟靠大洋侧，由于温度低（海沟的热流低）和压力高（对冲和俯冲的压力高），形成一个低温高压变质带。与之相对应的，在仰冲板块上相当于岛弧的位置出现高温低压变质带。这两个变质带平行海沟分布，称为双（对）变质带。⑤由仰冲板块上滑落的岩石碎块及俯冲板块上刮起的不同时代、不同地点、不同成分的沉积物，被推挤、压缩、堆积在岛弧或大陆边缘，形成混杂岩。⑥在俯冲碰撞带上可分布由超基性-基性侵入岩及喷出岩（部分蚀变为蛇纹岩）和硅质岩构成的岩石组合称为蛇绿岩套。⑦热流值由海沟向岛弧方向逐渐增高。

（三）平错运动

　　两板块沿转换断层边界做相互平行、方向相反的水平错动。两侧的板块不发生褶皱、增生、消亡，仅有微弱的浅震发生。如美国西部加利福尼亚州的圣安德烈亚斯断层，就是一条有名的通过大陆的转换断层。经大地测量得知，北美板块（断层东盘）和太平洋板块（断层西盘）都向北西方向运移，但西盘比东盘运移得快些。西盘相对于东盘移动的距离达 480km。有人推断，按现在这种速度位移，位于太平洋板块上的洛杉矶，几百万年后，将要成为阿拉斯加的一个市镇。

（四）板块运动的驱动力

　　板块运动的驱动力，迄今仍是一个尚未解决的问题。但目前大多数人认为，地幔对流是驱动板块的动力。因上地幔软流圈中的物质具有可塑性，可以流动，当地幔下部物质受地核加热后发生膨胀上升时，形成对流，地幔上升流使洋底隆起裂开，部分地幔物质涌入洋脊轴部冷凝形成新洋壳，并推挤两侧的板块使其扩张运动，而大部分地幔物质则沿岩石圈板块底部沿水平方向流动，同时以载运方式带动其上的岩石圈板块运移。地幔物质在水平流动过程中，逐渐变冷，密度加大，到海沟-岛弧处，则形成下降流，并引起板块俯冲、消亡（图6-40）。

　　地幔内部温度升高的原因，一般认为，主要是来自放射性元素蜕变和由重力分异作用使地幔内重的铁镍物质向地心集中所释放的重力能转化而来的热能。

　　尽管大多数地质学家认为板块运动的驱动力是地幔对流，但关于对流的规模仍有不同看法。一种意见认为，对流发生在软流圈内［图6-40（B）］，并认为是一种热对流。但有人提出，软流圈薄而黏度大，不能带动岩石圈的板块运动，于是提出对流应涉及整个地幔，热源来自地核［图6-40（A）］。至于地幔与地核之间的热是怎样产生的，又是怎样转移的，尚不清楚。

　　也有人反对把地幔对流作为板块运动的驱动力，认为地幔物质黏度太大，难以发生对流，因而试图用重力作用来解释板块运动。他们认为，洋脊处位置较高，海沟处较低，具有一定坡度［图6-41（C）］。经计算，软流圈顶面坡度为 1/3000 时就会导致板块以 4cm/a 的速度下滑。另外，板块的俯冲端坡度较大，由于板块本身较周围冷，密度大，在重力作用下便能拖拉板块的其余部分向海沟一侧运动［图6-41（D）］。

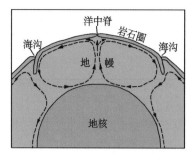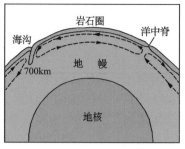

(A) 扩及整个地幔的对流　　　　(B) 限于软流圈的对流

图 6-40　扩及整个地幔的对流和限于软流圈的对流

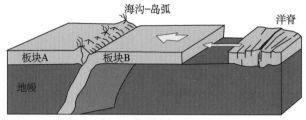

(A) 推挤运动

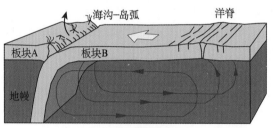

(B) 载运运动

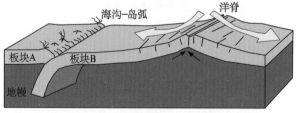

(C) 重力滑动

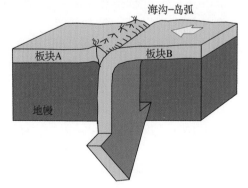

(D) 拖曳运动

图 6-41　板块运动的驱动力和运动方式示意图

第五节 构造运动的空间分布特征

由于地壳或岩石圈的力学性质不均匀，各个地区地质条件有差异，所以，构造运动在不同地区所表现的活动性是不一样的，有些地区要比另一些地区的活动性强些。从全球来看，有相对活动的地区和相对稳定的地区，通常称为活动区和稳定区（图 6-42）。在这两类地区之外的地区，其活动性介于两者之间。大陆地壳和大洋地壳都具有这种特征。

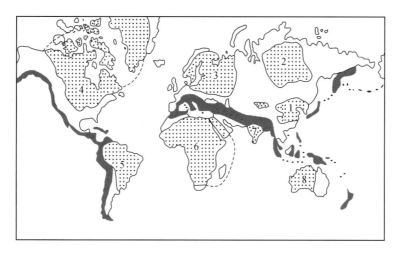

图 6-42 大陆地壳构造活动性概略图

黑色部分为活动带；黑点部分为稳定区

一、地壳的活动带

无论在大陆还是大洋，地壳活动区都呈带状延伸，地形上是高低悬殊的地带，如高耸的大山脉和洋脊，或深凹的海沟地带。在活动带里的各种地质作用，特别是内动力地质作用非常活跃。现代构造运动速度较快，每年数厘米至十几厘米；岩浆活动、变质作用、地震活动等均较强烈。

现代的巨型地壳活动带包括以下几个带。

1. 环太平洋海沟岛弧及沿岸山脉构造带

此构造带起于南太平洋的新西兰，向北经新喀里多尼亚岛、伊里安岛、菲律宾、台湾岛、琉球群岛、九州岛、本州岛、北海道岛、千岛群岛到阿留申群岛，再沿北美洲西侧的海岸山脉到南美洲安第斯山脉构成一个不完整的环。

2. 特提斯构造带

特提斯构造带又称地中海—喜马拉雅带，从地中海周围各山脉（欧洲的阿尔卑斯山脉、喀尔巴阡山脉、非洲的阿特拉斯山脉）往东经过高加索山脉、兴都库什山脉、喜马拉雅山脉、横断山脉、然后转向东南的马来半岛、巽他群岛和环太平洋带衔接，又从地中海向西经亚速尔群岛、安的列斯群岛与环太平洋构造带相接。

这两个带都是现代的巨大山脉和海沟岛弧所在地，是地质构造十分复杂的巨大构造活动带，以地壳的缩短构造运动为主要特征，也是岩浆活动、变质作用、地震活动的场所。

3. 大洋洋脊及大陆裂谷带

大洋洋脊及大陆裂谷带呈带状分布。

大洋洋脊主要是沿几个大洋的中脊分布，其中最为显著的是大西洋中脊、印度洋洋脊（印度洋洋脊北端进入红海和死海裂谷，与地中海—印度尼西亚带衔接，并自红海分支与东非大裂谷连接）。

大陆裂谷带为地壳的张裂带，表现为正断层、地堑的形式，常发生浅震。岩浆活动规模较大，有玄武岩浆贯入裂谷和洋脊轴部。

除此之外，地球上还有很多构造活动带，如北美洲东部的阿巴拉契亚带、亚欧大陆的乌拉尔—蒙古带、我国的昆仑—祁连—秦岭带等。这些带主要是在地质历史时期的构造运动形成的，它们通常被称为某某时代的造山带或褶皱带，其最重要的特征是：这些造山带中地层厚度巨大，岩层变形、变质强烈，岩浆活动及伴生的内生矿产丰富，记录了地质历史中曾经发生过的、丰富多彩的各种地质作用过程。我国是一个造山带非常发育的国家，是造山带研究最理想的地区之一。

二、地壳的稳定区

稳定地区一般呈面状展布，被活动带所围限；在地形上呈广阔的平原、高地或盆地，为古生代以来构造运动相对较弱的地区，现代升降运动速度为零点几毫米/年至几毫米/年，水平运动也不显著，岩浆活动、变质作用、地震活动均较微弱，又叫克拉通或岩石圈板块、地块、地台、地盾等。

大陆上巨大的地块有：①中朝地块；②西伯利亚地块；③东欧地块；④北美地块；⑤南美地块；⑥非洲地块；⑦印度地块；⑧澳大利亚地块。南极大陆也应该是一个巨大地块。

地形起伏不大的广大海底平原是大洋地壳的相对稳定区。

三、板块构造对构造运动空间分布的认识

近 40 年来，地质学家积累了不少地球物理资料及大量来自海洋地质调查的成果，提出了关于岩石圈构造的板块构造学说，对于构造运动的分布有了一种新的见解，在地球科学上引起了革新的浪潮。

板块构造学说认为，岩石圈是由若干刚性的块体结合而成。洋脊、海沟岛弧、转换断层和地缝合线作为板块的边界，板块内部是相对稳定的区域，各板块间的结合地带是相对活动的区域。海沟地区表现为大洋岩石圈沿海沟插入地幔，构成消亡带，表现为挤压应力作用，如太平洋板块与亚欧板块间的接合情况；洋脊是大洋岩石圈生长的地方，表现为引张应力作用为主，如非洲板块与美洲板块之间的接合情况。

第六节 构造运动的原因

构造运动的根本原因是力的作用，这种力可以由物理原因引起，也可以由化学原因引起；可以来自地球以外，也可以来自地球内部。

来自地球以外的力主要是日、月对地球的引力及其他天体的影响，引起海水发生潮汐，这种潮汐对地球自转发生摩擦阻力，引起地球自转速度变慢，从而产生水平运动。

日、月引力对地球的影响是很微弱的，不可能形成大规模的构造运动。据研究，地球形成的初期（约 40 亿年前），岩石圈很薄，月地距离较近，只有 20 万 km（现在是 38.4 万 km），月球对地球的引力作用较大，甚至可以把地下岩浆沿破裂带吸上来。从而产生构造运动。

岩石圈是地球的组成部分，构造运动也必然和地球本身的运动密不可分。

地球自转速度变化可引起岩石圈内水平挤压和引张作用，地球内部的热能，特别是放射性元素蜕变产生的热量，引起地球内部物质流动，带动岩石圈运动，地球的重力能使地球内部重的物质向地心迁移，轻的物质上浮，造成地球内部物质的重力分异，引起构造运动。有人提出，地球内部物质在较高的压力条件下的相变可使地球体积改变，从而引起构造运动。据荷兰范贝梅伦（van Bemmelen）的研究，由于外核物质部分转变为地幔物质（即相变），可产生较大的能量以促使和维持地幔对流。有人计算出，在地球外核顶部与橄榄石成分相当的每克物质（密度为 9.71g/cm^3）上升到地幔顶部（密度为 $3.32\ \text{g/cm}^3$）所释放出的压缩能和离子化能为 $6.8\times10^{11}\text{erg}$。如果压力减轻，物质会发生膨胀，相应数量的能量就会释放出来。

第七章
地震作用

第一节　地震的基本特征和概念

地球内部缓慢积累的能量突然释放或人为因素引起地球表层快速振动的现象叫地震。地震是人们通过感觉和仪器检测到的地面振动，它与风雨雷电一样，是一种极为普遍的自然现象。它是构造运动的特殊表现形式，老百姓俗称为地动，它就像刮风、下雨、洪涝、山崩、火山爆发一样，是经常发生的一种突发性自然现象。但地震因其突发性、难预见性及强烈的破坏性而成为自然灾害的群灾之首。

据统计，全世界每年发生地震约 500 万次，其中大部分是人们不易觉察的小地震，能够察觉到的地震约 5 万次，占总数的 1%，而造成强烈破坏的地震每年只有十几次，造成人类巨大伤亡的地震则更少。但是一次大的破坏性地震，尤其发生在人口稠密、经济发达的地区或城市，在几十秒甚至几秒钟内就会使成千上万的人丧生，成百上千幢建筑物沦为废墟，给人类造成巨大的灾难。联合国有关资料表明，1900～1976 年，全世界因地震灾害而死亡的人数多达 260 多万，占所有自然灾害人员死亡总数的 58.12%。仅 1970～1981 年的 12 年间，经济损失就达 1856.7 亿美元。据史料记载，公元 1556 年，陕西华县发生 8.25 级大地震，死亡 83 万人，八百里秦川哀鸿遍野，这次地震可能是造成人类死亡人数最多的一次自然灾害。1976 年 7 月 28 日，发生在我国唐山市的 7.8 级地震使拥有百万人口的工业重镇唐山顷刻间变成一片废墟，死伤 40 余万人（死 24.2 万人，伤 16.4 万人）。2003 年 12 月 26 日清晨，伊朗东南部丝绸之路上的巴姆地区遭遇致命的强烈地震，6.8 级的强震造成 4 万多人死亡，3 万多人受伤，巴姆古城被夷为平地。大地震发生在凌晨，全城居民在睡梦中被埋入废墟，70%的建筑倒塌，巴姆历史名胜区彻底毁坏，乘直升机巡视的议员惊呼"古城不再"。2005 年 10 月 8 日巴基斯坦发生 7.8 级强烈地震，造成 7 万余人死亡。2008 年 5 月 12 日汶川地震造成 68708 人遇难，17923 人失踪，360796 人受伤（图 7-1）。

地震不仅发生在大陆上，在海洋底部往往也会发生，称为海震。海震发生时，因海底地层或岩石突然破裂，或发生相对位移，一方面带动覆盖其上的海水突然升降或水平位移，另一方面主要是由破裂处发出的地震波，特别是纵波和表面波的强烈冲击，像炮弹一样轰击水底，从而导致水体剧烈振动和涌起，形成狂涛巨浪，以猛烈的力量冲向四周。这种由地震引起的巨大海浪称为海啸（图 7-2）。

(A) 1976年唐山市地震造成的破坏

(B) 2003年伊朗巴姆市地震造成的破坏

(C) 2005年巴基斯坦地震造成的破坏

(D) 2008年汶川地震造成的破坏

图 7-1　地震造成的破坏

1960 年 5 月 22 日智利海边发生 8.5 级大震，海底断裂活动引起了巨大的海啸，海水震荡传播到太平洋各地，5 月 23 日海浪冲至夏威夷希洛湾，推起超过 10m 高的浪墙，摧毁了岸上的各种设施，死伤 200 余人。5 月 24 日海啸到达日本东海岸，浪高平均为 3.4m，最高达 6.5m，伤亡数百人，沉船 109 艘。2004 年 12 月 26 日，印度洋发生过去 40 年来威力最强大的地震，引起移动数千公里的海啸，冲击至少 8 个亚洲国家、3 个非洲国家的海岸线，死亡人数达 15 万，数百万人受灾。

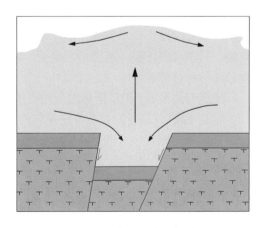

图 7-2　海啸形成示意图
（海底陷落形成海啸）

地球内部积累、储存地震能量和地应力的部位，或岩石发生破裂及强烈塑性变形的区域叫**震源体**。据推算，一个 5 级地震的震源体直径达 50km，8 级地震可达 150km。地下发生地震的地方叫**震源**。震源在地面上的垂直投影叫**震中**，震中可看做地面上震动的中心。震中附近振动最大，一般也是破坏最严重的地区，叫**极震区**。从震中到震源的垂直距离叫**震源深度**。在地面上，受地震影响的任何一点到震中的距离叫**震中距**，到震源的距离，叫**震源距**。地震发生后，通过仪器测出的地震震中位置称为地震的微观震中。震后，通过地震调查、灾害评估确定的地表破坏程度最高的地域称为地震的宏观震中。地面上地震所波及的区域称为**震域**。

震域边界一般难以确定，只能认为是人们所感觉到的震动区域。震域的大小和震源的深浅有关，也和震级的大小有关。一般而言，震源越浅、震级越大，震域就越大。震源及震中的关系见图 7-3。

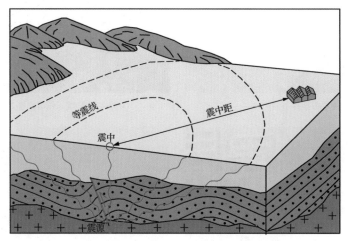

图 7-3　震源、震中及等震线

地震所产生的颤动是以弹性波的形式把能量传播出来的，这就是地震波，可以分为纵波、横波和表面波三种。

地震时，纵波和横波同时产生，但纵波比横波传播得快，在地壳表层纵波以 5～6km/s 的速度传播，横波以 3～4km/s 的速度传播。表面波产生在两种介质（固体和气体或液体和气体）的交界面上，地震时来自地震源的波动（纵波、横波）以不同的速度与地面相碰，使地壳表面激起沿地表传播的弹性波，即为表面波（L）。其特点是波长比较长，波速稳定，但比较慢，只在表面传播，不能传入地下。由于表面波的波长较长、振幅大，故对地面各种建筑物的破坏也最厉害。

地震有强有弱，用以衡量地震强度的量叫震级。震级可以通过地震仪器的记录计算出来，其单位是"级"。震级的大小与地震释放的能量有关，地震能量越大，震级就越大。震级标准最先是由美国地震学家里克特提出来的，所以又称"里氏震级"。震级（M）和震源发出的总能量（E）之间的关系为

$$\lg E = 11.8 + 1.5M$$

式中，E 的单位是 erg。

M 和 E 的关系如表 7-1 所示。

表 7-1　地震震级与能量关系

M	E/erg	M	E/erg
1	2.0×10^{13}	6	6.3×10^{20}
2	6.3×10^{14}	7	2.0×10^{22}
3	2.0×10^{16}	8	6.3×10^{23}
4	6.3×10^{17}	8.5	3.6×10^{24}
5	2.0×10^{19}		

由上可知：每次地震释放的能量是很大的，一个 8.5 级地震释放的能量是 3.6×10^{24} erg，相当于一个功率为 100 万 kW 的发电厂连续十年发出电能的总和。一个氢弹爆炸释放的能量约为 4.0×10^{23} erg，相当于一个 8 级地震的能量。一个 6 级地震释放的能量相当于美国投掷在广岛的原子弹所具有的能量。

震级和能量间不是简单的比例关系，而是对数关系。震级差一级，能量约差 32 倍。

地震发生时，人们通常用地震烈度来描述地面遭到地震影响和破坏的程度，简称烈度。烈度大小是根据人的感觉、室内设施的反应、建筑物的破坏程度及地面的破坏现象等综合评定的，它的单位是度。用来划分地震烈度的标准是地震烈度表。不少国家根据本国实际制定了地震烈度表。我国现行的《中国地震烈度表》，最低为一度，最高为十二度（表7-2）。地震烈度的大小与震级大小、震源深浅及该地区的地质构造有关。例如，同一次地震，离震中越近的地方，烈度越大，离震中越远的地方，烈度就越小。又如，相同震级的地震，因震源深浅不同，地震烈度也不同，震源浅的地方，对地表的破坏就大。离震中同样远的地方，由于地质构造不同，地面的破坏程度也有差别，断裂发育地带，烈度就要大些。此外建筑物的地基不同，也影响到地面建筑物的破坏程度。这些就是造成重灾区中有轻灾，轻灾区中有重灾的原因。地震烈度相等点的连线称为等震线。等震线通常围绕震中呈不规则的封闭曲线（图 7-4）。

表 7-2 中国地震烈度表（略有删减）

烈度	表现特征
一度	无感。仪器才能记录
二度	个别非常敏感、完全静止中的人有感
三度	室内少数完全静止中的人感觉振动，好像载重汽车很快从旁驶过，细心的观察者注意到悬挂物有轻微摇动
四度	室内大多数人、室外少数人有感，一些人从梦中惊醒；门、窗、纸顶棚作响，悬挂物动摇；器皿中水轻微震落，紧靠在一起的、不稳定的器皿作响
五度	室内几乎所有人和室外大多数人有感。大多数人从梦中惊醒；家畜不宁；悬挂物明显摇摆；挂钟停摆；少量液体从装满的器皿中溢出；架上放置不稳的器物翻倒或落下；门、窗、地板、天花板和屋架木榫轻微作响；开着的门窗摇动；尘土落下；抹灰墙上可能有细小裂缝
六度	很多人从室内逃出，立足不稳；家畜从厩中向外奔跑；盆中水剧烈地动落，有时溅出；架上书物有时翻倒或掉落；轻家具可能移动；非砖木墙结构的建筑物有损坏，出现裂缝；疏松土地上可能有小裂缝
七度	人从室内惊惶逃出；悬挂物强烈摇摆，甚至坠落；架上器皿、书籍坠落；一般砖木结构的房屋大多数损坏，少数垮塌，坚固的房屋也可能有损坏；民房烟囱顶部损坏，个别牌坊和塔、工厂烟囱轻微损坏；井泉水位有时变化；产生地裂缝，少数可能有喷水冒沙现象
八度	人很难站立；家具移动；一般砖木房屋多数破坏、少数倾倒；坚固的房屋也可能有部分倾倒、有些碑石和纪念塔损坏、移动和翻倒；山坡的松土和潮湿的河滩上出现裂缝，宽达 10cm 以上；地下水位较高的地方常有夹泥沙的水喷出；土石松散的山区常有相当大的山崩、地滑；人畜有伤亡
九度	一般非砖木结构民房多数倾倒；坚固的砖木结构房屋许多遭受破坏，少数倾倒；牌坊、塔、工厂烟囱破坏或倾倒；地下管道破裂；地裂缝很多；常出现山崩、地滑灾害
十度	坚固的砖木房屋许多倾倒；地表裂缝成带断续相连，总长度可达几公里，有时局部穿过坚实的岩石；铁轨弯曲；河、湖产生击岸浪。山区大量山崩、地滑，河谷堵塞成湖
十一度	房屋普遍毁坏；山区有大规模的崩滑，地表产生相当大的竖直和水平方向错动（断裂）；地下水位剧烈变化
十二度	广大地区的地形、地表水系及地下水位剧烈变化。建筑物遭到毁灭性破坏

由表 7-2 可知，研究地震烈度具有重大意义。及时鉴定地震烈度，可以有准备地进行抗震救灾工作，更主要的是能为今后的国民经济建设服务。当人们进行工程建设时，从选择场地到设计施工，都要考虑到未来地震可能发生的最大烈度。鉴定和划分各地区地震烈度大小的工作，叫烈度区域划分（简称烈度区划）。

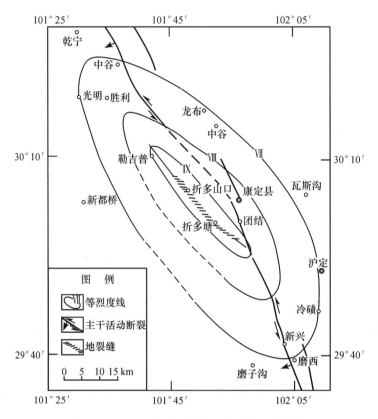

图 7-4　1955 年四川康定折多塘地震等震线图

第二节　地 震 分 类

地震工作者从不同的角度对地震进行了分类，常见的有以下几种分类方法。

一、成 因 分 类

根据成因不同，地震分为构造地震、火山地震、陷落地震及诱发地震。

（1）构造地震：由于地下深处岩层错动、破裂所造成的地震。这类地震发生的次数最多，约占全球地震总数的 90% 以上，破坏力也最大。这类地震与岩石圈构造密切有关，常分布在活动断裂及其附近。

（2）火山地震：由于火山作用，岩浆活动、气体爆炸等引起的地震。火山地震一般影响范围较小，发生的次数也较少，约占全球地震总数的 7%。现代火山活动带多属此类地震。

例如，1959 年 11 月中旬夏威夷基劳埃火山爆发，在其前几个月内曾发生了一连串的地震，都是岩浆运移过程引起的。

（3）陷落地震：陷落地震多发生在石灰岩区域。由于石灰岩易被地下水溶蚀，形成地下洞穴，随着洞穴扩大，洞顶逐渐失去支持能力，以致发生陷落，引起地表振动。这类地震数量很少。

（4）诱发地震：地下核爆炸、水库蓄水、油田抽水和注水、矿山开采等活动引起的地震。

前三类地震又叫天然地震，最后一类叫人工地震。

二、震源深度分类

根据震源深度的不同，地震分为以下几类。

（1）浅源地震：震源深度小于 60km 的称为浅源地震。全世界 85%以上的地震都是浅源地震。这类地震对人类造成的威胁最大。

（2）中源地震：震源深度为 60～300km 的称为中源地震。

（3）深源地震：震源深度在 300km 以上的称为深源地震。目前记录到的最深的地震大约为 720km。深源地震一般不会造成破坏和灾害。

三、地震震级分类

按照震级的大小，地震分以下几类。

（1）微震：震级小于 3 级的地震。

（2）弱震：震级等于或大于 3 级、小于 4.5 的地震。

（3）中强震：震级等于或大于 4.5 级、小于 6 级的地震。

（4）强震：震级等于或大于 6 级的地震。也有人把震级等于或大于 7 级的地震称为大震。

四、震中距分类

根据震中距的不同，分为地方震、近震及远震。

（1）地方震：震中距在 100km 内的地震称为地方震。

（2）近震：震中距在 100～1000km 内的地震称为近震。

（3）远震：震中距大于 1000km 的地震称为远震。

五、发生时代分类

据地震发生时代及记录情况，地震分为古地震、历史地震及现代地震。

（1）古地震：指保存在地质记录中的史前和人类历史没有明确记录的地震。

（2）历史地震：指人类历史时期通过各种记载记事留传下来的地震，其中，没有地震仪器记录，只有文字记载的地震占大多数。

（3）近代地震：通常指 1900 年以来有仪器测定的地震。

古地震研究越来越受到地震工作者的重视，近些年通过古地震遗迹研究发现了许多古地震，为研究地震的空间及时间分布规律提供了重要依据。

第三节　地震的成因

要真正认识地震，掌握地震活动规律，正确预报、控制和利用地震，就必须深入研究地震的成因。对于地震成因的看法，目前假说甚多，如断层说、相变说、岩浆冲击说等，尚不完全统一，但断层说及相变说较为流行。

一、断　层　说

断层说认为，地震是由于地球内部地壳运动聚集的应力作用于地壳中的岩石，当应力逐渐积累、加强并超过了岩石的强度极限时，地下岩石或岩层便产生突然破裂，由于岩石自身的弹性而"弹回"到原来的状态，释放出能量而引起的。这就是所谓"弹性回跳"引起地震（图7-5）。它对于浅源地震的解释是比较可行的。

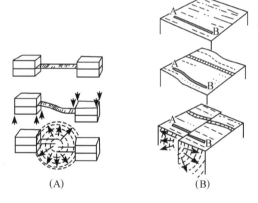

图 7-5　弹性回跳理论引起地震示意图
（A）一块钢板从受力变形、弯曲到突然断开，引起震动；（B）岩块错断产生地震形成过程

二、相　变　说

相变说认为在地下深处压力很大的情况下，物质已呈塑性，很难想象会出现弹性破裂，而是岩石中的矿物晶体在一定的临界温度和压力下，从一种结晶状态变为另一种状态，发生突然的体积变化，即物质在相变过程中产生密度的变化，引起体积突变，释放出巨大能量而引起地震。

第四节　地震作用阶段划分

地震是一种与断层活动有密切关系的物理现象，也是发生于地球内的一种地质现象，是地球内部能量积累突然释放的结果。地震虽然发生在一瞬间，但它的孕育时间却是漫长的。在它酝酿的过程中，将会引起所在地区物理、地球化学性质的一系列变化，发震后又会引起地表形态和地壳结构的剧烈变动。所有这一切皆属地震的地质作用。地震过程可分为孕震、临震、发震和余震四个阶段，在不同阶段，由于震源区各种状态的不断改变，地质作用的特征也不尽相同。

一、孕震阶段

孕震阶段是地应力或应变能量的积累阶段,由于持续的构造运动,地应力不断增加,震源区岩石在地应力作用下,缓慢地发生弹性变形,积累着弹性应变能,但由于地应力尚未达到岩石的强度极限,因而震源区处于力学平衡状态,表现比较稳定,几乎没有或很少发生地震。这一阶段的时限较长,一般要经历几十年,甚至几百年,主要取决于各地区地壳运动的速度和强度、地质构造特征及岩石强度等。

二、临震阶段

在临震阶段地应力大小已接近震源岩石的最大强度,处于将要出现大规模断裂的临界状态。由于震源区物理、化学状态的改变,会在未来的震中区及其附近的地面发生许多地震前兆现象,如地形异常、重力异常、地震波速异常、地应力变化、地电和地磁异常、地下水异常、地温异常、动物异常及地声、地光等。这些异常变化既是主要的地震作用结果,又是预报地震的重要依据。

三、发震阶段

这时地应力已超过震源岩石的强度极限,因此导致震源断层大规模错动,释放出大量应变能,从而发生地震(主震)。地震有单发的,也有连发的,如1966年邢台地震时,半个月之内发生两次强震。1960年智利南部地震时,8级以上地震连发3次,其中最大一次为8.9级。1976年5月云南龙陵地震时,7~7.4级地震连发8次。

地震除造成建筑物破坏、人畜伤亡外,在地面上可形成地面变形(如地面隆起、陷落、错动、扭曲、地裂缝等)、山崩、滑坡、泥石流、海啸、堰塞湖(堵塞河道形成),甚至可在基岩中产生褶皱和断层、引发火灾、水灾、毒气污染、细菌污染、放射性污染等一系列灾害。

四、余震阶段

余震阶段又称剩余能量释放阶段。一次大地震发生后的较长时间内,会产生大量小震,称为余震,如1920年宁夏海原大地震,余震两年未息。但也有些地震,余震并不明显或者很少。余震的发生使震源区积累的地应力进一步释放,直到恢复平衡为止。

第五节 地 震 灾 害

地震是一种自然现象,是由于自然或人为的原因引起大地震动,地震只有对政治、经济及人民的生命财产造成危害时,才成为地震灾害,因此地震灾害是地震作用于人类社会而形成的社会事件。地震是否成灾及灾难大小,一方面取决于地震本身的条件,另一方面取决于受灾对象——人和社会状况。这意味着，地震能否对人、对社会造成伤害是有条件的。也就是说，同样是地震，可能形成灾害，也可能不形成灾害；即使形成了灾害，灾害的程度也是有区别的。例如，弱震对人类并无影响；发生在渺无人烟的沙漠、海洋或山区的地震，一般来说对人类的影响也不大，深源地震对人类的影响远比同等强度的浅源地震小；在大多数情况下，火山地震、陷落地震的破坏力要比构造地震小得多。因此，将地震与地震灾害两个概念区分开来具有重要的理论与实践意义。

一、地震灾害的影响因素

地震时，震源释放的巨大能量以地震波的形式向外传播，造成地面强烈的振动，这便是地震灾害产生的直接原因。地震能否造成灾害或造成灾害的大小可以概括为以下几个方面。

（一）地 震 强 度

地震灾害同地震强度呈正相关，地震强度越大，灾害也越大。一般说来，小震无灾，5级地震可能会造成轻微或一般破坏，6级地震可能会造成中等破坏，7级地震可能会造成严重破坏，8级地震可能会造成特大破坏。地震次数越多，灾害也越重。微小地震对人类几乎无影响。据不完全统计，全球每年大约发生大小地震500万次，其中人们能感觉到的仅占1%，能造成轻微破坏的约1000次，而造成巨大破坏的强烈地震不过十几次。可见绝大多数地震未造成灾害，能够造成灾害的只是中强以上地震。

（二）地震发生的地点

地震发生的地点对地震灾害大小具有制约作用。即使是一次强烈地震，如果发生在远离人们生存的地方，如渺无人烟的沙漠、山区或海洋地区，也不会直接对人和社会造成太大的损伤和破坏。如我国自古至今震级最高的地震——1950年西藏察隅—墨脱地震，其震级高达8.6级，但由于地震发生在人烟稀少的山区，死亡3300余人；再如1969年7月18日发生的一次7.4级地震，震中在渤海中，波及唐山、秦皇岛，倒房1.3万间，死亡9人，危害较轻。

发生在人口密集的城市比发生在人口稀少的山区的地震所造成的灾害将重得多。1976年的唐山7.8级地震发生在唐山市区，造成整个唐山市被毁，死亡达24万多人，其死亡人数位列20世纪世界地震史第二，仅次于1920年12月16日7.5级海原大地震。

我国东部的经济比西部发达，人口远比西部稠密，历史上我国西部发生的8级地震，其损失远不及东部一次5级地震损失严重。研究结果表明，西部地震释放的总能量是东部总能量的25倍，但东部50年来的房屋损失却是西部的3倍。

地震发生的地点对地震灾害类型也有制约作用，发生在山区的地震，多伴有山崩、滑坡、泥石流等灾害；邻近水域的地震有可能发生水灾。

（三）地震发生的时间

地震发生的时间对地震灾害大小，尤其是人员死亡具有显著的影响，夜间地震死亡人数比日间地震死亡人数多得多。由于夜间人多在室内，因房屋倒塌被伤害的可能大得多；而且由于天黑行动不便，夜深后人又处于睡眠状态，避震能力比白天弱得多，加之夜间外部抢救能力也比日间差得多，因此夜间地震死亡人数比日间多得多。

对我国1900年以来震级超过6.0的地震进行统计，地震发生在夜间(18～6时)的平均每次死亡人数约为4373；地震发生在日间(6～18时)平均每次死亡人数约为639。每次地震平均死亡人数，夜间与日间之比约为7∶1。

（四）人口、建筑物等财产密度

地震灾害大小同人口密度、建筑物等财产密度和经济发展程度密切相关，人口密度、房屋密度大，地震灾害就大。我国东部由于建筑物等财产密度远远高于西部地区，因此，东部地区一个低震级的损失常常相当于西部高一级地震的损失，如1990年江苏常熟—太仓5.1级地震经济损失为1.34亿元，而同年甘肃天祝—景泰6.2级地震的损失为1.05亿～1.50亿元。

二、地震灾害的类型

一般来说，按地震灾害的影响因素及灾害的特征，可将地震灾害大体上分为原生灾害、次生灾害和衍生灾害三大类。

（一）原 生 灾 害

由于地震的作用而直接产生的地表破坏、各类工程结构的破坏，以及由此而引发的人员伤亡与经济损失，称为原生灾害，原生灾害也称为直接灾害。地震原生灾害是地震的原生现象，如地震断层错动、地裂缝、大范围地面倾斜、地表差异性升降和变形，以及地震波引起地面振动。地震所造成的原生灾害主要有：地面的破坏、建筑物毁坏、山体等自然物的破坏。原生灾害多发生在震中区，其破坏力大，人员伤亡和财产损失严重。

（二）次 生 灾 害

地震次生灾害是指因地震诱发而产生的其他灾害，一般是指自然物或人工工程遭地震破坏后而导致的其他灾害，其打乱了自然原有的平衡状态或正常秩序，从而导致一系列继发性异常现象形成灾害，如海啸、山崩、滑坡、泥石流、水灾、火灾、毒气泄漏与扩散、放射性污染等灾害，称为地震次生灾害。地震发生在海洋中，可引发海啸；地震发生在山区可使山体崩塌，形成滑坡、泥石流、在河道上形成堰塞坝，随后堰塞坝溃坝造成水灾；地震使供电线路短路、使煤气管道破裂或储油罐泄露，可引发火灾。例如1923年9月1日的东京大地震，由地震引发的火灾烧毁了半个城市，其中死于震后火灾的达10万人。1933年8月25日四川叠溪7.5级地震，地震造成的滑坡、山崩使岷江三处堵塞，形成三个大的"地震堰塞湖"，使岷江上游沿江村镇淹没，45 天后地震堰塞湖溃决，造成下游沿江城镇的房屋、城墙、庄稼等被一卷而光，这次水灾淹死 2500 余人，毁房 6800 多处，毁田 7700 多亩，淹死牲畜 4500 多头。地震次生灾害的危害性常常比直接的原生灾害要大。

（三）衍 生 灾 害

地震衍生灾害指因地震灾害导致的政治、经济、社会等方面的职能失调，社会秩序混乱，停工停产而造成的重大损失或由地震灾害引发的各种社会性危害，常见的有社会秩序混乱、瘟疫和饥荒等。在现代社会的衍生灾害，如计算机网络系统控制失灵造成记忆毁灭，指挥系统和生命线系统失控，灾民生活需求无法保障，伤亡人员得不到及时救治，社会治安恶化等社会问题。另外，在地震时，一些反动组织和恐怖分子可能会借机活动，引起人们的惊慌，从而导致灾害发生。

第六节　地震活动规律

地震活动在时间和空间上的分布很不均匀，但有明显规律可循，这些规律性已成为预测、预报地震的重要依据。

一、地震活动的空间分布规律

地震在空间的分布，主要位于构造活动地带，按板块构造理论，地震主要分布于板块边界上。

（一）世界地震分布

世界地震分布的最大特点是具有全球规模的带状分布现象。据此，人们把全球地震分布划分为四条巨大的地震带（图 7-6）。

（1）环太平洋地震活动带：包括南北美洲太平洋沿岸和从阿留申群岛、堪察加半岛、日本列岛南下至我国台湾岛，再经菲律宾群岛转向东南，直到新西兰。该地震带是地球上地震活动最强烈的地带，全世界约 80% 的浅源地震、90% 的中源地震和几乎所有的深源地震都集中在该带上，所有释放的能量约占全球地震能量的 80%。

（2）地中海—喜马拉雅地震活动带：从印度尼西亚经缅甸至我国横断山脉、喜马拉雅山，经过帕米尔高原、中亚、西亚延伸到地中海及其附近地区，全长约 15000km。该带的地震活动仅次于环太平洋地震活动带，地震释放的能量约占全球能量的 15%。

（3）大洋中脊地震活动带：此地震活动带蜿蜒于环太平洋中间，几乎彼此相连，总长 6500km，均为浅源地震，尚未发生过特大的破坏性地震。

（4）大陆裂谷地震活动带：该带与上述三个带相比，规模最小，且不连续，分布于大陆内部裂谷带，如东非裂谷带、红海裂谷带、贝加尔裂谷带、亚丁湾裂谷带等。地震活动比较弱，主要为浅源地震。

以上四个带基本上分布了世界绝大部分地震。

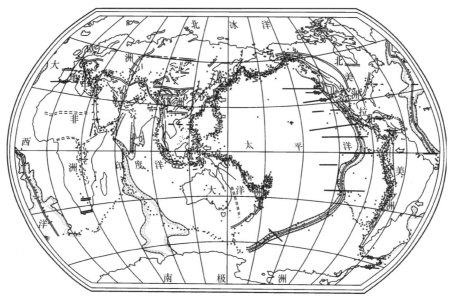

图 7-6　世界地震分布图

（二）中国主要地震带

　　中国是一个多地震的国家，因恰好处于地中海—喜马拉雅地震带与环太平洋地震带之间，地震活动的强度和频度都较高，基本上属构造地震，多呈带状分布，与主要构造线一致。地震活动具有"强、广、浅、长"的四大特征，地震灾害多发而且严重。目前一般认为我国主要可划分 6 个地震区 32 个地震带 （表 7-3）。

表 7-3　我国主要地震带及平静期间隔（据李祥根，2003）

地震区	地震带（数字为其编号）		平静期间隔/年	地震区	地震带（数字为其编号）		平静期间隔/年
青藏高原地震区	1	雅鲁藏布江地震带	55	新疆—阿拉善地震区	17	阿尔泰地震带	29
	2	察隅—墨脱地震（区）带	50		18	北天山地震带	28
	3	滇西南地震（区）带			19	南天山地震带	37
	4	腾冲地震（区）带			20	西昆仑地震带	33
	5	鲜水河地震带	80		21	民勤地震（区）带	
	6	安宁河地震带	63		22	河西走廊地震带	174
	7	小江地震带	90	华北地震区	23	银川地震带	180
	8	马边—昭通地震带			24	西海固地震（区）带	102
	9	曲江地震带	90		25	山西地震带	213
	10	中甸—大理地震带	80		26	阴山—燕山南麓地震带	199
	11	可可西里地震带	45		27	河北平原地震带	203
	12	托索湖地震带	64		28	郯城—营口地震带	158
	13	松潘地震带	120	华南地震区	29	东南沿海地震带	135
	14	天水地震带	72	台湾及东海地震区	30	台湾西部地震带	
	15	祁连山地震带	100		31	台湾东部地震带	
	16	阿尔金地震带	100	南中国海地震区	32	马尼拉海沟地震带	

二、地震活动的时间及规律

地震资料研究表明，在时间上，无论在全世界、一个地区或一个地震带，其分布都不均匀，一段时间内表现为多震的活跃期，另外一段时间内则表现为少震的平静期。这种活跃期和平静期交替出现的现象，叫地震的周期或地震的间歇性。

一个地震带往往表现出自己特有的周期性。例如，在环太平洋地震带北带，1915～1933年共19年间，发生了一系列7.8级以上的浅源地震；1934～1951年共18年间，在整个断裂带上却比较平静；1952～1969年这18年间，地震增多，进入一个新的活跃期。

具体到一个活动断裂带或地震带，活跃期和平静期交替出现的情况也很明显。表7-3表明我国主要地震带的平静期间隔时间。

中国的地震活动在时间进程上的活跃期和平静期交替出现现象也较明显，每次活跃期均可以发生十几次7.0级以上地震，并以8.0级左右的大地震作为标志。20世纪以来，中国已经历了1895～1906年、1920～1934年、1940～1955年、1966～1976年4个活跃期，根据统计预测和地震专家判定，20世纪80年代后期到21世纪初，中国大陆地区将处在第5个活跃期（表7-4），其间可能发生多次7级甚至更大的地震，由此可见，中国现在所面临的地震形势十分严峻。

地震活动的周期性现象，是一个地震带的应变积累和释放的全过程的表现。也有人认为这种活跃期与平静期交替出现，是震源机制黏滑和蠕动交替进行的一种反映。

表7-4　20世纪中国大陆5次地震活跃期统计表（山东防震减灾信息网）

地震活跃期	起止年份	7级以上地震/次	死亡人数/万人	备注
第一次	1895～1906	10	—	资料不全
第二次	1920～1934	12	25～30	
第三次	1946～1955	14	1～2	主要在青藏地区活动
第四次	1966～1976	14	21	
第五次	1988～	？	？	活跃期将持续到21世纪

第七节　地震预报和预防

一、地　震　预　报

地震对人民的生命财产和国家经济建设危害极大。因此，古今中外，人们都希望能准确地预报地震发生的时间、地点和强度（震级大小及烈度），以便有所防范，早在大约2000年前的汉朝时期，我国著名的科学家张衡就已经观测和研究了地震现象，并创造了世界上第一台地震仪——候风地动仪（图7-7），并于公元138年记录到陇西大地震。为减少灾害损失，人类已进行了大量研究，设计和制造了各种监测仪器，并成功地进行了少数预报。例如，1975

年 2 月 4 日，中国辽宁海城发生 7.3 级大地震，因震前 9 小时做出了临震预报，地震造成的损失很小。但 1976 年 7 月 28 日的唐山地震和 2008 年 5 月 12 日的汶川地震，因震前未做出预报，损失惊人，留下了巨大悲痛和遗恨。

图 7-7　候风地动仪及张衡像

　　近 10 年间，我国相继建设和改进了数字地震观测、地震前兆观测系统及一批重点实验室；初步建立起了由 47 个国家基本台、30 个区域台和 20 个遥测台网组成的中国数字地震观测系统；完成了对 155 个国家级和区域级基本地震前兆台站的综合化、数字化改造；建立起由 102 台数字强震仪组成的强震数字地震观测系统。此外，我国地震应急指挥技术系统、地震观测系统和数据传输系统也都得到了较大程度的改善。

　　地震预报分为：①地震长期预报，指对未来 10 年内可能发生破坏地震的地域的预报；②地震中期预报，指对未来 1～2 年内可能发生破坏性地震的地域及其强度的预报；③地震短期预报，指对 3 个月内将要发生地震的时间、地点、震级的预报；④临震预报，指对 10 日内将要发生地震的时间、地点、震级的预报。

二、地震区域划分

　　根据历史地震、古地震资料，结合大量的地震地质调查，编制出全国或地方性地震区划图，划分出强震区、弱震区、未来可能发生地震的地区及其可能产生的最大烈度，提供地震的时空分布规律。地震区域划分属地震中、长期预报，它对国家经济建设的战略布局、重大工程场地选址具有十分重要的意义。中华人民共和国成立以来，分别于 1957 年、1977 年、1990 年、2001 年及 2015 年共颁布了五代地震区划图。前三代称为《中国地震烈度区划图》；后两代称为《中国地震动参数区划图》（地震动参数与地震烈度可相互换算）。第五代《中国地震动参数区划图》（GB 18306—2015）已于 2015 年 5 月 15 日发布，2016 年 6 月 1 日实施。地震区划图是今后城乡建设和工程建设抗震设防的依据，各地、各单位在进行建设规划、工程建设和抗震加固时，必须按当地的地震基本烈度设防，任何单位和个人不得随意提高或降低设防烈度。个别特殊工程，如确需提高或降低抗震设防烈度，均应按有关专业主管程序报批审核。

三、地震预防

目前，人类虽还不能完全制止地震的发生，但可以采取各种积极的抗震措施，尽量防止或减少地震所造成的灾害。

在工程建设时，需要充分考虑工程场地可能遇到的地震危险程度。对于大型工程，必须进行工程场地地震安全性评价，包括工程建设场地地震烈度复核、地震危险性分析，设计地震动参数，进行地震区划分、场址地震地质稳定性评价、场地地震灾害预测等。

在基本建设地基的选择、市政建设的部署、房屋结构的设计、建筑材料的选择等方面，均要选取对应的方案及有效的措施来避免地震灾害。大体来说，在地形起伏变化大的地段、岩石松散地区，地震的破坏性大，地震时易产生滑坡、山崩和地陷，不宜选作重大工程的地基。地质上的新、老断裂带和地下水位较高的地方及沼泽区、包含水分的松散土层区等都是不利于抗震的。

此外，地基的处理、材料的选择和建筑物的结构设计方面都应有特殊要求，尽可能做到建筑物的地基坚实程度均一、耐震，墙基和坝基要埋深一些，房屋结构要力求轻屋顶、木或钢筋结构，使墙体各部分连接成整体，建筑物不宜过高等。

四、地震预警

地震预警系统也称地震速报系统。其工作原理是利用地震纵波（P）与横波（S）的时间差进行快速报告。地震发生时破坏性较大的横波通常晚于破坏性较小的纵波 10～30s 到达地表，深入地下的地震探测仪器检测到纵波后传给计算机，即刻计算出震级、烈度、震源、震中，于是预警系统抢先在横波到达地面前 10～30s 通过电视、广播、网络及移动通信发出警报。并且，由于电磁波比地震波传播得更快，预警也可能赶在横波之前到达。虽然只有短短几至几十秒时间，但对于核电站、列车及得到信息的人们紧急避险意义重大。日本覆盖全国的地震速报已初见成效，中国的地震预警系统正处于初步建设和试验阶段，如成都高新减灾研究所建设的地震预警系统包括布设在甘肃、陕西、四川、云南等 8 个省市的部分区域的 1213 台地震监测仪器、预警中心，并通过多种方式的预警信息实时发布和接收系统。

五、地震控制和利用

地震是一种可怕的自然灾害。目前，人们尚未完全掌握其活动规律，并且预报、预防程度还不高。但在自然界中常会看到这样的情况：有的地区小地震经常不断，成群出现，大地震则没有发生；有的地区四周地震频繁，似乎感到威胁很大，但事实上没有发生破坏性的大地震。其原因可能是震源区积累能量不是一次，而是分为多次，经常在释放，那就可能只产生许多较小的地震，而不致发生大地震。因此，人们是否可以通过某些手段，如在现今地应力或应变能正在逐渐积聚的活动断裂上打一些深井，向深井内注水及制造人为爆炸等，诱发小地震，使断裂处已积聚的应变能量逐渐释放掉，避免大地震的发生，达到预防地震的目的呢？这些蓄积在地震带中的能量，既然可以通过地震的形式释放出来，有没有可能通过别的形式转换为人们可控制利用的电能或者热能呢？现在看来也许是幻想，但是人类对自然的认识水平在不断地提高，相信总有一天，人类能够掌握地震的活动规律，并利用这些规律去控制地震，在控制中利用地震。人类要真正做到这些，还需要很长时间的探索和努力。

第八章
岩浆作用

第一节 岩浆及岩浆作用的概念

岩浆是在地下深处形成的一种高温熔融物质，其温度可达1300℃或更高。根据地球内部地震波速结构分析，地幔上部存在一个S波的低速层，推测那里的岩石处于部分熔融状态，称为软流圈。所以，一般认为，岩浆主要发源于地幔上部软流圈及地壳中的局部地段。此外，岩石实验的结果表明，与上地幔物质成分相同或相似的超镁铁岩在1200℃的温度下便发生熔化，而软流圈的温度已超过这一温度。软流圈中的呈局部熔融状态的岩浆，通过迁移汇聚在一起而形成岩浆房。

岩浆的成分较复杂，主要为硅酸盐及部分金属硫化物、氧化物，其中还富含挥发组分和挥发物质，如H_2O、CO_2、H_2S等气体；这些挥发组分和挥发物质在岩浆中以离子的形式存在。根据岩浆中SiO_2的含量，岩浆可分为超基性岩浆（$SiO_2 < 45\%$），基性岩浆（$45\% \leqslant SiO_2 < 52\%$），中性岩浆（$52\% \leqslant SiO_2 < 65\%$）和酸性岩浆（$SiO_2 \geqslant 65\%$）。

岩浆在地下被其上部的岩石所覆盖，处于高温高压状态，其内部的压力可达数千兆帕，这与其所处深处的环境是平衡的，只要没有外界因素的干扰，岩浆是不会向上做远距离的流动迁移的。但是，只要条件发生了变化，温度的升高，或压力的降低，都会破坏其平衡，引起岩浆活动。例如，构造运动使岩石产生裂缝，这既造成局部压力降低，打破了岩浆的平衡环境，又为岩浆的迁移打开了通道，岩浆就向压力减小的地方流动，沿着地壳岩石中的裂缝上升，侵入到地壳的岩石内冷凝结晶形成侵入岩，甚至喷出地表冷凝结晶形成火山岩。岩浆在上升流动的过程中吞噬岩浆通道周围的岩石，并与围岩发生相互作用，从而不断地改变自身的化学成分和物理状态。这种从岩浆的形成、活动直至冷凝成岩的全部地质作用过程，称为岩浆作用。

岩浆在上升过程中，温度逐渐降低，最后冷却凝固。这种由地球深部上升到地壳上部而未达地表的岩浆活动，称为岩浆侵入活动。所引起的一系列地质作用，叫岩浆侵入作用。岩浆冷凝结晶后形成的岩石叫侵入岩。

岩浆由地球深部上升直至喷出地表的过程称为火山活动，所引起的全部地质作用称为岩浆喷出作用或火山作用；流出地面的岩浆称为熔岩，熔岩冷凝结晶后形成的岩石称为喷出岩或火山岩。

第二节 火山作用

一、火山喷发现象

岩浆在地下深处沿着岩石中裂缝向上运动的过程中，其温度和围压随之下降，致使岩浆中的气体和水蒸气开始从岩浆中分异出来并不断膨胀，当到达地壳浅部时，岩浆内部气体大量增加，致使岩浆体积加大，并以巨大的作用力冲破岩浆通道上覆的岩石，喷出地表。

火山喷发是世界上最为宏伟壮观的自然现象之一（图 8-1）。火山的喷发可以在陆地上，也可以在海底进行。岩浆喷出地表所形成的具有特殊机构和形态的地貌或地质体叫火山。根据观察研究，火山喷发之前往往有地震发生，地表出现裂缝，从这些裂缝中喷出热气和热水；随后大量的气体、灰沙、熔岩和崩碎的石块从火山口喷射到天空，形成巨大的烟柱，其中喷出的大量火山灰可以使日光呈橘红色或红色，甚至使天色变黑暗，同时由地下传来轰鸣声，地面震动，继而就有大量熔岩涌出火山口。在火山猛烈爆发的同时，由于空气受热膨胀发生强烈对流形成大风，喷出的水蒸气又可以凝结成雨，火山喷出的高温物质引起了空中电荷的改变而发生雷电现象等，构成一幅奇特的景观。

图 8-1　火山喷发

位于黑龙江省的五大连池火山是中国较晚一次发生大规模喷出活动的火山，五大连池火山共有十四个火山锥，喷发始于 1719 年，但大量熔岩喷发是在 1720～1721 年。这次喷发是很猛烈的，吴振臣在其《宁古塔记略》中曾描述道："……于康熙五十九年六、七月间，忽烟火冲天，其声如雷，昼夜不绝，声闻五、六十里，其飞出者皆黑石、硫磺之类，经年不断……热气逼人三十余里……"现今的五大连池即为火山喷出的熔岩堰塞河谷而成。台湾省北部的大屯火山群之七星山是我国现代的活火山。据记载，1951 年 5 月在新疆昆仑山中部也曾发生过一次火山爆发，此次火山爆发是中国内陆最新的一次火山活动。

二、火山机构

火山机构是指与火山活动有关的一系列火山成因的构造形态的总称，主要包括火山通道（喉管）、火山口、火山喷出物堆积成的火山锥等构造（图 8-2）。

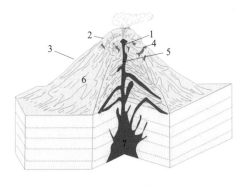

图 8-2　火山机构示意图

1.火山口；2.外轮山；3.火山锥；4.破火山口；
5.火山颈；6.熔岩流；7 岩浆房

火山通道（喉管）：又称火山颈，是火山喷发时，岩浆从地下向上流动喷出地表的通道。火山喷发停息之后，火山通道常被管状的熔岩、火山角砾岩，有时甚至被凝灰岩所充填占据，形成火山岩颈。火山通道的岩石抗风化剥蚀的能力较周围的岩石强，所以风化后可突出地表。

火山锥：火山喷出物堆积在火山口附近而形成的锥状地形叫作火山锥。在火山活动地区，火山锥通常以火山锥群的形式出现。例如，黑龙江五大连池火山就是由 14 个火山锥组成的火山锥群。

火山口：火山口是岩浆喷出地表的通道和出口，它位于火山锥的顶部或侧方。火山口的直径大小不一，一般 1～2km。但其中有一些破火山口构造及其伴生裂隙的规模较大，直径可达 8～12km。破火山口为火山的负向地形，形状多为圆形或近似圆形，大多数是由塌陷产生的。伴随破火山口的构造常有放射状（辐射状）断裂和环状断裂。在火山活动后期岩浆喷发殆尽，残余岩浆又冷却收缩，体积变小，压力也降低，岩浆库因而空虚，失去对其顶部和周围岩石的支持能力的情况下，火山顶部和周围岩层就向中心倾倒，形成破火山口，同时形成环绕中心的环状和辐射状断裂或裂隙。已经形成的这些裂隙还会为再次下陷提供条件。这些裂隙在后期的岩浆活动过程中，往往为一些小岩脉或小岩体充填，形成环绕沉降中心的环状岩体或辐射状岩体，常称为火山杂岩体，因为成分十分复杂，当火山地形消逝后常可作为寻找古火山的痕迹。火山喷发停息之后，火山口可积水形成湖泊，称为火山口湖，如长白山的天池。

如果火山沿断裂带呈串珠状排列，则各个火山口塌陷可连成一个规模较大的火山构造洼地或盆地群。

三、火山喷出物

火山喷出物的化学成分是很复杂的，但按其物理性质大致可分为气体、液体和固体三种。

（一）气体喷出物

火山喷出的气体物质主要是岩浆中的挥发组分，最常见的是水蒸气，一般占 75%～90%，此外还有 CO_2、CO、NH_3、NH_4Cl、HCl、Cl_2、S、N_2 等。

火山爆发前后都有气体从火山口或其附近裂缝中冒出来，这些冒气的孔叫作喷气孔，喷气孔距火山口越近，其温度越高，越远则温度越低。从喷气孔喷出的气体成分与温度的关系十分密切，当温度很高（>500℃）时，喷出物多为 HCl、$NaCl$、KCl、$FeCl_3$ 等盐类的蒸汽，而很少有水蒸气；当温度在 360～500℃时，喷出物常为 HCl、H_2S 及 H_2CO_3 等蒸汽，并有少量水蒸气及硫黄；当温度在 100～360℃时，喷出物为 NH_4Cl 及 H_2SO_3 等蒸汽。温度低于 100℃，喷出物主要为水及 CO_2 等。

同一喷气孔喷出的成分和数量在不同时间上是有变化的，如果先是氯化物等盐类喷出，然后温度降低，逐渐变为硫化物喷出，二氧化碳喷出，说明火山活动渐趋停熄。如果情况相反，说明火山正开始活动。因此对喷气孔喷出成分的研究可以帮助人们判断火山活动的动向，为预测火山活动提供线索。

火山喷出的气体物质不是全部逸散，其中有相当一部分直接由气体凝固成升华物堆积于火山口附近。常见的有 S、NH_4Cl、KCl、As_2S_3 等，当它们大量聚积在一起时，便形成火山喷气矿床。

除此之外，火山地区常有热水和热气自地下冒出来，形成温泉。中国近代火山附近亦多温泉，其中以腾冲火山地区温泉较多，有 50 多处，温度在 90～105℃者就有 9 处，有些还是间歇喷泉。

（二）液体喷出物

岩浆从火山口喷出地表，由于压力急剧下降，岩浆中的挥发组分大量逸散，一般将火山喷出的液态岩浆称为熔岩，熔岩冷凝结晶后形成的固态岩石叫作喷出岩或火山岩。

熔岩的成分与岩浆的成分除在挥发组分方面有所不同外，其余都是相同的。熔岩可按其中 SiO_2 的含量划分为酸性熔岩（$SiO_2 \geqslant 65\%$），中性熔岩（$52\% \leqslant SiO_2 < 65\%$），基性熔岩（$45\% \leqslant SiO_2 < 52\%$），超基性熔岩（$SiO_2 < 45\%$）；不同类型的熔岩其物理化学性质是不一样的。

酸性熔岩中的阳离子以 K^+、Na^+ 为主，Fe^{2+}、Fe^{3+}、Ca^{2+}、Mg^{2+} 较少；其特征是温度相对较低，密度较小，黏性较大，含气体较多，不易流动，冷凝较快。由于温度低、气体多，当喷出地表时，大量气体逸出，吸取了熔岩大量热能，促使熔岩表面迅速冷却凝固结成硬壳，其下熔岩流动时，常使硬壳拉裂、挤碎、挤破，使其成为杂乱无章的碎块，好像河面上破碎的冰块，称为块状熔岩。一般酸性熔岩冷凝结晶后形成的岩石颜色较浅，多数具有流纹构造，其代表性岩石为流纹岩。

基性熔岩中的阳离子以 Fe^{2+}、Fe^{3+}、Ca^{2+}、Mg^{2+} 为主，K^+、Na^+ 较少；其特征是温度比较高，密度相对较大，黏性比较小，易于流动，一般含气体也较少，冷却凝固比较慢，表面常常先冷凝成一层光滑柔软的薄壳，下面熔岩仍在流动，这样就使表面软的薄壳产生波状起伏，称波状熔岩，如果发生扭卷，便形成绳状熔岩（图 8-3）；波纹的排列方向可以指示熔岩的流动方向。一般来说，基性熔岩冷凝结晶后形成的岩石颜色较深，其代表性岩石为玄武岩。

中性熔岩的成分和性质介于酸性熔岩和基性熔岩之间，冷凝结晶后形成的代表性岩石为安山岩。

超基性熔岩中富含 Fe、Mg 的氧化物，缺少 Na、K 的氧化物，所形成的喷出岩称为苦橄岩类（主要有苦橄岩、科马提岩及玻基辉橄岩等）。

对不同火山来说，熔岩喷出量是不一致的。有些火

图 8-3 绳状熔岩

山一次只喷发几立方米的熔岩，有些火山一次喷出量可达几百万至几十亿立方米。如冰岛某火山，有一次喷出的熔岩就长达 80km，宽 24km，厚 10～30m。大量熔岩溢出火山口后，顺地面流动，在陡崖处可以形成熔岩瀑布（图 8-4）。

图 8-4　熔岩瀑布

熔岩自火山口溢出地面形成一舌状体叫熔岩流，其形状决定于熔岩性质和地形。酸性熔岩常形成短而厚的熔岩流。如果地面平坦，以基性熔岩为主，而且涌出的熔岩数量又大，覆盖广大地面，则称熔岩被，如古近纪以来大陆喷发形成的高原玄武岩，直径可达数十平方公里，乃至数百平方公里或更大。

（三）固体喷出物

火山喷出的固体物质叫火山碎屑物质，来源有二：一为火山通道中的凝固岩浆岩和通道四周的围岩，在火山爆发时被炸成碎块或粉末抛入空中；二为液体物质喷射到空中冷却凝固的产物，有些甚至降落到达地面时尚未完全硬化，成为具有柔性的块体，这些在天空凝固的较大块体，称火山弹，形状如面包、纺锤，常有流纹和裂隙，甚至旋扭的痕迹。

固体喷出物按其颗粒大小分类：颗粒直径<0.005mm 的叫火山尘，直径为 0.005～2mm 的叫火山灰，直径为 2～64mm 的叫火山角砾，直径>64mm 的称为火山渣、火山弹或火山集块（图 8-5），火山弹的直径可达到十余米，它们常常具有程度不同的气孔构造。大量气孔存在且比重很小者称为浮石。

喷射入空中的火山碎屑物降落下来，大多堆积在火山口附近，碎屑物大小的分布与其距火山口的距离有关，距离火山口越近的地方，降落下来的火山碎屑越粗大，体积较大的火山渣和火山集块一般只落在火山口附近，据此可以推断古火山口的位置。而像火山灰这样的细粒碎屑物可在空中停留较久，随风漂移到很远的地方。例如，1883 年印度尼西亚的喀拉喀托火山爆发时，大量的粗大岩石碎块抛入高空，随后降落在火山口附近，而火山灰则落在 2500km 以外的地区。

图 8-5　火山角砾和火山集块

地质历史时期中火山喷发的固态产物，经过后期的胶结、压实等成岩作用，可以形成火山集块岩或火山角砾岩及火山凝灰岩等火山碎屑岩，人们可根据其分布的特征判断当时的喷发中心。

火山喷出的碎屑物质有时是大量的，可以在广大面积上堆积起很厚一层。例如，公元 79年意大利维苏威火山爆发，火山灰掩埋了附近三座城市（庞贝、赫库兰尼姆、斯塔比伊）。其中的庞贝城在公元 79 年被埋没，在被掩埋了 1650 多年之后，其遗址才被清理出来（图 8-6）。

图 8-6　被挖掘出的庞贝城遗址

四、火山喷发方式

（一）按喷发途径分类

根据火山通道的形态特征，按火山喷发途径分为熔透式、裂隙式和中心式三种类型。

1. 熔透式喷发

岩浆以其高温熔透上覆的岩石后，大面积流出地表，称为熔透式喷发（图 8-7）。这种火山现在已不存在，推测这是发育于太古代时期的一种火山活动方式，那个时期的地壳很薄，而地下的岩浆热量很高，因而产生这种熔透式岩浆喷出活动。在加拿大、瑞典、苏格兰太古代岩石中有喷出岩与深成岩直接过渡现象，中间没有围岩存在，有些学者认为这就是熔透式火山作用形成的。

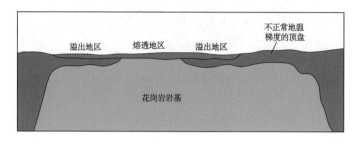

图 8-7　熔透式喷发示意图（杨伦等,1998）

2. 裂隙式喷发

岩浆沿着地壳上的巨大裂缝溢出地表称为裂隙式喷发。这种火山现在在冰岛可见，故也称冰岛型火山。火山口不是圆形的，而是一个长数十千米的裂隙状喷出口或沿一裂隙带火山口成串珠状分布（图 8-8）。熔岩以基性为主，呈熔岩被产出；含气体少，喷出时也可有爆炸现象。这种裂隙式火山活动可能是古生代、中生代以至古近纪时期岩浆喷出活动的一种主要方式。一般认为这时地壳较太古代时更厚，脆性也加大，裂隙式喷发就成为主要形式。在这个时期中，世界各地都有大规模岩浆喷出活动，熔岩覆盖面积往往达到数千甚至数万平方千米。二叠纪时期形成的峨眉山玄武岩几乎覆盖了我国云、贵、川、渝的广大区域，就是一个典型的例子。古近纪玄武熔岩喷出也覆盖了我国东北的南部和河北张家口以北广大地区。这些大规模的熔岩喷发，可能多属裂隙式火山喷发。主要形成熔岩流和熔岩被，其中包括大陆玄武岩组成的熔岩高原和海底喷出的枕状熔岩。张家口以北的汉诺坝玄武岩即为一熔岩被，覆盖面积 1000 km²，厚度 300m。世界上最大的熔岩被可达 50 万 km² 的面积，如印度德干高原的高原玄武岩，由此可见裂隙式喷发规模之大。

图 8-8　裂隙式喷发示意图（杨伦等,1998）

3. 中心式喷发

岩浆由喉管状通道到达地面的火山喷发称为中心式喷发，除了大陆裂谷和大洋中脊之外，中心式喷发是现代火山活动的最主要形式。这可能是现代地壳已大大加厚，岩浆只能沿裂隙交叉处喷出的缘故。

（二）按喷发状态分类

按火山喷发的猛烈程度可分为宁静式、暴烈式和中间式三种喷发方式。

1. 宁静式

宁静式又称为夏威夷式火山喷发，这种方式的火山喷发一般无爆炸现象，只有大量熔岩自火山口宁静地涌出。熔岩为黏性小、易流动的基性熔岩，岩浆溢出地表时挥发组分较少，冷却凝固较慢。形成的火山锥坡度平缓，通常为3°～10°，为盾形火山锥。熔岩表面呈波状，盾形火山顶部平坦，有一个陷落大火山口，太平洋中的夏威夷群岛火山就是这种喷发方式的典型代表（图8-9）。

图 8-9　宁静式火山喷发

2. 暴烈式

暴烈式又称培雷式火山喷发，这类火山喷发时产生非常猛烈的爆炸现象，同时喷出大量的火山碎屑物和其他气态物质（图8-1）。喷出的熔岩是黏性大、不易流动的酸性熔岩。由于岩浆含挥发组分多、冷凝快，有时岩浆还未上升到达地表，就在火山口或火山喉管中凝固，从而封闭了岩浆涌出的通道，阻塞岩浆和气体的喷出。由于通道被封住，下面的酸性熔浆又不断地逸出挥发性气体，岩浆的压力越来越大，当增大至超过上覆的压力时，便冲破"塞子"，因而发生猛烈爆炸，爆炸时大量的气体、火山灰、火山渣和火山弹喷射出来，在火山口附近堆积成坡度较陡的火山锥，火山锥几乎全部由火山碎屑物组成，又称岩渣锥。熔岩有时会溢出火山口，但不能流得太远，就在火山口附近形成坡度较陡的穹状火山锥，称为岩穹锥。这种喷发方式的典型代表为西印度群岛马丁尼克岛上的培雷火山，它在1902年12月16日爆发时，高热的气体和火山灰从火山锥旁边的裂缝中射出，形成的烟云高达4000m，热气经过旁边的圣彼得城到达海中，使海水沸腾，城中2.6万居民全部遇难。这次爆发完全没有熔岩溢出现象，这次爆发后，熔岩在火山喉管中很快凝固成塞子并被气体顶出，高达 400m。

3. 中间式

这类火山喷发的猛烈程度介于前两者之间，有时喷发较为宁静，喷出物以熔岩为主；有时喷发又很猛烈，既喷出熔岩又喷出大量气体和碎屑物，喷出熔岩的性质也有变化，形成的火山锥多属坡度较陡的层状火山锥。在岛弧、板块缝合线及大陆内部的一些孤立火山，大多数属于这种类型，如维苏威火山、帕里库廷火山、斯创博里火山。这类火山爆发时，通常首先喷出大量气体和碎屑，随后喷出熔岩，但流不远，熔岩表面呈块状。

由上可知，火山的喷发猛烈程度与熔岩的成分、喷出物数量的多少、气体含量的多少等具有十分明显的关系。一般说来，岩浆的酸度越高，气体含量越高，则其爆炸性也越猛烈。

应该指出，一个火山在不同时期，其喷发方式可能不同，如早期是猛烈式，后期变成宁静式，以后又可变成猛烈式而作周期性更替，这主要是地下岩浆的性质和气体的数量作周期性变化所致。

五、火山岩（喷出岩）的特征

火山喷出的固体喷出物（火山弹、火山渣、火山灰、火山尘等）可被压结而形成火山碎屑岩；或是火山碎屑还处于塑性状态时，上覆堆积物的压力使它们相互黏结起来而形成熔结火山碎屑岩（如火山集块岩、熔结角砾岩、火山角砾岩、火山凝灰岩等），以及液态物质（熔岩）冷凝结晶而形成的火山岩岩石（或叫喷出岩）。因此，其产出状态、结构构造上的许多特征都能反映其形成环境。

当岩浆溢出地面时，会沿地面的一定坡度流动，呈大面积的面状或带状覆盖地面，形成熔岩被或台地。如果这些熔岩后来保留于地层中，在其产出状态上则往往表现为层状或似层状，夹于其他地层之中；如果系多次喷发，则与沉积岩层相间产出，厚度可大可小，但分布范围则远远大过其厚度。高温的熔岩喷出地表，在地表常温常压条件下，会快速冷凝，熔岩中各种化学组分因时间仓促而往往来不及结晶成各种矿物晶体，从而形成玻璃质，即使结晶也只是成为肉眼看不清楚的非常细小的颗粒晶体；因此从整体来说，火山岩在结构上常表现出结晶程度低、结晶颗粒小的特征，主要为隐晶质结构或玻璃质结构；若岩浆在溢出地表之前，已有部分矿物生长结晶完好，其余部分流出地表后迅速结晶，则形成岩石中具显晶矿物和隐晶矿物共生的斑状结构。又因为火山岩在冷却过程中是处于常温常压之下，相对于它在喷出以前来说压力要小得多，所以原先混合或溶解于岩浆中的许多气体挥发组分，从岩浆流出地表到冷却凝固的整个过程中都不断地逸散到空中去，或在熔岩中形成气泡，熔岩冷凝之后就在岩石中保留下气孔，形成火山岩特有的气孔构造。同时火山岩在一边流动一边冷却过程中，由于熔岩中成分上和结构上的差异，形成能反映其流动特征的条纹状构造（如不同成分熔岩构成的条纹或已形成矿物晶体的定向排列，或气孔顺流动方向的拉扁和拉长，并呈定向排列），称为流纹状构造。总之，火山岩在构造上多具明显的流纹构造和气孔构造（被后期物质充填时可称为杏仁状构造）。某些熔岩溢出地表后体积收缩而发生裂纹，这种收缩裂纹逐渐向下发展形成垂直地表的六方柱或多边形柱，称为柱状节理（图 8-10），是陆地火山喷发的重要标志，玄武岩中常可见到良好的柱状节理。而在水下发生的火山喷发，熔岩流出火山口后，遇水急剧冷却收缩，形成一些不规则的椭球体熔岩，称为枕状构造，常为基性熔岩。枕体可以互相叠置产出，也可个别产出，形如肾状、长柱状、椭球状等，一般为上凸下凹或底部较平坦，大小不等，直径20～150cm者为多。从断面上看，表面常具玻璃质外壳，中心结晶较好，具放射状裂隙和气孔构造，且气孔在枕体中呈同心状分布（图 8-11），可作为水下火山喷发的重要标志。

图 8-10 玄武岩中发育的柱状节理

图 8-11 水下火山喷发形成的枕状构造

（陶晓风摄于广西）

六、火山的空间分布规律和发展规律

（一）世界活火山的空间分布规律

通常把地质历史中形成的而后来在人类历史上再也没有喷发活动过的火山称为死火山；把在人类历史记载上曾经有过喷发活动而近代长期没有活动的火山称为休眠火山；而将现代正在活动的火山称为活火山。据统计，全世界的活火山共有500多座，这些活火山与现代的构造活动及地震活动有着密切的关系，它们主要分布在环太平洋带、特提斯带和大洋中脊带三个带上（图 8-12）。

环太平洋带：该带集中分布在太平洋周围。从中国台湾向北经日本群岛、千岛群岛、堪察加、阿留申群岛到阿拉斯加，再转南经北美和南美西岸到新西兰，最后再向北到菲律宾绕太平洋一周。此带有一分支，为安的列斯群岛，自安第斯山分出。该带大约有活火山 340 座，约占地球陆地和岛屿活火山的 2/3，其中古近纪和第四纪的死火山主要分布在大陆边缘靠大陆一侧，活火山则分布在靠大洋一侧；在这 300 多座活火山中，45%分布在太平洋西岸的岛弧上，17％分布在东太平洋的南、北美洲西岸。环太平洋带火山喷出的熔岩多为中性的安山质-酸性的流纹质熔岩，与太平洋内的基性玄武质熔岩喷发明显不同。

特提斯带（阿尔卑斯—印度尼西亚）：这个火山带从地中海向东经高加索山、喜马拉雅山到印度尼西亚与太平洋火山带相汇合；此带有一分支，即为东非裂谷系，自巴尔干分出。该带共有活火山约 120 座，加上与太平洋交汇的部分，约有 150 座，占全世界活火山总数的17％左右；这个带的活火山主要集中分布在印度尼西亚和地中海一带。

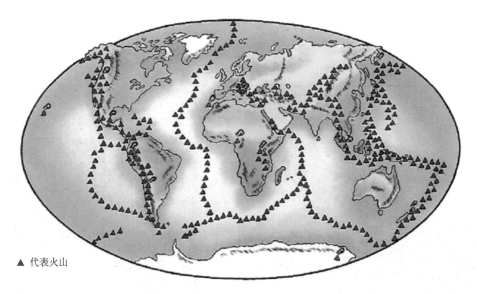

▲ 代表火山

图 8-12   世界火山分布规律图

大洋中脊带：该带的活火山主要分布在水下，主要包括太平洋、大西洋及印度洋等洋脊和大洋盆地中的海岭山脉地带。部分在水面出露，如夏威夷群岛火山、冰岛火山、佛得角群岛火山、亚速尔群岛火山和圣保罗岛火山。

以上三个带占全世界活火山的 90%，其余的分布在东非裂谷、印度洋和西太平洋的岛屿及大陆内部的局部地段。

（二）火山活动的历史发展规律

研究地质历史上火山活动形成的产物——火山岩的各种特征，可以推测古代火山活动的一般演化规律。从火山活动的类型（或方式）看，地壳形成早期（如古生代以前）主要是熔透式，造成大面积的岩浆岩体出露；其后（古生代以来）主要是裂隙式火山喷发，形成大片的熔岩台地或高原玄武岩，如以中国内蒙古古近纪玄武岩为代表的基性喷发等。现代火山活动则以中心式喷发为主，特别是在大陆上均为中心式，在某些地带还可见到位于断裂带背景上的串珠状中心式喷发，如冰岛火山。

以上仅是一般的情况。值得注意的是，海底扩张说认为，洋壳是由软流圈流出的熔岩所形成，裂隙式火山延续至今，出现裂隙式与中心式共存现象，而中心式比裂隙式火山出现稍晚。

有人认为从熔透式、裂隙式和中心式火山的发展趋势来看，火山活动的规模是在变小，但从其爆发的强烈程度上看，可能过去是比较宁静的，现在则爆炸性更强了，这可能与岩浆成分演变有关，还与地壳厚度日益增大而导致上覆层压力加大有关。

第三节   岩浆侵入作用

岩浆上升运移时具有极高的热量和极大的膨胀力，如果岩浆未喷出地表，而是流动到地壳中的某些部位以机械力强行挤入围岩或用热力熔化围岩,这种地质过程叫作岩浆侵入作用。岩浆侵入到地壳中某些部位,并在那里缓慢冷却结晶,这样形成的岩浆岩称为侵入岩。

一、岩浆侵入方式及其产物

（一）以机械力挤入围岩

处于高压状态下的岩浆,向上运移到地壳明显部位时,以其巨大的膨胀力沿着围岩层理和岩石中的裂隙、断裂等薄弱部分挤入围岩,并占据一定空间,同时将热力传给围岩,然后冷却、凝固形成各种不同形态和产状的侵入岩体。其中,当岩浆沿着岩层层理面挤入,并占据一定空间时,则形成与围岩产状协调一致的岩浆岩体,称为谐和侵入体,如岩盆、岩盘、岩床、岩鞍等;而沿与层理不一致的断裂挤入的岩浆则往往形成与围岩产状不一致的各种侵入体,称为不谐和侵入体,如岩墙、岩脉、岩颈等。

因为地壳顶部岩层中温度较低,承受的压力较小,岩石显示脆性,岩石中的断裂发育,岩层间结合也较松散,为岩浆的侵入提供了良好的空间,所以岩浆以机械力挤入围岩的侵入方式多发生在距地表浅处,统称浅成侵入,形成的岩体称浅成侵入体。据其产状形态可分为如下类型。

岩盖:岩盖是由黏性较大的中性-酸性岩浆顺岩层面挤入,将上覆岩层拱起,形成上凸下平的透镜状或穹状谐和侵入体(图 8-13)。岩盖一般规模不大,直径 3～6km,厚度 1km 左右,形成中性和酸性侵入岩体。

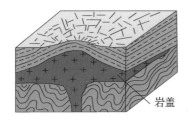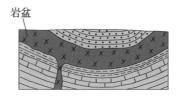

图 8-13 岩盖（左）和岩盆（右）

岩盆:岩盆是由黏性较小的岩浆沿断裂上升,顺着向下弯曲的岩层层面挤入岩层中,形成平面上呈圆形,顶、底面均向下凹,形如盆状者的谐和侵入岩体(图 8-13);岩盆的规模不等,但一般较大,大者直径从几十至几百公里,这类岩体多由基性或中性侵入岩所构成。

岩床:岩床是由流动性较大的岩浆顺着岩层的层面挤入,形成夹于围岩岩层之间的板状谐和侵入岩体;岩床的厚度不大,从几厘米至几十米;但分布面积较大,远的可延伸几百公里;这类岩体多由基性侵入岩组成(图 8-14)。

岩墙:岩体呈墙状,是岩浆沿围岩中断裂挤入,形成与围岩层理相交的不谐和板状侵入岩体(图 8-14);其特点是平面延长长度远大于其宽度,一般厚度几厘米至几十米,长几十米至几十公里。其中规模较小者通常称为岩脉。

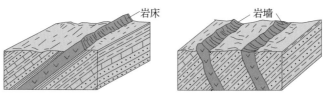

图 8-14　岩床和岩墙

岩鞍：岩鞍是指岩浆顺岩层层面侵入于褶皱轴部的岩层虚脱部位的马鞍状谐和侵入体，岩体的规模一般都不大（图 8-15）。

图 8-15　岩鞍

（二）以热力熔化围岩

岩浆侵入到地壳的过程中，由于温度很高，热量散失少，可以以其极高的温度熔化围岩，同时也由于一定的机械力挤压而占据一定的空间，然后逐渐冷却凝固而形成侵入岩体。这种形式形成的侵入岩体规模一般较大，并且多发生于地壳较深处，一般位于地表以下 3～6km，称为深成侵入作用，所形成的岩浆岩体称为深成侵入体。岩体的边界多是不规则的，它们大都与围岩产状不一致，为不谐和侵入岩体，如岩基、岩株等（图 8-16）。

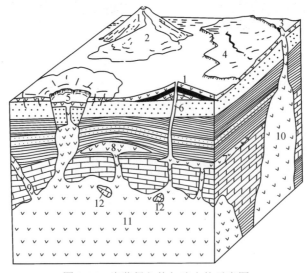

图 8-16　岩浆侵入体与喷出体示意图

1.火山锥；2.熔岩流；3.火山颈和岩墙；4.岩被；5.破火山口；6.火山颈；7.岩床；8.岩盘；9.岩墙；10.岩株；11.岩基；12.捕虏体

岩基：岩基是一种规模巨大的侵入岩体。出露面积大于 $100km^2$，常常可达数百上千甚至上万平方千米；岩基在形态上多呈不规则的椭圆形，在平面上常呈穹隆状延伸，长轴方向常与褶皱山脉走向一致。向下延伸深度较大，与围岩的接触面多倾向围岩一侧。这类岩体多由酸性岩浆岩组成，常见者为花岗岩岩体，与围岩呈不谐和接触关系。

岩株：岩株是一种规模较岩基小的侵入岩体。平面形态近似圆形，出露面积小于 $100km^2$。向下呈柱状或近似柱状延伸，一般认为岩株下面与岩基相连，是岩基的一部分。

岩基和岩株在侵入围岩冷凝过程中常有围岩碎块落入其中，称捕虏体或俘虏体。大的浅成岩体中也常有捕虏体。

二、侵入岩特征

侵入岩是岩浆在侵入地壳的过程中逐渐冷凝形成的岩石，这种方式的岩浆作用，由于高温的岩浆位于地表以下的部位，四周被围岩所包绕封闭，其热量散失较慢，在较高温度和压力条件下，岩浆通过缓慢冷凝结晶而最终形成侵入岩。与火山岩的形成环境比较起来，两者大不相同，因此侵入岩也具有与火山岩显著不同的特征。

由于在地壳中冷却时间充裕，所以除浅成岩常具斑状结构外，矿物的结晶程度一般都较高，结晶的颗粒也较大，岩石都表现为全晶质粒状结构。从整个岩体来说，由于各个部位热量散失的快慢不一，往往在岩体的中央部分结晶粗大，而往岩体的边缘逐渐变细。侵入岩岩石在整体上呈块状，无气孔和流纹状构造。

三、侵入岩体与围岩的接触关系

侵入岩体与围岩的接触关系，按其成因可分为侵入接触、沉积接触和断层接触三种。

（1）侵入接触：又称热接触，是由炽热的岩浆侵入围岩后，冷凝成岩浆岩体而形成的一种接触关系。其主要特征是，靠近岩浆岩体的围岩有接触变质现象，围岩中有时可见岩浆岩体的小岩枝或岩脉伸入其中，岩浆岩体内有捕虏体，边缘有较细粒矿物组成的冷凝边[图 8-17（A）]。这种接触关系反映出侵入岩体的形成时代晚于被其侵入的围岩。

（2）沉积接触：又称冷接触，是岩浆冷凝成岩浆岩体，经地壳上升并遭受风化剥蚀而出露地表后，其上在地壳下降时又沉积了新的岩层所形成的一种接触关系[图 8-17（B）]。其主要特征是，上覆围岩和岩浆岩体接触处，无接触变质现象，它们的接触界面是一个风化剥蚀面，常残留古风化壳或剥蚀痕迹，靠近岩浆岩体的上覆围岩中常含有岩浆岩被风化剥蚀形成的碎屑，岩体顶部的岩枝或岩脉有被围岩切割的现象，围岩的层理与接触界面往往平行。沉积接触关系反映出侵入岩体形成时代早于围岩。

（3）断层接触：断层接触是侵入岩体形成后，构造运动引起岩石断裂、位移，致使侵入岩体与围岩的接触界面是断层面或断层带[图 8-17（C）]。其主要特征是，接触面附近常有破碎和动力变质现象。岩浆岩体与围岩呈断层接触时，则很难判断岩浆岩体形成是早于还是晚于围岩，但岩浆岩体的形成一定早于断层。

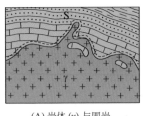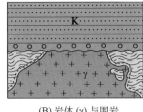

(A) 岩体 (γ) 与围岩　　(B) 岩体 (γ) 与围岩　　(C) 岩体 (γ) 与围岩
(S) 侵入接触　　　　　(K) 沉积接触　　　　　(D) 断层接触

图 8-17　侵入岩体与围岩的接触关系

四、侵入岩的空间分布规律和侵入活动的历史发展规律

侵入岩的空间分布规律：从地壳中分布的一些巨大侵入岩体，特别是岩基来看，它们的展布位置和方向是有一定规律的；大部分岩体分布于大陆上新老褶皱带（山系）的中央部位，其长轴方向均与褶皱轴迹或褶皱山系走向一致；如大陆边缘环太平洋岛弧山脉、美洲科迪勒拉山脉、安第斯山脉等年轻山系中央都有巨大岩体出露；大陆中央较古老的地槽褶皱山系，如祁连山、秦岭等山脉中央也为巨大岩体所占据，这些地带都是古今地震带和地壳运动活动带，说明岩浆作用与构造运动有着十分密切的关系。

此外，大洋地壳下层也属于侵入岩体活动场所，但大洋地壳底部的岩浆可能在成分上与大陆褶皱山系有所区别，前者较基性，后者偏酸性，这一点从大陆上岩体成分及大洋喷发熔岩的成分可以得知。

侵入活动的历史发展规律：岩浆侵入活动深埋地下不太容易研究，但从侵入岩体的空间分布规律及其构造部位可以看出，侵入活动主要是伴随着地壳运动发生的。地球上每一次较大规模的地壳运动时期，形成一些褶皱山系和断裂构造，岩浆喷出和侵入作用在时间和空间上往往与之相伴。从历史上看，在每场地壳运动（造山运动）期间，早期侵入的岩浆多以基性或中基性为主，形成大量基性和超基性的小岩体，逐渐过渡到晚期的以中酸性（或碱性）为主，而最后总是以巨大规模的花岗岩侵入体的形成而告终结。这一现象充分说明岩浆活动与地壳运动的一致性，反映了它们在成因关系上的内在联系。

第四节　岩浆的演化

一、岩浆的形成

岩浆大多数起源于地幔和地壳物质的部分熔融，温度、压力和成分的变化都可促使岩石熔融。当温度升高至岩石的熔融温度时，岩石开始熔融；因为不同的物质有着不同的熔融温度，所以总是从易熔或低熔的物质开始，而难熔的则后熔；这种局部的熔融一旦形成了一定的数量，由于重力、应力等因素的影响，较轻的活动性熔体就会向低压区迁移聚集，形成岩浆房。

压力的变化也可造成岩石的熔融，岩石的初始熔融温度随压力增高而增大，若出现断裂构造，导致压力的突然降低，就有可能达到岩石的初始熔融温度，使岩石发生部分熔融，形成岩浆。

此外，若有 H_2O、CO_2 等流体加入到上地幔中，可以使上地幔岩石初始熔融温度大大降低，导致部分熔融的发生和岩浆的形成。例如，在板块消减带，当洋壳在消减带下降到近 100km 时，由于温度高，含 H_2O 的矿物变得不稳定，降低了那里岩石的初始熔融温度，从而岩石发生熔融，形成岩浆。

无论是地幔岩石发生部分熔融形成的岩浆，还是大陆地壳岩石发生部分熔融形成的岩浆，都称为原生岩浆。根据这些岩浆的成分特点，可将其分为超基性的金伯利岩浆、基性的玄武岩浆、碱性的橄榄玄武岩浆、中性的安山岩浆和酸性的花岗岩浆。所以原生岩浆的成因是多元的，这些岩浆在不同的条件下就可形成成分不同的岩浆岩体。虽然原生岩浆的种类不多，但通过岩浆分异、同化混染等一系列岩浆作用过程，可形成种类繁多的岩浆岩。

二、岩浆的分异作用和同化作用

岩浆作用侵入过程不只是其上升运移过程，也是一个复杂的物理化学过程。它必然要与围岩产生一系列的物理化学反应，一方面影响围岩，另一方面也促使其自身的性质和成分发生变化，这些变化主要通过岩浆的同化作用和分异作用来实现。在此过程中不但可形成各种类型的岩浆岩，也可形成有价值的岩浆矿床。

（一）分　异　作　用

同一个火山可以喷发出不同成分的岩浆，说明岩浆在其演化过程中存在着分异作用。分异作用是指成分均匀的岩浆分离成两种或两种以上岩浆的过程。按分异作用的特点可细分为岩浆分异作用、分离结晶作用、流动分异作用等。按作用的过程可分为岩浆结晶开始以前的岩浆分异作用和结晶开始后的结晶分异作用。

1. 岩浆分异作用

这种作用可以发生在地壳的深处，也可发生在岩浆侵入和喷出的过程中，前者形成深处分异，后者形成就地分异。这种分异是通过熔离作用、扩散作用和气体搬运作用来完成的。

熔离作用：也叫分液作用，是指处于高温的液体状态、复杂成分均匀的岩浆，在未开始结晶前，由于温度的降低，按密度的不同分离成成分不同的相互不混溶的两种或两种以上的岩浆；较重的组分在下面，较轻的组分在上面；这种分异作用叫熔离作用，如基性岩浆可分异出超基性岩浆等。

扩散作用：在岩浆熔体中，由于不同部位的散热情况不同，在熔浆中产生温度梯度，难熔的高熔点组分会自发地向温度低的部位扩散，这样就形成了温度低部分有高熔点组分浓度加大的现象。

气体搬运作用：由于压力降低，岩浆中所含的气体自岩浆中散逸，一方面改变了岩浆的成分和性质，另一方面还会带走某些组分，使岩浆在成分和结构上产生不同规模的分异作用。这种作用往往使岩体上部富集含挥发组分的矿物构成多孔状和伟晶状的上部带。伟晶岩主要由石英、长石和云母的巨大晶体所组成，伟晶岩中晶体巨大的原因是挥发性物质降低了岩浆黏度，延缓了岩浆的凝固速度，有助于晶体的成长。

2. 分离结晶作用

分离结晶作用又称为结晶分异作用，它是岩浆从结晶作用开始至完全固结所进行的分异作用。由于结晶出的晶体与熔浆分离，改变了原来熔浆的成分，从而形成各种各样的岩浆岩体。分离结晶作用的总体趋势是，越到晚期，岩浆越向富硅、富碱方向演化。分离结晶作用又可分为以下三种类型。

重力分异作用：如果从岩浆中析出的晶体与周围岩浆之间存在着密度差，而且岩浆的黏度较低，只要有充分的时间，这些晶体就会在岩浆中上升或下沉，分别集中形成不同成分的岩浆岩。

流动分异作用和摩擦作用：岩浆在结晶作用的同时有流动发生，致使晶体向中央的高速带集中，或是在流动时与围岩发生摩擦而使晶体滞留在岩浆体的边部。

压滤作用：由早先析出的晶体网中挤出残浆的作用。

岩浆在冷却过程中，由于结晶、重力等分异作用，矿物开始结晶；但并不是所有的矿物都同时从岩浆中结晶出来，而是有一定的顺序，它们按高熔点矿物→低熔点矿物依次结晶出来。加拿大的岩石学家鲍文（Bowen）通过岩浆冷凝结晶过程实验证明了矿物在岩浆中结晶分异的先后顺序，称为鲍文反应系列（图 8-18）。这个系列分为左右两支，右支为斜长石系（培长石-钠长石），属浅色矿物系，成分是渐变的，为连续反应系列；左支为橄榄石-黑云母，属暗色矿物系，它们的成分不是渐变的，为不连续反应系列。鲍文反应系列可以概略表示矿物的结晶顺序，随着岩浆温度的下降，早结晶出的矿物可以与岩浆反应生成系列中低位的矿物；另外说明了矿物的共生关系及岩浆由基性向酸性过渡的分异演化趋势。

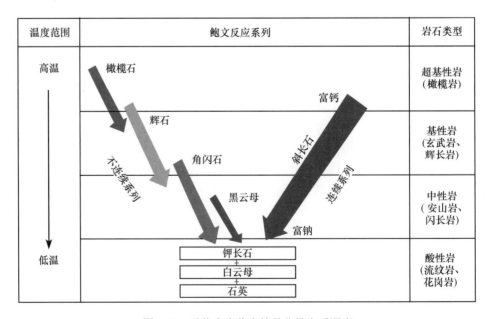

图 8-18　矿物在岩浆中结晶分异先后顺序

总之，岩浆的分异作用不仅可以使一种岩浆形成各种不同的岩浆岩，同时可以使各种有用矿物富集起来成为矿床。这一阶段所形成的矿床统称岩浆矿床，多产于基性和超基性岩石中，常见的有 Cr、Ni、Co、Pt、Fe、Ti、V 等重金属元素的硫化物和氧化物矿床，如铬铁矿、钛铁矿、钒铁矿、磁黄铁矿、镍黄铁矿等。酸性岩中也可形成某些岩浆矿床。

岩浆经上述多个阶段的演化之后，全部凝结成固体岩石，标志着岩浆阶段的结束。最后剩下一些饱含大量成矿物质的热水溶液和热气，温度仍然可以高达 100～400℃。它们仍可以沿着围岩或刚形成的岩浆岩的裂隙或边缘冷却、沉淀，进入岩浆期后的热气热液阶段，形成的各种热液和热气矿床统称岩浆期后矿床，是形成 Fe、W、Sn、Mo、Cu、Ag、Au、Pb、Zn、As、Sb、Bi 等有色金属和黑色金属矿床的重要阶段。

（二）岩浆的同化混染作用

同化混染作用是指岩浆熔化围岩，使围岩的成分加入岩浆，从而使岩浆成分不断变化的作用。同化混染作用的强度取决于岩浆的温度、岩浆中挥发成分多少及围岩化学性质与岩浆化学性质的关系等。

岩浆的同化混染作用会造成以下现象。

在岩浆岩体的边缘和顶部可有围岩的碎块或捕虏体，岩体与围岩呈渐变接触关系，成分上有变化，有混染岩发育，或有他生矿物存在。

岩体中岩石的颜色、结构、构造变化较大，并且不均一，具斑杂状构造，矿物无明显的结晶顺序。

（三）混　合　作　用

混合作用是两种成分显著不同的岩浆以不同比例混合，形成过渡型岩浆的作用。一部分过渡于玄武岩和流纹岩之间的钙碱岩浆是这两个端元混合作用的产物。两种不同成分的岩浆以不同的比例混合，似乎可以产生一系列过渡类型的岩浆，但岩浆的混合作用除了需要两端元岩浆相遇的条件外，两端元岩浆的物理化学性质和流体动力学性质对混合作用能否发生及混合规模和方式也具重要的制约作用。岩浆相遇并产生混合，可发生于从岩浆产生到侵位和喷发的各个环节。

由上可知，分异作用使岩浆成分趋向简单化，同化混染作用及混合作用又使之复杂化。岩浆就是在这种矛盾斗争中不断发展变化的。还可以看出，岩浆侵入活动的过程就是岩浆演化的过程，也就是岩浆中矿床的形成过程。着重研究岩浆的演化规律和形成条件，对于寻找与岩浆活动有关的矿床是十分重要的。

第五节　岩浆作用的研究意义

研究岩浆作用，认识它形成的各种产物，了解岩浆活动的规律性，有着重要的理论意义和现实意义。

研究岩浆活动及其在历史上和空间上发生、发展和分布的规律性，对于深入研究地壳运动和地球发展历史，甚至地球的起源都具有重要的理论意义。这方面的每一点进展对于人类认识自然和利用自然都将有着深远的意义和重大的影响。

　　无论是侵入作用还是火山作用，都能形成许多重要的金属和非金属矿床，许多重要的矿床与岩浆作用密切相关，如岩浆矿床、伟晶岩矿床、气热矿床、热液矿床等；而且不同的岩石组合类型往往与不同类型的矿床有关，许多岩浆岩本身就是矿产，能做很好的建筑材料、水泥原料、铸石原料和其他工业原料等。因此，研究岩浆活动和其分布规律及岩浆岩的特征，可以帮助人们寻找和预测矿产资源。

　　对于现代火山活动的研究，一方面，可以探究火山活动的规律，防止和减少火山灾害对人类生活和生产的影响；另一方面，现代火山作用所释放的大量热能也能为国民经济服务，开发和利用火山附近的热能、热泉来取暖、发电，或是用作工业用水和医疗用水。

第九章 变质作用

变质作用是指地下深处的固态岩石在高温高压和化学活动性流体的作用下，引起岩石的结构、构造和（或）化学成分发生变化，从而形成新岩石的一种地质作用。

岩石圈中的三大类岩石，岩浆岩、沉积岩和变质岩，在上述环境中均可发生变质作用而形成变质岩。引起变质作用的因素有热力（温度）、压力和化学活动性流体。其中热力的来源包括随地壳深度加深而加大的地热和岩浆释放出的热能，由地壳运动的构造动力转换而成的机械热能，由地壳中放射性元素的蜕变释放出的热能等。压力的来源则包括由上覆岩石的重量引起的静压力和由地壳运动引起的定向构造压力等。化学活动性流体的来源包括来自岩浆组分或地下深处的高温流体，以及地下深处固态岩石的局部熔融或地幔物质分异作用等分泌出来的流体。

在变质作用中，岩石圈中的岩石和矿物不经过熔融和溶解而直接发生矿物成分和结构、构造的变化，即岩石基本上是处于固体状态下经受变质作用改造而形成变质岩。但是，在地下深处，由于温度和压力很高及岩浆作用的影响，岩石可以发生不均匀的熔融作用，称为部分重熔或分熔，它与固态的围岩发生混合、交代等复杂的变质作用，可形成混合岩；温度进一步升高，会使岩石全部熔融，这种过程称深熔作用，也称超变质作用，其主要产物是混合花岗岩。

第一节 变质作用方式

岩石发生成分、结构、构造变化的过程是比较复杂的，变质作用主要以重结晶作用、变质结晶作用、交代作用、变质分异作用和构造变形作用的方式进行。

一、重结晶作用

岩石基本在固态的状态下，原先存在的矿物经过有限的颗粒溶解、组分迁移，再重新结晶成较大颗粒的作用。一般来说，在温度和压力增高的情况下，易发生重结晶作用；这种变质作用的特点是促使岩石中矿物颗粒加大，颗粒大小趋于均匀化，颗粒形态变得比较规则（图9-1）；但是，在这种变质作用方式中，没有新矿物的形成。

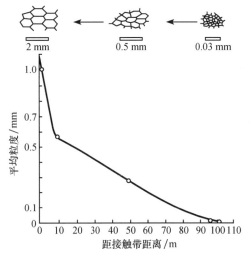

图 9-1　变质燧石岩中矿物粒径距岩浆岩体距离变化图解

二、变质结晶作用

变质结晶作用是在一定的温度和压力条件下，岩石内的各种化学组分重新组合，从而结晶形成新矿物的过程。变质结晶作用的前后，岩石内的总体化学成分不变，没有物质成分的带入和带出。例如，变质矿物红柱石、蓝晶石、夕线石之间存在的同质多相转变，红柱石在低温低压条件下为低温矿物，而压力一旦增高，可转变为蓝晶石，若温度再升高，红柱石和蓝晶石则转变为夕线石（图 9-2）。

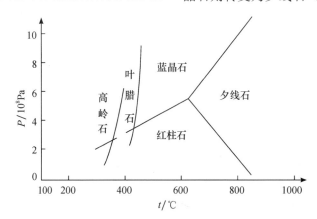

图 9-2　某些铝硅酸盐反应的温度、压力界限和泥质岩石脱水反应曲线

（杨伦等，1998）

三、交 代 作 用

变质作用中，化学活动性流体与周围岩石和矿物发生物质交换，造成原来岩石中一些矿物的消失及新的矿物的形成。这种作用方式的特点是，有物质的带入和带出，岩石中原有矿物的分解消失和新矿物的形成是同时的，是物质逐渐置换的过程。例如，钾长石经交代作用而形成钠长石。

$$KAlSi_3O_8 + Na^+ \longrightarrow NaAlSi_3O_8 + K^+$$

（钾长石）（带入）　　　　（钠长石）（带出）

四、变质分异作用

成分均匀的原岩，在岩石总体化学成分不变的前提下，经变质作用后发生矿物组分不均匀分布。这种变质作用方式的特点是，没有物质组分的带入和带出，但组分又有一定程度的迁移；其结果造成岩石中同种或同类矿物局部集中，呈条带状、面状或线状分布，从而形成条带状、片状、片麻状等典型的变质岩构造。

五、构造变形作用

地壳中的构造应力达到或超过了岩石和矿物的强度极限，使岩石和矿物发生变形、变位及破碎，使其粒度变小。此外还可伴随应力作用下的重结晶和变质结晶，改变了原岩的岩性，形成具有新的结构、构造或矿物成分的变质岩。构造变形作用的强度与应力大小、作用方式、持续时间和岩石所处的深度及本身的力学性质有关。

第二节　变质作用的制约因素

变质作用是一种内动力地质作用，它与岩浆作用、构造运动及一些复杂的物理化学作用有着密切的关系；但决定岩石的成分、结构、构造的变化的直接控制因素是岩石所处的物理化学条件，其中主要是温度、压力和化学活动性流体等因素。

一、温　　度

温度是引起变质作用的最基本最主要的因素，多数的变质作用是随着温度的升高而进行的，其作用表现在以下四个方面。

（1）温度升高会增加矿物中分子运动的能力和化学活动性，岩石中的矿物可在固态情况下发生重结晶。温度的增高可使岩石中原来没有结晶的矿物发生结晶，原来已结晶的细小矿物晶体颗粒会由小变大。例如，当原来的微晶或细晶石灰岩遇高温作用时，原来岩石中的微晶或细晶方解石发生重结晶而形成中晶-粗晶方解石，但是矿物成分没有改变，从而由原来的石灰岩变质成为大理岩。

（2）温度的升高会导致岩石中某些矿物之间发生化学反应或加速其反应进程，从而在岩石中产生新的矿物组合。实验证明，在压力不变的条件下，温度升高可使化学反应向吸热的方向进行，形成高温环境下的稳定矿物组合。例如，硅质石灰岩中的石英和方解石两种矿物，它们在温度升高的条件下可转变为硅灰石，其反应式如下：

$$SiO_2 + CaCO_3 \xrightarrow[1atm]{500℃} CaSiO_3 + CO_2 \uparrow$$
$$\text{石英}\quad \text{方解石} \qquad\qquad\quad \text{硅灰石}$$

因此，在常温常压下稳定的矿物，在热力作用下就会转变成较高温条件下稳定的矿物，如黏土矿物在高温下可转变为长石、云母、红柱石等。

（3）热力会增强挥发组分的活动能力，温度升高时，挥发组分膨胀而体积增大，增加了挥发组分的蒸汽压力，加强挥发组分对岩石和矿物的渗透，加快化学反应速度，促使矿物结晶，从而有利于重结晶作用。此时挥发组分起着矿化剂作用（类似于化学反应中催化剂的作用）而并不加入到结晶成分中去。

（4）温度会影响变质岩石的物理特性。一般来说，在地表或地壳浅部低温条件下，岩石表现为脆性，而在地下深处，温度增高会使岩石的脆性降低，韧性增强。随着温度增高，岩石的塑性变形增强，有利于岩石的韧性变形，许多变质岩中呈现复杂而曲折的褶皱现象和流动褶皱就与此有关。

自然界中，主要由于热力作用而引起岩石的变质作用，称为热力变质作用。如石灰岩变成大理岩；不纯石灰岩中还可产生硅灰石、石榴子石、阳起石等变质矿物；泥岩变成角岩。当这种热力变质作用发生于侵入岩体周围时也称接触热变质作用。

二、压　力

岩石的变质作用通常是在一定的外界压力下进行的，这种外界压力根据其物理性质可分为静压力和动压力两种，它们的作用是各不相同的。

（一）静　压　力

静压力是指各个方向都相等的围压，主要是由上覆岩石重量引起的。它随深度而增加，每加深 10m，压力增加 2.8atm。一般情况下，围压无论多么大，也不会造成岩石的畸变，而只能引起岩石的体积收缩或膨胀。静压力的升高，对岩石和矿物是一种约束，可以阻止岩石和矿物发生破裂，从而增强岩石和矿物的塑性，有利于它们塑性变形。而且随着静压力的加大将会提高矿物结晶的温度，使原来的矿物形成体积较小、密度较大的矿物晶体。此外，岩石在压力和温度相结合的情况下，会发生局部熔融，同时又发生重结晶作用。当静压力增加时，岩石中矿物晶格会变化，原来体积较大的矿物就会变成体积较小而密度较大的矿物。例如：

$$Mg_2SiO_4 + CaA1_2Si_2O_8 \longrightarrow CaMg_2A1_2Si_3O_{12}$$

（橄榄石）（钙长石）　　　　（石榴子石）

分子容积＝145　　　　　　分子容积＝121

又如霞石和钠长石结合变成刚玉，分子容积比原来缩小 21％，而总质量不变，密度就增大了。

由于静压力的作用产生于地下深处，压力大、温度高，所产生的矿物除云母外都是不含水的矿物，如石英、长石、辉石、橄榄石、石榴子石、夕线石、红柱石等。形成的岩石多为密度大而结构均一的岩石。

（二）动压力（定向压力）

动压力主要是由构造运动所产生的压力，具有一定的方向性。它们可以使岩石破裂、变形、变质或发生塑性流动。

在地壳浅处，由于静压力不大，温度也较低，岩石脆性程度较高，定向压力作用会使矿物发生破碎，或产生粒间位移，乃至岩石破裂，使原岩变形成为碎裂岩、构造角砾岩、断层泥等。

在地壳较深处，温度较高，岩石呈塑性状态，静压力也较大，使岩石不易脆性破裂；在定向压力和静压力的共同作用下，岩石及矿物产生塑性变形，被压扁或拉长；岩石中的片状、板状矿物常沿垂直于构造压力方向平行排列，形成定向的劈理构造（图9-3）；岩石中的柱状或针状矿物常沿垂直于构造压力方向，沿拉伸方向平行排列，形成定向的线理构造。有的易溶矿物晶体在定向构造力的作用下会产生压力溶解，一般在最大构造压力方向发生溶解，而在最小压力方向沉淀，矿物在这种定向压力下重新结晶，新生成的柱状矿物和片状矿物的长轴就垂直于构造压力方向而排列。此外，在高温条件下，矿物也会发生动态重结晶，由原来的较为粗大的颗粒，变形成为细小的重结晶颗粒。

一般把在构造运动中受定向压力作用引起的变质作用称为动力变质作用，这种变质作用一般发生在一些规模较大、变形强烈的断裂带上。

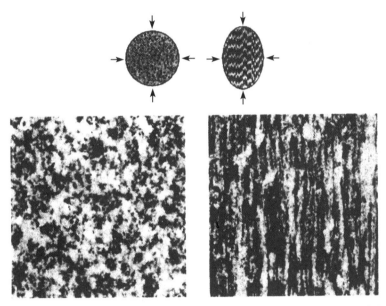

(A) 均匀应力状态下结晶的花岗岩，矿物随机排列，具块状构造　　(B) 差异应力状态下形成的花岗质片麻岩，矿物定向排列，具片麻状构造

图9-3　均匀应力状态下与差异应力状态下结晶的具有相同成分的岩石对比（Skinner et al., 1992）

三、化学活动性流体的作用

化学活动性流体包括以水和二氧化碳为主的富含多种金属和非金属元素及 F、Cl、B、P 等挥发组分的气液体。它们来自地幔、岩浆或深层热水溶液，也可能有地下物质的局部熔融释放出的挥发组分。因其主要活动场所是岩石矿物的颗粒之间的孔隙或其接触处，所以也称粒间溶液或填隙溶液。这种流体的数量虽然有限，但因其富含挥发组分，具有较高的蒸汽压力，化学活动性强烈；在变质作用中，它常在矿物颗粒之间活动，形成液体或气体的薄膜围绕矿物颗粒，与受变质的颗粒有很大的接触面，所以起着十分重要的作用。

化学活动性流体能降低化学反应要求的温度，并加速反应的进程。流体溶液可以起到溶剂作用，促进组分的溶解，加快组分的扩散速度，从而导致变质作用的进行。化学活动性流体既能将某些新的组分自外部带入，又能将岩石中的矿物溶解迁移带出，这样，不仅引起原岩结构构造的变化，同时也促使岩石化学成分的改变和矿物成分的改变。如岩浆中 F、Cl、B、P 等成分的加入与围岩发生强烈化学反应，即可形成具有明显交代变质的矿物，如萤石、电气石、方柱石、磷灰石及各种金属矿物，如黄铜矿、黄铁矿等。

由化学活动性流体所引起的交代变质作用的程度随着温度的增高而加大，也随着溶液与颗粒接触的面积的加大而加剧，因此在物质颗粒细小和构造破碎条件下交代作用也就更强烈。在侵入岩体和围岩接触处，这种交代变质作用特别明显，往往形成一些重要的多金属矿床，如 Fe、Cu 等，故称为接触交代变质作用，其典型的岩石是形成于岩体与石灰岩接触带上的夕卡岩及夕卡岩矿床。

以水为主的流体对岩石和矿物的重熔有着较大的影响，实验证明，若花岗岩中含有大量水，花岗岩中的低熔组分在 640℃左右就开始重熔了，而干燥和不含挥发组分的花岗岩，要在 950℃左右才会重熔。

由上可知，变质作用是由多种因素支配和控制的，而自然界岩石中发生的变质作用，往往不是某一种因素单独作用的结果，常常是几种因素综合引起的变质。只是在一定情况下某一种因素起主要作用，而其他因素居次要地位。例如，岩体周围接触带上常常见到岩浆成分与围岩间的交代变质现象；在围压不大的地壳表层，特别是在断裂带上，因定向压力作用显著，常表现为动力变质现象。这些以某一个因素为主而引起的变质现象，都产生在一些特定地区，规模也较小。在更大范围内分布的变质岩，常是在地下深处温度和围压较高的环境下，由区域性的构造运动引起的定向压力及岩浆作用的影响，有时还伴随局部熔融和交代作用等，导致岩石在广大范围内发生重结晶和变形而形成变质岩。

第三节　变质作用类型

根据变质作用产生的地质背景，热流、应力等物理化学条件及它们之间的相互关系，变质作用可以划分为区域变质作用、接触变质作用、动力变质作用、气液变质作用和混合岩化作用。

一、区域变质作用

区域变质作用是一种涉及空间区域广阔的变质作用，是在多种变质因素的影响下，尤其是在温度和压力区域性增高的情况下，固体岩石受变质作用改造形成变质岩的过程。

区域变质作用形成的变质岩通常呈大面积分布或呈带状展布，长数百甚至数千千米，宽数十千米或数百千米；它们的分布空间大致与构造运动形成的造山带或强烈构造活动带相一致；如从英国苏格兰一直北延到挪威的古生代造山带中的变质带、中部欧洲的阿尔卑斯造山带、中国的燕山造山带、秦岭—大别山造山带的区域变质带，以及晋北、山东、闽浙、川西及滇西地区的变质活动带。在这些变质带内，广泛发育板岩、千枚岩、片岩、片麻岩、变粒岩等变质岩石，以及由于岩石局部熔融造成的混合岩。

二、接触变质作用

接触变质作用是伴随岩浆作用而发生的，岩浆侵入时，岩浆与围岩的接触带上受到岩浆的热力烘烤，使围岩发生变质结晶和重结晶，这样引起的变质作用称为接触变质作用。相对于区域变质作用来说，接触变质作用只是一种分布局限或局部的变质作用，因为它只发生在岩浆岩体与围岩的接触部位及其附近，因而规模不大。

接触变质作用的特点是，越是靠近岩体的围岩变质程度越高，离岩体的距离越远，围岩的变质程度越低；这是因为距岩浆岩体越近，温度越高。所以，接触变质作用常常以岩浆侵入体为中心，形成一个向外变质程度逐渐变浅的同心圆变质带（图9-4）。一般来说，岩体所能提供的热量与其体积成正比，侵入岩体的体积越大，所能提供给围岩的热量越多，所形成的接触变质带就越宽。小的岩脉、岩体一般只会形成几厘米、几米或几十米的接触变质带，而大的岩体（如岩基）周围的接触变质带可达数千米。此外，侵入岩体的侵入部位越深，其岩浆冷却越慢，长时间的持续高温所形成的接触变质带也就比较宽。

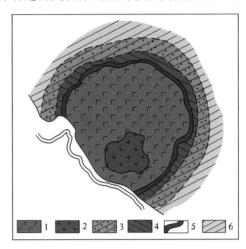

图 9-4　阿尔泰哈尔罗夫斯克岩体地质示意图

1. 辉长岩；2. 花岗岩；3. 斑点角岩；4.接触带中部的角岩；
5.接触带内部的正长石角岩；6.围岩（页岩）

在接触变质带中形成的角岩是一种典型的接触变质岩石，它不具劈理等定向构造；原岩在受到岩浆的热力烘烤以后，在岩石中形成红柱石、董青石、石榴子石、绢云母、绿泥石等变质矿物；在靠近接触带的部位，形成了高温条件下稳定的红柱石、董青石等变质矿物，它们呈变斑晶存在于岩石中；在离接触带较远的部位，黑云母取代了上述变质矿物，然后是绿泥石，最后是白云母，它们在岩石中呈斑点状，形成斑点角岩。

如果岩浆侵入，在烘烤围岩的同时，还从岩浆中析出其他挥发组分对围岩的组分进行交代作用，称为接触交代变质作用。例如，酸性岩浆侵入石灰岩时，岩浆中 SiO_2、Al_2O_3、MgO、FeO 等成分进入石灰岩中，形成一种称夕卡岩化的接触交代变质作用，所形成的夕卡岩内往往含有重要的金属矿产。

三、动力变质作用

当作用在地壳中的构造动力的量值达到或超过了岩石的强度极限时，岩石就会发生破裂错动，在这种破裂错动过程中，岩石和矿物被压碎、研磨、压扁、拉长，最终在构造破碎带中形成具有新的结构、构造甚至新的成分的变质岩石，这种变质作用称为动力变质作用。这一类型的变质作用规模不大，多分布在一些断裂带中和断裂带附近。

地壳中岩石所处的深度不同，物理化学条件不同，岩石和矿物受到动力变质作用的变形行为和最终产物也就有所不同。在地壳的浅部和上部，由于温度较低，围压较小，岩石主要表现为脆性；在这个部位的岩石受力变形，在岩石中出现破裂，将岩石肢解为大大小小的碎块，称为构造角砾岩；岩石沿破裂面发生相对错动，在错动过程中挤压、研磨岩石碎块，使之变小、变细，由此形成碎裂岩；当大量的岩石碎块被强烈研磨成粉末状时，称为断层泥。这种条件下形成的动力变质岩中，岩石碎块或碎粒大小混杂，排列无序，胶结大多较疏松。而在地壳的中部和下部，随着深度的增加，温度和围压也相应增高，岩石主要表现为韧性。当岩石受到构造动力作用时，巨大的围压限制了岩石和矿物中出现破裂，而较高的温度使岩石和矿物发生显著的塑性流动变形，表现为原岩中的较粗大的矿物颗粒因发生动态重结晶而变得细小，原岩中的矿物被压扁拉长，并且彼此平行排列，形成的变质岩具有明显的定向构造（如劈理或片理等）。

四、气-液变质作用

热的气体或溶液作用于已形成的岩石，使原岩的成分、结构和构造发生改变，称为气-液变质作用。

在气-液变质作用中，流体是引起变质作用的主要因素，它可以以液相或气相的形式作用于岩石。流体的来源较多，它可以是岩浆冷凝晚期析出的挥发组分和水溶液，或是变质过程中析出的水溶液和碳酸溶液，可以是混合岩化过程中分泌出来的气水溶液，也可以是潜入地下并赋存于岩石中的地下水等。这些流体迁移到岩石的裂隙中、矿物的接触界面之间，或是矿物内部的裂隙中，与岩石和矿物进行化学作用，改变原岩的矿物成分、结构和构造。由于地壳深处围压较大，岩石和矿物中发育裂隙的条件不好，而在地壳的浅部，由于围压较小，岩石和矿物中的裂隙较发育；因此，气-液变质作用主要发育在地壳浅部和地表，作用范围比较局限。

由于气液的来源不同，其化学性质就存在差异；此外，不同的原岩其物理化学特性也各有差异，因此，它们对气液引起的变质作用的反应也就不同，所形成的变质岩类型也就较多。其中较常见的有：由蛇纹石化引起的蛇纹岩、由青磐岩化形成的青磐岩、由云英岩化引起的云英岩、由黄铁绢英岩化形成的黄铁绢英岩、由次生石英岩化形成的石英岩、由夕卡岩化引起的夕卡岩等。

五、混合岩化作用

混合岩化作用是介于变质作用和岩浆作用之间的一种地质作用，在这种地质作用过程中，有广泛的流体产生，新生的低熔长英质组分与原岩的难熔组分相互作用和混合，形成一种新的岩石，这种过程称为混合岩化作用，所形成的岩石称为混合岩。

一般来说，区域变质作用进行到高级阶段，温度和压力增高，导致原岩部分熔融。与花岗岩成分相近的富含水的长英质组分，属于低熔组分，发生熔融，留下的是富含铁镁矿物的难熔组分。于是形成了浅色的长英质物质与深色的铁镁质变质岩共同组成的一种外观上不均匀的复合岩石。

浅色的长英质物质又称为脉体，它们以巨晶状、平行细脉状、树枝状、网脉状、褶皱脉等形式穿插分布于称为基体的深色难熔铁镁质变质岩中。

根据脉体与基体的空间排列方式，混合岩可分为眼球状混合岩、条带状混合岩、网状混合岩、角砾状混合岩、肠状混合岩、阴影状混合岩、混合花岗岩等。

第四节　变质岩特征

变质作用致使原岩变成变质岩。在矿物成分、结构及构造上，变质岩与岩浆岩和沉积岩有较大的差别。其中有两个重要特征是岩浆岩、沉积岩所没有的，其一，典型变质岩常具有由变质作用形成的矿物，如绢云母、绿泥石、红柱石、石榴子石、董青石、硅灰石、透闪石、蓝晶石、夕线石、石墨等，它们是变质岩所特有的，而在岩浆岩和沉积岩中不出现，所以称为变质矿物；其二，变质岩往往具有十分明显的定向构造，表现为岩石中纤维状、针状、柱状、板状、片状矿物彼此平行定向排列，以及原岩中的粒状矿物被压扁拉长定向排列，形成板理、千枚理、片理、片麻理等。

第五节　变质作用的基本规律

一、变质作用的空间分布规律

（一）局部变质现象及其分布

地壳中局部地区出现的变质现象是十分常见的，常有一定规律可循。总的看来有两种情况，一种是出现在岩浆岩体周围，另一种是出现在构造断裂带上，它们各有不同特征。

发生于岩浆岩体周围的变质现象，包括接触交代作用和接触热变质作用两种，往往形成宽度不等的变质带，变质带环绕着岩体分布，称为接触变质带（或接触变质圈）。接触变质带的宽度一方面受岩体大小控制，同时也受围岩成分和构造控制。在邻近岩体部分或多或少具一定宽度的接触交代变质带，通常是接触交代矿床的形成场所，而远离岩体则多为接触热变质带。一般情况下，围岩的变质程度离岩体越远越弱，并逐步过渡到未变质区域。岩浆岩体与围岩接触带的形状越复杂、构造越破碎，则交代变质作用越强烈，成矿可能性越大，尤其在中酸性岩体和碳酸盐类围岩接触带上往往是重要的铁、铜等矿床的成矿地带。岩浆岩体周围的接触变质带总的形态受岩体形态控制。

发生于地壳中断裂构造或断层破碎带的局部变质现象，是由构造运动中的构造应力作用引起的动力变质带。它们沿断裂带呈线状或带状分布，其规模可大可小，一般与断裂破碎带的规模成正比，其分布宽度常与构造规模的大小和性质有关。在浅部的断层破碎带中，这些动力变质岩由一些无定向排列规律的断层角砾岩、碎裂岩、断层泥等组成；而在地壳深处的韧性断层中，动力变质岩则主要由具矿物定向排列的糜棱岩类岩石组成。总而言之，这些由动力变质作用所引起的动力变质带，严格地受断裂带控制。

（二）区域变质现象及其分布

区域变质岩是地表分布面积最广的一类变质岩，区域变质岩地区过去都是区域性的地热区和强烈构造活动区或高构造应力值区。区域变质主要发生于太古代克拉通中，由高角闪岩相-麻粒岩相的高级变质岩组成；或是分布于地壳的新老褶皱造山带中，呈带状延伸，严格受地壳活动带范围的控制，常组成巨大山系的中央部分，如中国的秦岭、天山、祁连山、泰山、五台山等都有大面积的区域变质岩，且越接近于中央部位变质程度越深。另外，在板块构造中的洋壳消亡带（即岛弧海沟地带）中也有区域变质岩的广泛分布，其典型代表有位于近海沟地带的、由板块俯冲挤压造成的低温高压蓝片岩带（蓝闪石片岩带），以及海沟内侧位于岛弧地区的、低压高温的区域变质岩带，有富含红柱石、夕线石的变质泥岩类。这是与洋壳消亡地带相关联的两个区域变质带，实际上是由地壳强烈挤压造成的，其分布严格受现在的海沟控制。例如，在古老山系中发现有同样变质岩的带状分布，则可能反映不同板块俯冲或相撞的位置。

此外，在地壳下部至软流圈以上地带，由于岩石处于高温和上覆岩层的巨大静压力之下，岩石也是处于高度压缩状态，重结晶作用也较明显，应属区域变质范围，岩石具普遍变质现象。

二、变质作用的历史发展规律

从地质历史上看，一般来说，越老的岩石变质作用越深。太古代和元古代早期的岩石几乎全部都变质了，且变质程度很高，多数相当于结晶片岩、片麻岩，乃至形成具有强烈混合岩化或花岗岩化的岩石。这些古老的变质岩类，由于变质程度深，显示较明显的变质岩的结构构造并出现大量变质矿物，与其变质前的原岩特征有明显差异。

在地质历史中，同一类岩石还可以经受多次变质作用，每一次地壳运动都可能引起岩石变质。一般说来，构造运动次数越多，变质越深，因为一方面是经受了多次变质，另一方面有这种经历的岩石年代也较早。受到多次变质作用的变质岩，常有不同时期变质作用的痕迹保存下来，如不同方向的片理相互叠加现象或老片理被后期变质作用改造等（图9-5）。

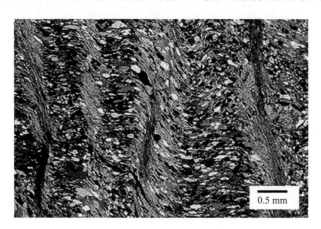

图 9-5　晚期的南北向劈理改造早期形成的东西向劈理

从变质作用的类型来看，古老变质岩多半表现为大面积的区域变质的结果，很难划分出当时的动力变质岩和接触变质带。这可能是由于地壳发展时期较长，经受多次变质作用，特别是多次的区域变质作用和多次岩浆活动的结果，掩盖或改造了早期动力变质和接触变质的遗迹所致。

从不同地质时期变质岩的分布面积（或变质作用的范围）来看，变质作用虽然也具有一定的周期性，但似乎也显示了变质作用的范围在地壳发展早期比现代要强烈和广泛一些。而现代仅局限于地壳活动地带和岩浆岩体周围，似乎有渐趋缩小和变弱的趋势。

三、控制变质作用空间分布和强度的原因

从地壳上变质岩空间分布的基本规律可以看出，变质作用的发生与岩浆活动地区有关，与地壳中断裂带有关，与巨大的褶皱造山带有关，总而言之与地壳的活动性有关。地质历史时期地壳活动性强的地区都是变质作用发育的地区，这是因为这些地带正好能为变质作用提供大量热能、化学活动性流体和一定的静压力与定向压力。地壳运动活动区不仅正好是变质作用发育地区，而且地壳运动的强度直接控制了变质作用的强度和岩浆作用的强度。不难看出，在岩浆作用、变质作用、地震作用、地壳运动四者之间，起主导作用的是地壳运动。可以说岩浆活动、岩层或岩体的变位变形、地震作用、变质作用是地壳运动在不同角度上的反映，地壳运动是原因，其他作用都是由地壳运动直接或间接引起的。

第十章 风化作用

第一节 风化作用类型

地壳表层的矿物和岩石与大气圈、水圈和生物圈的相互作用，会导致矿物和岩石发生机械的、化学的破坏和改造，使其内部特征发生变化，并形成新的物质。风化作用概念是指地表或接近地表的坚硬岩石、矿物在原地与大气、水及生物接触过程中产生物理、化学变化而形成松散堆积物的全过程。风化是由于温度、大气、水溶液及生物等因素的作用使矿物和岩石发生物理破碎崩解、化学分解和生物分解等复杂过程的综合。风化作用遍及整个地球的表面。水下也存在风化作用，但水下的风化作用非常微弱，且由于沉积作用的进行，水下风化作用一般很难作为主要的地质作用显示出来，因此风化作用主要在大陆的表面进行。

地表附近处于常温常压环境，温度年、日变化频繁，又有大气、水溶液和生物的作用，特别是溶解了各种气体和各种化学成分的水溶液作用，早期在地下深处形成的矿物和岩石暴露出地表后，在新的环境中必然要达到新的物理化学平衡，就很容易发生物理、化学变化，从而在新的地质环境中达到新的暂时稳定。

风化作用，可以是单纯的机械破碎，岩石只是由大变小，也可以是通过化学反应而使岩石和矿物分解，一部分被水溶解带走，一部分变成新的化合物而残留下来。生物活动对矿物、岩石的风化作用既有机械的破坏，又有化学的分解。因此根据风化作用的因素和性质把风化作用分为三大类型：物理风化作用、化学风化作用及生物风化作用。①风化作用可以是岩石在原地由大的块体碎裂成零碎的碎块；由大颗粒变成小颗粒，但化学成分不发生变化。这种在地表或接近地表条件下，岩石、矿物在原地产生机械破碎而不改变其化学成分的过程称为物理风化作用。②若岩石在原地通过化学反应使其产生成分分解，则分解物一部分被水溶液带走，一部分成为新的难溶化合物残留在原地。这种在地表或接近地表条件下，岩石、矿物在原地发生化学变化而分解并产生新物质的过程称为化学风化作用。③由于生物的生命活动对地表的岩石、矿物可以产生机械的破坏作用或化学的分解作用，把生物对岩石、矿物产生的破坏作用称为生物风化作用。总之，上述的物理风化作用、化学风化作用及生物风化作用都是具有独立意义的，但在多数情况下，它们是相互伴生、相互影响、相互促进的。只是在不同的地区、不同的气候条件、不同的时期以某种风化作用为主，例如，在干旱寒冷地区以物理风化作用为主，在湿热的地区化学风化作用和生物风化作用强烈。

第二节 风化作用的方式

地表任何地区的岩石和矿物时刻都在与大气、水和生物接触，不断地进行着各种方式的风化作用。归纳起来，风化作用的方式可分为物理的方式，包括岩石的释荷，岩石、矿物的热胀冷缩，水的冻结与冰的融化，盐类的结晶与解潮；化学的方式，包括氧化作用、溶解作用、水化作用和水解作用；生物的方式，包括生物物理风化作用和生物化学风化作用。

一、物理风化作用方式

（一）岩石的释荷

形成于地壳较深处的岩石，都承受上覆岩石重量而产生的静压力。一旦由于某种原因（如地壳运动、剥蚀作用、人工采石等），上覆岩石被剥蚀掉而出露地表，上覆静压力减小而产生张应力，岩石就因卸载而产生向上或向外的膨胀作用，从而形成一系列平行或垂直地表的裂隙，促使岩石层层剥落和崩解，这种现象就称为释荷或卸载作用。

分布于地面，特别是山坡和谷坡上的大片岩块由于静压力解除引起的一系列平行于地表的裂隙，称为席状裂隙（图 10-1）。形成这种裂隙构造的作用称为剥离作用。

图 10-1　剥离作用形成的席状裂隙

（二）岩石、矿物的热胀冷缩

温度的剧烈变化使岩石、矿物热胀冷缩是岩石矿物发生物理风化作用的重要原因。地表岩石的向阳面处在太阳光的直接照射下，岩石表层升温快。由于岩石是热的不良导体，热向岩石内部传递很慢，岩石内外之间出现温差，外部岩石体积膨胀量大，内部岩石体积膨胀量小，于是岩石内外膨胀量的差异，导致岩石内外之间出现与表面平行的风化裂隙。到了夜晚，岩石表面迅速散热降温、体积收缩，而内部的热量散发慢，体积还处于膨胀的状态，从而产生了表层收缩、内部膨胀的不协调情况，此时就会出现垂直于岩石表面的风化裂隙。这些风化裂隙日益扩大、增多，被这些风化裂隙割裂开来的岩石表皮层脱落破碎，久而久之，这种

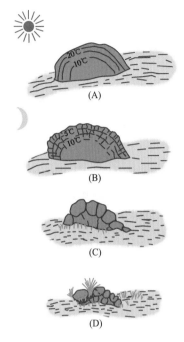

图 10-2　岩石胀缩不均而崩解过程示意图

膨胀—收缩过程就不断向岩石内部发展，最终，整块岩石完全崩解形成碎屑（图10-2）。当然，这一过程是缓慢的，人们不易察觉。温度变化的速度和幅度对物理风化作用影响较大，变化速度越快，幅度越大，岩石的膨胀和收缩交替得就越快，伸缩量也越大，岩石破碎得也越快，所以这种风化作用在温差较大的干旱沙漠地区最为常见。

（三）水的冻结与冰的融化

水的冻结与冰的融化又称冰劈作用。储藏在地表岩石孔隙中的液态水，当温度下降到冰点以下时就会结冰，水结冰后体积就会膨胀。冰劈作用是指因充填于岩石裂隙中的水结冰体积膨胀而使岩石崩解的过程。据实验，水结冰时体积增加 9.2％，可产生 96MPa 的压力。当充填于岩石裂隙中的水结冰时，体积膨胀对周围岩石产生压力，使裂隙扩大；冰融后，扩大了裂隙又有水渗入，当水再次结冰时，裂隙又得到进一步的扩大。这样，由于岩石裂隙中的水反复结冰和融化，裂隙不断地扩大、加深，最终使岩石崩解（图10-3）。这种风化作用在日常生活中的例子就是自来水管"冻裂"。冰劈作用主要发生在高寒地区和高山地带，尤以温度在 0℃上下波动的地区最为发育。

（四）盐类的结晶与潮解

在降水量小于蒸发量的干旱、半干旱地区，地表或接近地表的岩石空隙中含盐分较多。白天气温较高，在烈日烤晒之下，水分不断蒸发，地下水通过毛细作用向上迁移，空隙中盐分的浓度不断增加，当盐分浓度增大至过饱和时，就要结晶，体积就会增大，对裂隙周围产生压力，扩大裂隙空间，最终使岩石破碎。这种风化作用常见于干旱和半干旱地区，其原理类似于冰劈作用。在白天，因温度升高，岩石中含盐分溶液的水分蒸发，盐分过饱和而结晶出来，体积增大，如过饱和明矾溶液结晶后体积增大 0.5％，对围岩产生 4MPa 的压力。在夜间，盐类吸收大气中或地下水的水分而溶解，溶液渗入岩石裂隙中。这种作用反复进行，也会使岩石裂隙扩大、崩解。

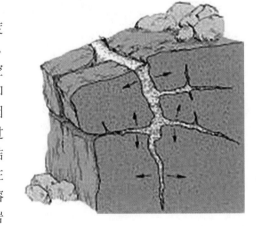

图 10-3　冰劈作用使岩石裂隙不断扩大

二、化学风化作用方式

（一）氧 化 作 用

大气圈中含氧量为 20.95%。当岩石和矿物暴露于地表或位于地表层时，它们与氧充分接触发生一系列化学反应。氧化作用是指矿物、岩石与大气或水中的游离氧起化学反应形成氧化物使岩石破坏的过程。氧的化学性质十分活跃，氧化作用的深度可达地表以下几十米乃至 100 米。通常把在地表能够发生氧化作用的地带称为氧化带。在地表到处充满着氧，因此氧化作用是地壳表层最常见的化学风化作用之一，铁生锈就是氧化作用的结果。

自然界中一些多价态的金属元素，在氧化作用下很容易由低价态转变成高价态，如 Fe^{2+} →Fe^{3+}、Mn^{2+}→Mn^{4+}，使其在地表的环境中更稳定。最常见是低价态的铁氧化成高价态的铁，如黄铁矿（FeS_2）在地表（氧化环境）的条件下很容易氧化成褐铁矿（$Fe_2O_3 \cdot nH_2O$）。

$$FeS_2 + nH_2O + mO_2 \longrightarrow FeSO_4 \longrightarrow Fe_2(SO_4)_3 \longrightarrow Fe_2O_3 \cdot nH_2O$$

（黄铁矿）　　　　　　　　（硫酸亚铁）　　　（硫酸铁）　　　　　（褐铁矿）

黄铁矿氧化成褐铁矿后，在颜色、成分、结构上都发生了变化，矿物变得松软多孔。一些含铁金属硫化物矿床的露头经风化后形成红褐色或黑褐色的外表，其表层主要由褐铁矿组成，俗称"铁帽"，它指示其下埋藏金属硫化物矿床，是寻找硫化物矿床的重要标志。

（二）溶 解 作 用

自然界中很多矿物都能溶解于水，只是溶解度的大小不同而已。溶解作用指水溶液溶解岩石的某些易溶成分，使岩石松软、破碎、崩解的过程。溶解作用在易溶的矿物或岩石中作用较为明显。在通常情况下，最易溶于水的是卤化物和硫酸盐矿物，如 NaCl（岩盐）；然后是碳酸盐矿物，如方解石（$CaCO_3$）；最难溶于水的是硅酸盐矿物，如长石、云母等。溶解作用的结果一方面是易溶解的物质溶解于水溶液，并随水溶液流走，使岩石孔隙增加，硬度减小，易于破碎；另一方面是难溶物质残留原地形成风化产物。

常见矿物的溶解度由大到小顺序如下：岩盐、石膏、方解石、橄榄石、辉石、角闪石、滑石、蛇纹石、绿帘石、正长石、黑云母、白云母、石英。岩石中易溶解的矿物越多，越容易遭受化学风化。

（三）水 化 作 用

水化作用是指水与矿物接触后，水以分子的形式直接参与到矿物的晶格中，从而形成新的含水矿物的过程。如：

$$CaSO_4 + 2H_2O \longrightarrow CaSO_4 \cdot 2H_2O$$

（硬石膏）　　　　　（石膏）

$$Fe_2O_3 + nH_2O \longrightarrow Fe_2O_3 \cdot nH_2O$$

（赤铁矿）　　　　　（褐铁矿）

水化作用形成的含水矿物改变了矿物原有的内部结构，其硬度一般都低于原来的无水矿物，这就削弱了岩石抵抗风化作用的能力。

水化作用在某些条件下还会使矿物体积产生膨胀效应。如上面提及的硬石膏水化作用后转化为石膏的过程，$46cm^3$ 的硬石膏和 $36\ cm^3$ 的水能形成 $74\ cm^3$ 的石膏。体积的增加使围岩遭受挤压，从而促使物理风化的进行。

矿物遭受水化作用后的体积膨胀，对工程设施的建设有着极大的威胁。如铁路修在由硬石膏组成的地基上，由于水化作用硬石膏发生体积膨胀，铁路路基也会因此而上升，对工程造成危害。

（四）水 解 作 用

水解作用是指水离解出的电离产物（H^+ 或 OH^-）进入矿物晶格分别取代阳离子或阴离子，从而使矿物解体形成新的含水矿物的过程。水解作用受 pH 的制约，当水溶液为碱性时，则主要发生 OH^- 代替矿物中的阴离子。如地壳中广泛分布的钾长石的水解反应为

$$4KAlSi_3O_8+6H_2O \longrightarrow Al_4（Si_4O_{10}）（OH）_8+8SiO_2+4KOH$$

（钾长石）　　　　　　　（高岭石）

这就是钾长石矿物离解出的阳离子，如 K^+，结合 OH^- 形成 KOH 的过程。KOH 易溶于水，而被水溶液带走；析出的 SiO_2，其中一部分以胶体的形式被水带走，另一部分残留在原地凝聚成蛋白石；而高岭石在地表条件下很稳定，残留在原地。

当水溶液为酸性时，则主要发生 H^+ 代替矿物中的阳离子的反应。如硫酸亚铁水解生成氢氧化铁和硫酸的反应。

纯水中的 H^+ 和 OH^- 浓度只有 $10^{-7}mol/L$，这是一个很小的数值，所以它的反应能力不大。但天然水中总是存在来自大气、火山、工业废气及土壤中的 CO_2、HCl、SO_2 等气体，它们溶解于水中使 pH 降低。例如，与大气 CO_2 平衡的雨水，其 pH 为 5.7；一些工业化地区的雨水 pH 可达到 3，这就大大增加了天然水的化学活动性。在地表条件下，pH 的变化范围一般在 4～9。所以，绝大多数矿物在此条件下都能产生水解，致使原来的矿物发生破坏而形成新矿物。

三、生物风化作用方式

目前的研究成果表明，任何一种矿物、岩石的破坏，在某种程度上或多或少都有生物作用的参与。具体地说，生物通过物理和化学两个方面对岩石进行破坏，因此又可分为生物物理风化作用和生物化学风化作用。

（一）生物物理风化作用

生物物理风化作用主要发生在生物的生命活动过程中。生长在岩石裂隙中的植物，随着根系不断地长大，对裂隙壁产生挤压，使岩石裂隙扩大，从而引起岩石破坏，这种作用称根劈作用（图 10-4）。动物的潜穴活动，特别是蠕虫的翻土，对促进风化作用是有效的。有些蠕虫在潜穴时还能摄取直径 1mm 大小的矿物颗粒。据估计，在有些土地中，1 英亩（1 英亩 $\approx4046.86m^2$）面积上的蚯蚓多达 50000 条，每年可把 18t 的土壤翻到地表。19 世纪，英国博

物学家达尔文仔细观察了自家的花园，并统计出每年一英亩土地上由钻孔生物翻动的土壤达 10t 以上。虽然这些钻孔生物本身的力量并不大，但长时期的作用是巨大的。

（二）生物化学风化作用

由于生物活动引起岩石化学成分变化而使岩石破坏的过程称生物化学风化作用。这种作用通常是通过生物在新陈代谢过程中分泌出的物质和死亡之后腐烂分解出来的物质与岩石发生化学反应完成的。植物和细菌在新陈代谢中常常析出有机酸及 CO_2。这些物质一方面酸化土壤，另一方面腐蚀岩石。生物死亡后，在还原环境下经过缓慢的腐烂分解，形成一种暗色胶状物质，称腐殖质。它一方面供给植物必不可少的钾盐、磷盐、氮的化合物和各种碳水化合物；另一方面含有有机酸，对矿物、岩石有着腐蚀作用，使它们分解、破碎。

图 10-4 根劈作用

生物，特别是微生物的化学风化作用是很强烈的。当岩石还是致密状时，微生物的化学风化作用实际上已开始了。据统计，每克土壤中可含几百万个微生物。用钠长石和白云母做的实验表明，在有细菌的土壤中，钠长石和白云母的分解速度比在无菌黏土中快一倍。附着在岩石表面的低等藻类植物能直接从岩石中吸收营养元素，为地衣的附着创造条件。在天山、高加索山一带裸露的花岗岩裂隙中黑色地衣残体含铜量为 300×10^{-6}，锰为 700×10^{-6}，而花岗岩本身含铜仅为 20×10^{-6}，锰为 80×10^{-6}。这说明微生物可从岩石中提取微量元素，并使其富集。近年来，微生物学家通过放养自养型嗜硫细菌来提取贫矿石甚至废矿石中的金属元素，这种方法称微生物采矿。在美国，每年生产的原铜中有 10% 是靠能溶解铜硫化物的细菌从废矿石中淋洗而产生的。

第三节 影响风化作用的因素

虽然按引起风化作用的动力形式将风化作用分为物理、化学和生物的方式，但自然界中没有任何地方存在着独立的某种方式的风化作用，只是以某一种风化作用类型和方式为主。而影响风化作用类型、方式及速度的因素主要有气候、植被、地形、岩石特征及构造运动等方面。

一、气 候

气候因素包括温度、降水量和湿度等，它们是控制风化作用的重要因素。温度一方面通过控制化学反应速度来控制化学风化作用的进行，另一方面又直接影响物理风化作用，如温差风化、冰劈作用。降水量和湿度则是通过介质的温度变化、水溶液成分的变化、植被的生长来影响物理、化学和生物的风化作用。

在地表的不同气候带，气候条件相差很大。在两极及高寒地区，气温低、植被稀少，地表水以固态为主要的存在形式，所以该地区以物理风化作用为主，尤以冰劈作用为盛，而化学风化作用和生物风化作用很弱。在干旱的沙漠地带，植被稀少，气温日、月变化大，降水量少，空气干燥，所以化学风化作用和生物风化作用较弱，而以物理风化作用为主，如温差风化、盐类的结晶和潮解作用是这些地区风化作用的主要形式。在低纬度的炎热潮湿气候区，雨量充沛、植被茂盛、温度高、空气潮湿，所以化学反应的速度较快，故化学风化作用和生物风化作用显著，风化作用的深度往往达数米。如果这些地区气候在较长时间内保持稳定，岩石的分解作用便能向纵深方向发展，形成巨厚的风化产物。这种气候条件也是形成风化矿产——铝土矿最有利的条件。

二、植　　被

植被对风化作用的影响表现在两个方面：一方面直接影响生物的风化作用，植被茂盛的地方生物风化作用强烈，而植被稀少的地方生物风化作用就弱；另一方面又间接地影响物理风化作用和化学风化作用过程。岩石表面长满植物，减少了岩石与空气的直接接触，降低了岩石表面的温差变化，削弱了物理风化作用。但植被的茂盛却带来了更多的有机酸和腐殖质，使周围环境中的水溶液更具有腐蚀能力，从而又加速了化学风化作用的进程。实际上植被对风化作用的影响与气候条件是分不开的，气候潮湿、炎热，植被茂盛；而气候干旱、寒冷，植被稀少。

气候和植被对土壤的影响最为显著，不同的气候带都有其典型的土壤类型，当气候条件发生改变时，土壤类型也随之发生改变，因此有人把土壤称为"气候的函数"。例如，在寒冷潮湿的苔原气候带常形成冰沼土，在热带和温带的荒漠地区形成荒漠土，在温带落叶阔叶森林地区形成棕壤和褐壤。

三、地　　形

地形条件包括三个方面：一是地势的高度，二是地势起伏，三是山坡的方向。

地势的高度影响气候的局部变化，中低纬度的高山区具有明显的气候垂直分带，山脚气候炎热，而山顶气候寒冷，植被特征也不一样，因而影响风化作用的类型和速度。在我国云南的大部分地区这种现象很明显。

地势的陡缓影响地下水位、植被发育及风化产物的保存，因而也影响风化作用的进行。地势较陡的地区，地下水位低、植被较少，风化产物不易保存，使基岩不断裸露，从而加速了风化作用的进行。

阳坡、阴坡的风化作用类型和强度也不一样。阳坡日照时间长、湿度较高、植被较多，所以化学和生物风化作用较强烈。例如，喜马拉雅山南坡面临印度洋，气候炎热、潮湿，化学和生物风化作用很强烈，而北坡干、冷，主要发育物理风化作用。

四、岩石特征

岩石特征对风化作用的影响包括岩石的成分、结构构造及地质构造。

（一）岩石成分

不同的矿物具有不同的抗风化能力，由不同矿物组成的岩石其抗风化能力也不同。例如，由橄榄石、辉石、长石等组成的岩浆岩容易风化，而由石英砂颗粒组成的沉积岩抗风化能力就很强。因此，岩石的成分对风化作用的影响极大，分层或不同的成分集合，常表现出不同的风化结果，抗风化能力较弱的矿物组成的岩石被风化后形成凹坑，而抗风化能力强的组分相对凸出，从而在岩石表面就出现凹凸不平的现象，这称为差异风化作用（图10-5）。

图 10-5　差异风化作用使岩石凹凸起伏

（二）岩石的结构构造

组成岩石的矿物粒径、分布特征、胶结程度及层理对风化作用的速度和强度都有明显的影响。在其他条件相同的情况下，由细粒、等粒矿物组成及胶结好的岩石抗风化能力较强，风化速度较慢。

图 10-6　球形风化作用

（三）地质构造

岩石受破坏的强弱对风化作用速度影响很大，如岩石的裂隙发育使岩石与水溶液、空气的接触面积增大，增强水溶液的流通性，从而促进风化作用的进行。如果一些岩石的矿物分布均匀，如砂岩、花岗岩、玄武岩等，并发育有三组近于互相垂直的裂隙，把岩石切成许多大小不等的立方形岩块，在岩块的棱和角处自由表面积大，易受温度、水溶液、气体等因素的作用而风化破坏掉，经一段时间风化后，岩块的棱、角消失，在岩石的表面形成大大小小的球体或椭球体，这种现象称球形风化作用（图10-6）。岩石的裂隙也有利于植物根劈作用的进行。

五、构造运动

构造运动相对稳定或相对下降的地区，由于长期剥蚀作用，地形平坦，各种风化剥蚀的产物易于保留在原地，形成巨厚的松散堆积物，化学风化作用可以不断地进行，风化程度深。但母岩被风化产物覆盖，限制了物理风化作用。相反，在构造运动上升地区，剥蚀作用强烈、地面切割程度高、地形陡峭，风化剥蚀的产物，特别是那些颗粒较细的产物，在其形成后容易转移他处，风化层一般较薄，颗粒较粗，甚至基岩裸露，给持续不断地发生物理风化作用创造了条件，而化学作用则不显著。

第四节　风化作用的产物

一、物理风化作用的产物

物理风化作用是一种纯机械的破坏作用，其结果是使岩石崩解成粗细不等、棱角明显的碎块。如果在地形平缓地区，剥蚀作用不强，碎屑常覆盖在原岩的表面，由上到下碎屑颗粒由小到大逐渐过渡到未风化的岩石，其成分与原岩一致；如果地形较陡，岩石碎屑在重力的作用下，向坡下滚动或坠落，堆积在坡脚，这种沿山坡滚滑到坡麓地带的碎屑堆积物称为崩积物。由于惯性的作用，粗大的碎块滚得较远，堆积在下部；而细小的碎块滚得较近，堆积在上部，形成上部岩石碎屑小，下部岩石碎屑粗的半圆锥体地形堆积体，称倒石锥（图10-7）。倒石锥的物质成分与山坡上岩石物质成分一致。陡崖上的岩石经物理风化后，常有崩落，一方面在地表塑造出陡峻的悬崖地貌，另一方面影响了坡下的各种工程设施，甚至造成重大的破坏。

图 10-7　倒石锥

物理风化作用是纯机械破碎作用，它使岩石、矿物从完整的块体碎裂成较小的碎块，从大颗粒变成小颗粒。故物理风化作用形成的碎屑物常粗细不等，棱角明显，没有层次。

二、化学风化作用的产物

化学风化作用既破坏了原岩和矿物的结构构造，同时又改变了它们的化学成分，产生新的矿物。化学风化作用的最终产物总体可包括两部分：一部分能溶于水中的可迁移物质；另一部分是难溶于水的物质，堆积在原地形成残积物。

能溶于水的可迁移物质包括各种易溶盐类（如 K^+、Na^+ 的氢氧化物）和少部分难溶物质（如 Si^{4+}、Al^{3+}、Fe^{3+}、Mn^{4+} 等的氧化物或氢氧化物胶体），易溶物质在水中常以真溶液形式迁移，而部分难溶物质常以胶体的形式被迁移。残积物主要为难溶物质、岩石碎屑和风化作用形成的新矿物，如石英碎屑、蒙脱石、高岭石、蛋白石、铝土矿、褐铁矿等。残留下来的铁、铝氧化物（褐铁矿、铝土矿），常常富集成具有工业价值的矿床。例如，山西式铁矿就是形成在奥陶系岩石风化侵蚀面上的褐铁矿，它是由含黄铁矿的页岩经化学风化作用而形成的。

矿物和岩石在化学风化过程中是逐步分解的，由于各种矿物的物理、化学性质不同，分解过程的难易程度也不一样。换句话说，就是矿物的抗风化能力的强弱之别。据研究，自然界中各类矿物抗风化能力的顺序是：氧化物、氢氧化物＞硅酸盐＞碳酸盐＞硫化物＞卤化物、硫酸盐；几种常见矿物抗风化能力的顺序是：石英＞白云母＞长石＞黑云母＞角闪石＞辉石＞橄榄石。

三、生物风化作用的产物

生物风化作用的产物包括两部分：一部分是生物物理风化作用形成的矿物、岩石碎屑，在成分上与原岩相同；另一部分是生物化学风化作用的产物，其特征是在物质成分上与原岩不一样。这种具有矿物质、腐殖质、水和空气的松散堆积物质称土壤（soil）。确切地说土壤是物理、化学和生物风化作用的综合产物，尤以生物风化作用为主，生物风化作用使其富含腐殖质，因而生物风化作用的一种重要产物就是土壤。土壤一般为灰黑色、结构疏松、富含腐殖质的细粒土状物质，与一般残积物的主要区别在于含有大量腐殖质，具有一定的肥力。

随着时间的演化，母质与环境之间发生了一系列的物质和能量的交换，形成了土壤腐殖质和黏土矿物，发育了层次分明的土壤剖面。

一般来说土壤剖面从下到上大致可分为以下几层（图 10-8）。

C 层，母质层（弱风化层）。母质层是部分被破裂或分解的岩层，含有一部分未被风化的原生矿物和经风化作用后形成的新矿物。母质层向下逐渐过渡到未风化的岩石。

B 层，淀积层。淀积层直接覆盖于母质层之上，风化作用的强度比母质层强一些，但仍可

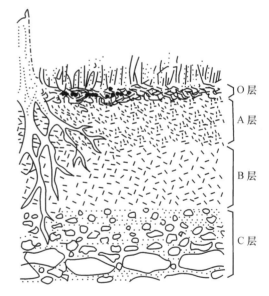

图 10-8　土壤剖面

有少量抗风化作用能力强的母岩矿物（如石英）未发生风化，其他矿物已被分解成可溶盐或形成了新的矿物。在潮湿气候区，淀积层中有从地表向下渗透的水带来的黏土和氧化铁的沉积；在干燥气候区，通常有较多的可溶性矿物沉积（如方解石）。形成可溶性矿物的物质成分一部分由下渗水从地表带来，另一部分是在蒸发作用下，由下部向上运动的毛细管水从下部带到淀积层中。

A 层，淋滤层。此层很多物质（如 Ca^{2+}、Na^+、K^+、Mg^{2+}、Fe_2O_3 及 Si^{4+}）在下渗水的作用下被带到淀积层中。这些物质通过土壤中的水向下运移的过程称淋滤作用。由于物质大量

地被淋滤带走,所以淋滤层中含有机质往往较低,颜色较浅。

O层,有机质层。有机质层一般出现在土体表层。依据有机质的聚积状态,可分为腐殖质层、泥炭层和凋落物层。

由于形成土壤的气候、母岩的成分、生物的种类、地形、成壤时间等因素的影响,不同地区的土壤具有不同的结构及理化性质。据此可将土壤划分出许多类型。由于每种土壤和气候有着密切的关系,可以据此对埋藏并保存在新覆盖层下的古土壤进行研究,从而得出关于过去几万年间可能发生过的气候变化资料。

四、风 化 壳

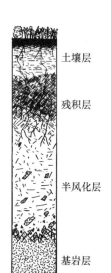

图 10-9 风化壳剖面

岩石经过长期风化作用之后,不稳定的矿物有不同程度的分解,产生的可溶性物质随水流失,剩下的物质(物理风化作用形成的碎屑及化学风化作用形成的新生矿物)残留原地,称为残积物。残积物中的碎屑棱角明显,无分选、无层理,在成分上与母岩呈过渡关系。残积物和经生物风化作用形成的土壤在陆地上形成一层不连续的薄壳(层)称为风化壳。风化壳的性质与厚度因地而异,主要受岩石性质、气候、地形条件的影响。一般厚为数十厘米至数米,有些地区可以更厚。风化壳的基本结构是:底部为未经风化的基岩层,基岩之上为半风化层和残积层,最上面是土壤层(图 10-9)。剖面由下向上具有层次但无明显界线。

风化壳的类型与气候带关系密切,不同的气候条件形成的不同的风化壳(表 10-1)。在中低纬度的高山地区,气候垂直分带性十分显著,因而风化壳也具明显的垂直分带性。例如,喜马拉雅山南坡由上而下分别是碎屑型风化壳、硅铝-碳酸盐型风化壳、硅铝-黏土型风化壳和硅铝-铁质-铝土型风化壳。

表 10-1 主要风化壳类型及其特征

类型	气候条件	标型元素	标型矿物*	风化程度标志
碎屑型	寒带及高山寒冷气候	H(Al)	原生矿物	物理风化形成的碎屑物
硅铝-氯化物-硫酸盐型	干旱气候	Cl、Na、S(Ca、Mg)	岩盐、硝石、芒硝、硬石膏	Na、Ca、Mg 析出形成氯化物,硫酸盐富集
硅铝-碳酸盐型	温带半干旱气候(温带草原气候)	Ca、Mg、K(Na)	碳酸盐、硝石、芒硝、高岭石,有时有锰的氧化物和氢氧化物及黏土矿物	SiO_2 部分流失、主要聚集 Ca、Mg 碳酸盐。Mg、Na 元素部分聚集
硅铝-黏土型	温带森林气候	Al、Fe、Si	水云母、高岭石及 Al、Fe 氢氧化物	水溶液呈弱酸性至酸性、Na、K、Ca、Mg 流失,Fe、Al 氧化物淋滤富集在下层,SiO_2 富集在表层
硅铝-铁质-铝土型(红土型)	热带、亚热带湿润气候	Al、Si、Mn、Fe	Fe 、Al 氧化物、SiO_2(蛋白石)、高岭石	水溶液呈酸性反应、SiO_2、Ca、Na、K、Mg 大量流失,Fe、Al 氧化物淋滤富集

*同一物理、化学条件下形成,能反映生成环境的矿物

　　风化壳形成后，若被后来的沉积物所覆盖而保存下来，则称为古风化壳。研究古风化壳具有重要的理论及实际意义。在风化作用过程中，一些难溶的元素或物质在原地及其附近堆积起来可富集成有用的矿产，如风化壳型铁矿、高岭石矿、铝土矿、锰矿和钴矿等。据目前的资料统计，与风化作用有关的铝土矿占世界总储量的85%；风化作用还可形成一些找矿标志，如"铁帽"等。研究古风化壳对了解一个区域的地壳发展历史很重要，因古风化壳代表了较长时间的陆上环境，反映了地壳的一次上升运动。土壤是气候的函数，研究古土壤（主要是新生代的古土壤，更老的古土壤难以辨认）有助于恢复古气候、古地理环境。由于风化的岩石强度减弱、透水性增加，对工程建筑极为不利，所以在修建大型工程时要了解风化壳的分布和厚度及被风化岩石的强度等，以便采取相应的措施以保证工程的质量。此外，风化壳及风化作用研究对于农林业种植及国土利用也具有现实意义。

第十一章
地面流水地质作用

陆地表面上流动着的液态水称为地面流水。它们在重力作用下，顺地面最大倾斜方向流动。地面流水主要来自大气降水，部分是冰雪融水和地下水。此外，湖水也可成为地面流水的来源。

无数股无固定流路的细小水流，顺斜坡呈片状流动的地面流水叫片流。片流遇到凹凸不平的地面时，水便集中到低洼的沟中流动，形成洪流。洪流不仅水量集中，而且还有固定的流道。片流和洪流都出现在降雨及雨后很短一段时间内，或冰雪融化时，因此，它们都是暂时性流水。片流、洪流流到低洼沟谷中获得地下水补给，汇合成经常性流水，即河流。

地面流水直接流入同一条河流的区域，叫流域。流域之间的高地叫分水岭。分水岭两坡的降雨和冰雪融水，分别流入不同的河流。

流域内大大小小的河流汇集成的水网叫水系，水系由一条主流（干流）和若干支流组成（图11-1）。依水量大小和彼此归并情况，支流分为一级、二级……于是流域也有大小之分，大流域内包含许多小流域，例如，长江流域内有赣江流域、湘江流域、嘉陵江流域等。

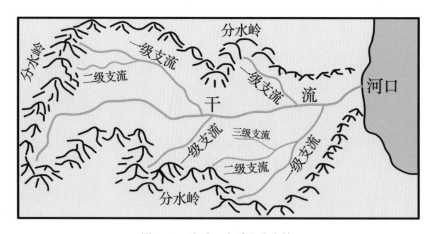

图 11-1　流域、水系和分水岭

陆地上，除气候极端寒冷或极端干燥的地区以外，几乎到处可见到地面流水。其中河流是地面流水的主要类型，它与人类社会的发展关系极为密切。由河流形成的肥沃冲积平原，正是人类文明的发源地；河流的地质作用塑造陆地形态，改变着地球的外貌，并将大量的风化剥蚀产物输入海洋；河流沉积物是陆地上沉积物的重要组成部分，常常含有重要的矿产资源。

第一节　暂时性流水地质作用

一、雨蚀作用

降雨时雨滴快速下降冲击地面，地面上的风化碎屑或泥沙沉积物质被激溅到空中并由此发生位移。据观察，垂直下落的雨滴速度可达到 7～9m/s，激溅起的碎屑物质高度可达 60cm，水平移动距离可达 150cm。如果是在斜坡上，雨滴激溅后向下坡方向位移的颗粒数量和距离都大于向上坡激溅位移的颗粒数量和距离。时间久了，山坡上部经雨滴的多次冲击，物质遭受侵蚀，山坡中部松散物质会慢慢向斜坡下部移动，并堆积在坡麓，于是山坡逐渐变缓。这种地质作用称为雨蚀作用。雨蚀作用对山坡的改造是普遍的、缓慢的和长期的，并常与片流的冲刷作用相结合。

二、片流地质作用

当地面出现降水或融冰化雪，且水量大于蒸发量时，降水或融冰化雪便在重力作用下顺坡流动，形成片流。受地形、地表障碍物的影响，片流在流动过程中还会发生分异兼并，汇聚成许多细小的股流。片流和细小股流沿斜坡把细小松散的碎屑颗粒冲洗至斜坡下部，这个过程叫洗刷作用。限于片流水力微小，能被片流冲走的颗粒不大，一般为黏土、粉砂粒。片流对可溶性岩石组成的山坡还有溶蚀作用。例如，在石灰岩地区的山坡上，由于溶蚀作用形成溶沟与石芽地貌（图 11-2）。山坡下部的无数股状水流已具有一定的线状侵蚀能力，山坡面在这种股状片流冲刷之下，出现无数小沟。山坡上耕地常受这种无数股状片流的洗刷，使土壤丧失大量的土粒和有机质。

当山坡上有较大的石块散布时，在石块的保护作用下，片流难以冲刷到石块下部的松散堆积物。久而久之，石块下部的松散物质将高出四周部分，突出成为锥状柱，称为土柱或土林（图 11-3）。

洗刷作用强度与气候、地形及地面的岩性和植被有

图 11-2　溶沟与石芽

关。降水量越大、降水越猛烈，洗刷作用强度越大。地形坡度影响洗刷作用的强弱，40°左右的山坡洗刷作用的强度最大。由松散物质组成或植被不发育的山坡更容易遭受雨水的冲刷和片流的洗刷作用。

片流在侵蚀作用的同时，也有搬运作用和堆积作用，由于片流水力小，也不持久，搬运距离不远，使携带的碎屑在山坡下或斜坡凹地下沉积，所形成的沉积物叫坡积物。坡积物组成单一，其岩性成分与山坡基岩一致；颗粒较细小，为黏土、亚黏土，也可有少量粗砂和石

图 11-3   云南元谋土林

块；碎屑棱角明显，分选性不好，约有与坡面大致平行的层理。如坡积物沿山麓分布，形成平缓的地形，叫坡积裙。

片流对山地或丘陵地区的侵蚀，使斜坡均匀降低，表层土壤被剥蚀殆尽，造成水土流失，甚至冲毁或掩盖农田；大量的泥沙进入河流，使河床淤高，淤塞水库，破坏航道，造成严重的经济损失。例如，1998 年夏季我国长江持续高水位、大流量的主要原因，就是长江上游的乱砍滥伐，引起坡地水土流失，造成泥沙淤高河床，从而抬高水位；又如治理黄河，主要是解决其含沙量大的问题，而黄河下游的泥沙来源主要是黄河中游的黄土高原的片状侵蚀和冲刷。要根治黄河水患，首先要解决中游地区的严重水土流失问题。

三、洪流地质作用

某些沟谷基本上全年干枯无水，仅在暴雨或大量积雪迅速融化后，才能形成暂时性的急流，即洪流。暂时性洪流与河道洪流不同。后者包括常年河和间歇性河，虽然在特大洪峰期时，其洪水的一部分可以暂时漫出河槽，但是大多数情况下，却基本沿着河床流动，流动线路和水流动态都较稳定。而暂时洪流水势迅猛，流态极不稳定，是一种爆发性的洪流或泥浆流，流入山前或山间平原上，失去地形的约束，到处漫溢，无论其动态过程还是所形成的地貌和堆积物都与河道洪水有本质的不同。

1. 冲沟的形成与发展

洪流在沟谷中流动，既集中了大量的水，又因沟底坡降大而拥有巨大的动能。洪流以巨大的机械力猛烈冲刷沟底及沟壁岩石的过程称冲刷作用。由冲刷作用形成的沟谷叫冲沟（图 11-4），其形态特征是沟底深窄，沟壁陡。冲沟不断向沟头方向伸长扩宽，并发展支沟，支沟两侧再生小支沟。冲沟向沟头发展可达分水岭附近。

冲沟不断下切，沟谷不断后退，下切作用减弱，岸坡逐渐后退塌落，谷坡峭壁变缓，沟底也变得平坦，沟底由侵蚀转为堆积。冲沟的水流当得到地下水的补充时就发展成为河流。

山坡缺少植被保护，土质松散而降雨又集中的地区，如我国黄土区，冲沟极易形成，它们发展迅速，把地面切割得支离破碎，千沟万壑，这种地形称为劣地（图 11-5）。我国西北和华北黄土地区的沟壑地貌主要是由冲刷作用造成的。

图 11-4 冲沟

图 11-5 黄土地区的劣地

冲沟的形成和发展，使地形遭受到强烈的分割，蚕食耕地，破坏道路，对居民点和工程建设都造成危害。同时它还将大量泥沙带入河流，增大河流的含沙量，成为下游河流和水库淤积的主要来源。

2. 洪积物及洪积扇

洪流一旦流出沟口，沟床坡度减小。洪流无侧壁约束，水流瞬间散开，动力很快减小，由洪流搬运的碎屑到此大量沉积，此种沉积物称洪积物。由于洪积物是突然沉积下来的，未经长途搬运，因此洪积物分选、磨圆均较差，层理不好。洪积物在地表上常呈扇形，称为洪积扇（图11-6）。有时，邻近的洪积扇可以彼此相连，组成复合洪积扇或倾斜的山前洪积平原。

图 11-6 由洪积作用形成的山前洪积扇

洪积扇的规模大小不等，面积自数平方千米到数十平方千米。

洪积扇分为扇顶和扇缘，扇顶位于冲沟口，堆积物厚度大，地面坡度较大（15°～20°），堆积的是粗大的砾石，物质从顶部向边缘逐渐变细。这是水流出山口后，坡度逐渐变缓，水流搬运能力降低所致。先是粗颗粒沉积，随着水流向洪积扇边缘扩散，其搬运能力越来越小，只能带动粗沙和小砾石，到了洪积扇的边缘部位，坡度继续减小，水流更加分散和减弱，只堆积沙、黏土及淤泥，所以扇缘厚度小，地面坡度较小（1°～2°）。

洪积扇多发育在山区和平地的交接地带，它广泛出现在我国西部地区，特别在陕西和河西走廊等地区。它们和山口河流沉积的冲积扇可互相连接、重叠，组成山前冲积-洪积平原。两个以上的洪积扇也可构成联合洪积扇（图 11-7），在有新构造运动的地区，冲沟和洪积扇形成之后，山体继续上升，冲沟加深、加长，洪流继续把碎屑物质携往冲沟口外沉积，于是在已形成的洪积扇外缘又形成位置较低的洪积扇。如这个过程发生几次，则可形成上迭式洪积扇。每个较新的洪积扇扇顶都嵌入较老的洪积扇内，新老洪积扇之间有一陡坎。如果上升的规模和幅度比较大，老的洪积扇也随着抬升，那么它的下方将形成新的洪积扇，新老洪积扇呈串珠状，我国河西走廊就有这种串珠状洪积扇的发育。

图 11-7　新疆天山山前的联合洪积扇

第二节　河流地质作用

河流是大陆外动力地质作用最主要的形式，在河流的侵蚀、搬运和沉积过程中，大陆的表面形态不断地被改造，如果没有内动力的作用，陆地表面将很快被河流的作用夷平；河流沉积物是陆地上沉积物的重要组成部分，常常含有重要的矿产资源。

流水在重力作用下沿陆地斜面流动，在流动过程中，流水的势能不断地转变为动能。根据物理学的能量计算公式，任何一条河流上下游任意两点间的动能为

$$E_{A\text{-}B} = \frac{1}{2} M \left(\frac{V_A + V_B}{2} \right)^2$$

式中：$E_{A\text{-}B}$ 为某河在 A-B 河段内水所具有的动能；M 为 A-B 河段内水的质量；V_A 为 A 站所测得的河水流速；V_B 为 B 站所测得的河水流速。

从式中可以看出，对于任何一条河流来说，只要水体是运动的就一定具有动能。河水的动能主要用于塑造河流地貌及侵蚀、搬运、沉积作用，这就是河流地质作用产生的根源。河流的地质作用包括侵蚀作用、搬运作用和沉积作用。

一、河流的侵蚀作用

河流在流动过程中以其自身的动力及所携带的泥沙对河床的破坏，使其加深、加宽和加长的过程称为河流的侵蚀作用。河流的侵蚀作用可分为机械和化学两种方式，河流的机械侵蚀作用是指其动能或携带的沙石对河床的冲刷和磨蚀作用；而化学侵蚀作用是通过河水对河床岩石的溶解和反应完成的，尤其是在可溶性岩石地区比较明显。这两种方式通常共同破坏河床，难以区分开来。总的说来，机械的侵蚀作用更为主要。河流侵蚀作用按侵蚀的方向又可分为下蚀作用、侧蚀作用和溯源侵蚀作用。

（一）下 蚀 作 用

河水及携带的碎屑物质对河床底部产生破坏，使河谷加深的作用称河流的下蚀作用。下蚀作用使河床不断加深，切刻出一条条槽形凹地，称河谷（图 11-8）。河谷底部较平坦的部分叫谷底。河水占据的沟槽叫河床。有些峡谷中，谷底全为河床所占据。谷底以上直抵分水岭的斜坡，叫谷坡。谷坡可以是平滑的，也可以是阶梯状的。在河流上游及山区河流，由于河床的纵比降大、流水速度快，因此动能在垂直方向上的分量也大，就能产生较强的下蚀能力，这样使河谷加深的速度快于拓宽的速度，从而形成在横断面上呈 V 字形的河谷，也称"V"形谷。

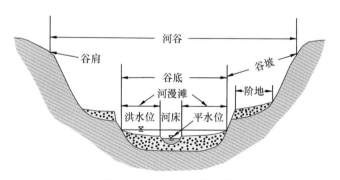

图 11-8 河谷形态要素图

河流下蚀作用过程中，不同河段的河床岩性不同，使其产生差异侵蚀，结果，常在不同岩石组成的河段形成急流和瀑布（图 11-9）。例如，尼亚加拉瀑布位于坚硬石灰岩与软弱页岩交线处，由于地表出露了巨厚白云岩层，其下部较软页岩很快侵蚀形成瀑布，落差 50m。

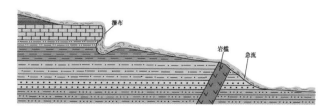

图 11-9 流岩层软硬相间形成的急流和瀑布

急流是由于河床坡度较大，岩石坚硬的河段河水湍急而形成。

瀑布是河床中明显的跌水。瀑布一旦形成，在瀑布跌落处下蚀作用更强，可以形成深潭。水力冲击和旋涡水流的掏蚀，可以掘掉瀑布陡壁下部的软岩层，使上面突出的硬岩层失去支持而崩落，导致瀑布向上游后退，最后消失。例如，众所周知的位于美国和加拿大边境的尼亚加拉大瀑布，从 50m 的高度泻下（图 11-10）。形成该瀑布是由于有高的陡坎，其表层有厚约 25m 的坚硬白云岩，在白云岩之下有易冲刷的页岩。据 1842～1927 年观测记录，尼亚加拉瀑布平均每年后退 1.02m。20 世纪 50 年代以来，由于美、加两国政府耗费巨资采取了控制水流、用混凝土加固崖壁等措施，使瀑布后退速度控制在每年不到 3cm（图 11-11）。

图 11-10　尼亚加拉大瀑布

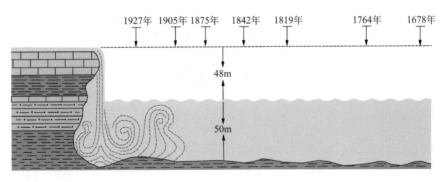

图 11-11　尼亚加拉瀑布不断后退示意图

河流的下蚀作用不断使河谷加深，但并不是无止境的。河流下切到一定深度，当河水面与河流注入水体（如海、湖等）的水面高度一致时，河水不再具有势能，下蚀作用停止。因此，注入水体的水面就是控制河流下蚀作用的极限面，常称为河流的侵蚀基准面，海平面是河流的最终侵蚀基准面。

必须注意，海平面位置不是永恒的，如在全球气候变化影响下冰川体积发生变化，从而影响全球海平面的位置。因此最终侵蚀基准面在地质历史上是不固定的。

此外，还有许多地方性因素控制着河流的下蚀作用能力，如主流对支流的控制、湖面对入湖河流的控制、硬岩河段对其上游河段的控制，等等，但是它们自身是变化的，都是暂时起作用的因素，故称为地方性或暂时性侵蚀基准面。

（二）侧　蚀　作　用

河水以自身的动力及携带的沙石对河床两侧或谷坡进行破坏，使河床左右迁徙、谷坡后退及河谷加宽的过程称为河流的侧蚀作用。

河谷水流除受重力作用产生向下游运动的速度外。特别在弯曲河段，由于水流惯性和离心力的作用，产生一种偏向凹岸的作用力。使表层水流冲向凹岸，从而凹岸水体增高，在水体横剖面上两侧受到的压力不等，水质点在重力作用下沿凹岸斜坡产生下降水流，并在底层形成从凹岸流向凸岸的水流。这样，表流和底流就形成单向环流。环流在运动过程中与水流向下游的运动合在一起，使水流呈螺旋状向前流动。这种螺旋流在河流中极为常见，它在河床的形成和演变过程中起着十分重要的作用（图11-12）。

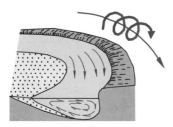 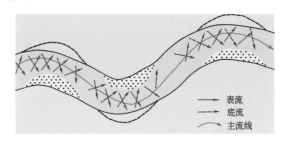

图 11-12　弯道单向环流　　　　图 11-13　单向环流的表层水流和底层水流

在平面上，河流的主流线偏向于凹岸，而且弯道中的水体螺旋式前进。由于环流的作用，凹岸岩石遭受侵蚀，侵蚀下来的物质被底流搬运至凸岸，并最终沉积下来（图11-13）。

在科里奥利力（简称科氏力）的作用下，南—北向流动的水体，其运动方向会发生偏离。北半球运动的水体偏向前进方向的右侧，南半球运动的水体偏向前进方向的左侧。在河流弯道，离心力与科氏力同时作用。河流左弯处，离心力和科氏力方向相反，部分抵消，故对凹岸侵蚀力减弱；河流右弯处，二力方向一致，对凹岸侵蚀力增强。此外，凹岸的最大侵蚀点和凸岸的最大堆积点并不是在它们的顶部而是偏于前方。这样，随着单向环流不断作用，不仅弯道曲率逐渐增大，而且弯道位置也不断向下游方向迁移。

弯道凹岸因其下部被掏蚀，上部崩塌，可形成悬岸，凸岸由于沉积则变成平缓的沙砾滩，故弯道横剖面不对称；由于凹岸不断侧蚀后退，并向下游方向迁移，凸岸的沙砾滩不断增大也向下游移动，使河谷不断加宽，河床呈弯曲状逐渐向下游方向迁移（图11-14）。

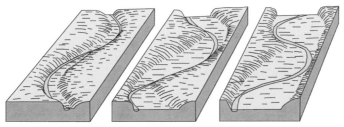

图 11-14　侧蚀作用使河谷加宽

河床的上述变化改造着河谷的形态。早期河谷较窄，横剖面为"V"形，河谷两边有连续的山嘴。随着弯道发展，谷坡不断后退，所有山嘴终将被削去，形成平坦而宽阔的槽状谷底，沉积物逐渐扩大并连成一片，河谷的横剖面演变为碟形，这时的谷底就成为冲积平原的雏形。

在平坦宽阔的冲积平原上流动的河流，其弯道的演化自由而充分，这种河流弯道称为自由河曲或蛇曲（图 11-15）。自由河曲中，河弯摆动的地带称河曲带。随着河弯的演化，河曲带逐渐加宽，河道长度逐渐增大，河床坡度逐渐减小，流速逐渐减低。因此，河弯曲率逐渐增加，河弯颈部逐渐变细，在洪水期河水可能冲破河弯颈取直道前进，这种现象称为河流的裁弯取直。这种取直现象使河曲带不能无止境地加宽。河道裁弯取直以后，原来的河弯被废弃，并堵塞成湖，称为牛轭湖（图 11-16）。我国曲流最发育的河流为长江藕池口—城陵矶段（图 11-17）。它们的直线距离仅 87km，而天然弯曲河道的长度竟达 170km，河道蜿蜒曲折，被称为"九曲回肠"。该段在人类有史记载的时间内，曾发生数十起裁弯取直。最近两次是1949 年的碾子湾裁直和 1972 年 7 月 19 日的沙滩子裁直。

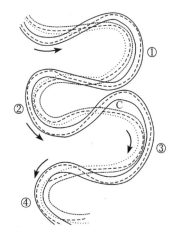

图 11-15　河曲的扩大和下移
实线为现代河流、点线为过去河流、虚线为主流线

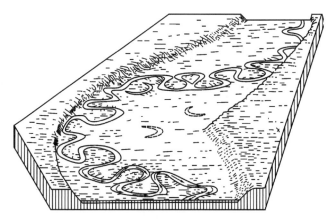

图 11-16　曲流的摆动与裁弯取直

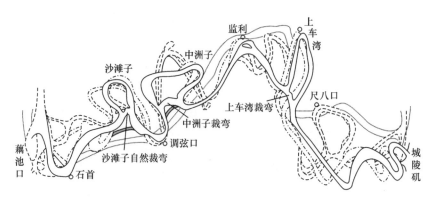

图 11-17　长江藕池口—城陵矶段河道图

侧蚀作用使河弯加大，曲流带变宽，谷坡后退，河谷加宽。随着曲流发展，河道加长，河床纵比降变缓，河流动力减小，侧蚀作用因而日益衰弱，因此曲流带宽度不是无限的。当河流动能全部消耗在搬运泥沙上，侧蚀作用已不明显，曲流带停止发展，河谷不再加宽。

（三）溯源侵蚀

溯源侵蚀又称为向源侵蚀，它是使河流向源头方向加长的侵蚀作用。它主要发生在河谷的沟头。因为沟头汇集了斜坡上分散的片流，故水流集中，流量和流速增加，比周围斜坡上片流的侵蚀能力强得多，沟头逐渐向上坡延伸（图 11-18）。另外，地下水也顺坡向沟谷运动，有利于在沟头发育泉水，掏蚀岩石，加速沟头向上坡伸长的进程。

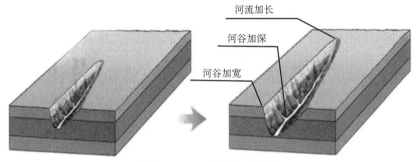

图 11-18　河流的溯源侵蚀

此外，当侵蚀基准面因某种原因下降时，从河口段向上游方向也能发生显著的溯源侵蚀作用。不难理解，溯源侵蚀作用是和下蚀作用相伴而生的，溯源侵蚀作用实际上是下蚀作用的必然结果。瀑布的后退就是一种局部性的溯源侵蚀作用。溯源侵蚀使河流由小到大，由短变长。它使许多互相分隔，规模较小的流水相互联结起来。将主流与其支流及支流的支流等联结而成统一的流域。如果分水岭两侧河流的溯源侵蚀能力相同，则分水岭的高度降低，而其位置不发生移动；如果一侧河流的溯源侵蚀能力超过另一侧的河流，则随着分水岭高度的降低，其位置会向着溯源侵蚀能力弱的河流一侧移动。下切较强的河流可能（由于向源侵蚀作用）逐渐劈开分水岭，拦截其他流域河流上游的径流，这种现象称为河流袭夺或河流夺流（图 11-19）。除上述的从河流的源头的拦截之外，广泛分布旁侧夺流现象。当强烈下切的河流支流由于向源侵蚀，从旁侧靠近另一条河流或其支流夺得其部分径流时，就会产生这种旁侧夺流。

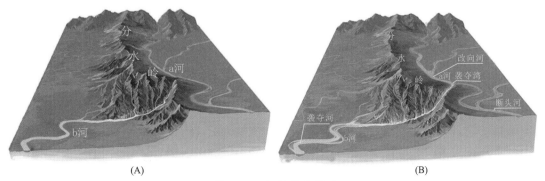

(A)　　　　　　　　　　　　　(B)

图 11-19　河流袭夺原理

（A）支流 b 向源侵蚀；（B）a 河被袭夺，b 河河谷加深、延长

下蚀作用和侧蚀作用共存于任何河流或河流的任何段。河水对河床岩石下蚀的同时，也对河床两侧岩石进行侧蚀。由于各地河床的纵比降、岩性、构造等不同，两种作用的强度也就不同，或以下蚀为主，或以侧蚀为主。

如果河流只进行下蚀作用，或以下蚀作用为主，河谷横剖面形态为"V"形[图11-20（A）]。如果河流只进行侧蚀作用，或以侧蚀作用为主，塑造出谷底宽平、横剖面碟形的河谷[图11-20（B）]。如下蚀作用和侧蚀作用同时等量进行，河谷横剖面形态不对称箕形[图11-20（C）]。

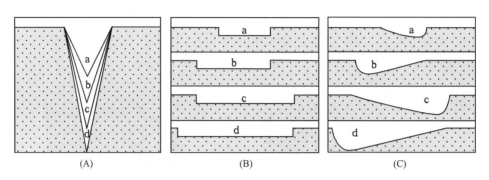

图 11-20　不同类型的侵蚀作用形成不同的河谷横剖面形态

a～d 代表发育过程

二、河流的搬运作用

河流在运动时，携带着岩石风化和剥蚀的产物（岩石及矿物的碎屑和化学风化的溶解物及胶体），并将其运移到其他地方的过程称为河流的搬运作用。被河流搬运的物质除河流自身侵蚀破坏河床岩石所形成的碎屑物外，还包括了河流岸坡上的崩塌、滑坡、冲刷等作用的产物。风化作用和风的作用也是河流搬运物质的重要来源。

（一）河流的搬运方式

河流搬运物质的方式可分为底运、悬运和溶运三种。

1. 底运

河水中碎屑在水流冲击推动下，或沿河床滚动，或沿河床滑动，叫底运。有的碎屑（主要是沙粒）因相互碰撞而被瞬时性推举向上，并向前运动，以及受到紊流作用而短暂上浮，呈跳跃式前进。不同粒级的碎屑物沿河床运动时有不同的运动形式，并形成了适应当时水动力条件的特殊构造，如果在岩层中发现这些构造，则可以用来判断岩层的顶底面及古水流方向。沿河床被河流所携带的碎屑物又加强了水流的向下侵蚀能力，而岩石碎块之间则互相摩擦、碰撞，逐渐变细变碎，从而形成卵石、砾石和沙。沿河床运动的沙粒级碎屑物在河床底部形成不对称的沙波纹和斜层理（图11-21）。不对称的沙波纹缓坡指向水流的上游方向；斜层理通常是与底面小角度相切，与顶面大角度斜交，斜面倾向指示水流的下游方向。

河流中的砾石在水流的长期作用下，将逐渐适应水动力条件，达到稳定状态。砾石长轴不论最初与水流的夹角如何，在水流的推动下通常以长轴垂直于水流的方向向前滚动，因为这种状态下的砾石运动所需的水动能最小，并最终形成最大扁平面向水流上游方向倾斜排列的叠瓦状的稳定状态（图 11-22）。

图 11-21　砂岩中的斜层理

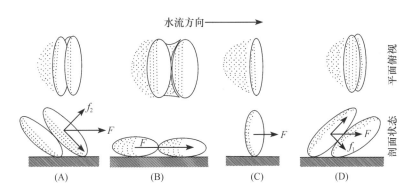

图 11-22　砾石在流水的作用下，运动中逐渐改变排列方式的过程示意

2. 悬运

河水中碎屑悬浮于水中运动，叫悬运。悬运靠紊流维持。由于径流流速的不同，可搬运不同粒径的碎屑物。河流的搬运能力与径流速度成正比，显然，河流在搬运过程中，不同粒度的碎屑物将随着水动力的减小而逐渐沉积下来，即河流的机械搬运过程中具有良好的分选作用。这也可以用来解释平原河流和山区河流，沿所移动方向，碎屑物在粒径上的巨大差别。

3. 溶运

河水中呈溶解状态的物质可随河水一起运移，这些溶解状态的物质主要有碳酸盐类（$CaCO_3$、$MgCO_3$、Na_2CO_3）和 SiO_2。据研究，碳酸盐中有近 60% 的成分离子化，溶解物中以 $CaCO_3$ 含量最多。只有在干旱地区的河水中，易溶的硫酸盐和氯化物才会有较高的含量。

河流中呈溶解状态的还有少量的铁、锰化合物或胶体溶液。

（二）河流的机械搬运力和机械搬运量

河流能够搬运碎屑物质最大颗粒的能力称为搬运力。搬运力决定于流速，一般来说，山区河流纵比降大，河水流速大，故搬运能力大，能搬运巨大的岩块，常有粒径 2~3m、重达 10~40t 的巨砾搬到山口，而搬运粒径 1m 左右、重约 3t 的砾石十分普遍。河流下游（平原区河流）流速相对较小，所搬运的颗粒一般小于 10cm。

河流能够搬运碎屑物质最大量的能力称为搬运量。全世界河流每年将大约 200 亿 t 碎屑物运入海洋。我国主要河流每年将大约 24 亿 t 碎屑物输入海洋。

河流搬运量决定于流速和流量。其中更重要的是流量。长江在一般的流速下携带的仅是黏土、粉沙和沙，但数量巨大；相反，一条快速的山区河流可以携带巨砾，但搬运量很小。另外，河流的机械搬运量还与流域内自然条件有关，岩石松散、颗粒细小、气候干燥、地面缺少植被的地区，机械搬运量大。例如，黄河支流流经的地区，河床水中含沙量可以达到 42%，支流无定河最大含沙量竟达 78%，所以有"黄河斗水十升沙"之说。

三、河流的沉积作用

河流中溶运物很难达到其饱和溶解度，河水中电解质稀少，胶体被絮凝的不多，因此，河流基本上不发生化学沉积作用。所以，河流沉积以机械沉积作用为主，并广泛发生在河流各部位。

（一）河流沉积的原因

在河流不同部位其水流速度要发生改变。例如，河道由狭窄突变为开阔的地段，河流弯道的凸岸，支流与主流的交汇处，河流的泛滥平原上，河流的入湖、入海处等，流速均明显降低，可以引起河流的机械沉积。河流流量随气候或季节而变化。例如，在枯水期河水流量减少，因而河流动能减小，搬运能力降低，引起沉积；搬运物增加，负荷过重，如因山崩、滑坡及洪水注入等均可使河流超负，河水的能量不足使其较粗大的碎屑物在河床中沉积下来。

（二）河流冲积物的特点

河流沉积的物质称为冲积物。冲积物都是在流动的水体中以机械方式沉积的碎屑物。因而具有下列主要特征。

（1）分选性较好。这是由于流水搬运能力的变化比较有规律，在一定强度的水动力状况下，只能有一定大小的碎屑物质沉积下来。例如，近河床主流线的沉积物粗，远离主流线的沉积物细。然而，在一定流速条件下的沉积物，它们的重量或粒度是较均匀或一致的。

（2）磨圆度较好。较粗的碎屑物质在搬运过程中相互之间及碎屑物与河床之间不断摩擦，使较尖的棱角变成圆滑的轮廓，如河床中的卵石，常常是相当圆滑的。粗大的砾石，其最大扁平面以 10°~30° 的角度倾向上游（图 11-22）。

（3）成层性较清楚。这是由于河流的沉积作用变化具有规律性。因河床侧向迁移，同一沉积地点在河床中的位置可以发生变化，接受的沉积物的特征也就不一样。此外就同一地点而言，洪水期沉积物粗而且数量多，枯水期沉积物细而且数量少；夏季沉积物颜色较淡，冬季沉积物颜色较深；不同时期沉积物的成分也会有差别。因而在沉积物剖面上表现了成层现象。

（4）具韵律性。特征类似的两种或两种以上的沉积物在剖面上有规律地交替重复出现，称为韵律性或旋回性，每一次重复就形成一个韵律。河流沉积常具有韵律性。一个完整的韵律可以包括下部的河床沉积、中部的河漫滩沉积及上部的牛轭湖沉积。一个韵律代表了河床在一次侧向摆动时逐次沉积的产物。如河床反复进行侧向摆动，就可以形成若干个韵律。

（5）具有流水成因的沉积构造。河流沉积物中常见有特征性的波痕、沙丘及交错层理等原生构造。西蒙斯（Simons）用一个平底水槽铺以粒径相同的沙粒，进行注水试验，查明了不同原生构造的形成与流速的关系。当流速小于5cm/s时，任何颗粒均不动，槽底保持平坦。当流速增大到约10cm/s时，有一些沙粒滚动或滑动很短距离，但槽底仍保持平坦状态。当流速为20cm/s时，有一些微小波纹形成，并呈波状向下游移动。波纹不对称，其缓坡倾向上游，陡坡倾向下游。从透明的槽壁中可以看出沙波的横剖面具有向下游方向倾斜的交错层理。流水速度再大时，波纹快速移动并增大，高达数厘米，称为沙丘。沙丘的形状和结构与波纹相同，仅其规模较大。当流速达到50cm/s时，波纹和沙丘均消失，槽底再次变平缓；但这时，底部所有沙粒均快速运动。如果流速更大，为一般河流所不常见时，能产生不规则的沙丘状层理并逐渐向下游方向迁移。最后，整个沙层完全被冲蚀掉，变成悬浮物。上述沉积构造常见于野外地层中。

（6）常形成冲积砂矿。冲积物中常含有用砂矿，如铂、金、金刚石、独居石、石英、锡石和黑钨矿等。它们因化学性质稳定、硬度大而被保存下来。它们密度大，常与密度小的而粒径大的矿物同时形成，并在一定的位置富集成冲积砂矿。

（三）河流的沉积类型

1. 心滩

心滩分布在河床中间，呈梭形，长轴平行于流向，长数十米至数公里，宽度数米至数百米，广泛出现于宽谷段，因为该段水流变缓，易产生沉积。在直河段河流的沉积是水流的双向环流作用所致。洪水期表面流水向两岸分散，平水期则向河心主流线集中。洪水期，中央主流线的流速和过水量大，造成水面中部上凸，使表流流向两岸。含沙量较小的表流遇岸壁后，沿岸壁向下流，并侵蚀岸壁使之崩塌，通过底流把泥沙带到河心而沉积下来，最后形成河心滩[图11-23（A）]。平水期则相反，表面流速向主流线集中，在河心产生含沙量较小的下降水流，侵蚀洪水期形成的心滩，并把冲刷的泥沙带到岸边堆积[图11-23（B）]。洪水期在心滩上的沉积物量总是大于平水期的侵蚀量，所以心滩总是在不断地发育，当其露出水面就成为江心洲。此外，在河床由窄变宽的部位或支流汇入主流处由于流速降低也可以形成心滩。心滩上端遭受冲刷，下端接受沉积，因而慢慢往下移动。当侵蚀和沉积不是等量时，心滩可能扩大，也可能缩小甚至消失。

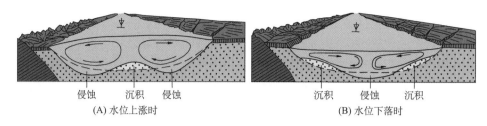

侵蚀 沉积 侵蚀	沉积 侵蚀 沉积
(A) 水位上涨时	(B) 水位下落时

图 11-23　直河段的双向环流

2. 边滩与河漫滩

边滩是弯曲河道中水流的单向环流作用（图 11-12），将凹岸侵蚀的物质携带至凸岸沉积所形成的小规模沉积体。

河漫滩是边滩变宽、加高且面积增大的产物。河漫滩在洪水泛滥时被淹没，在枯水期露出水面。在丘陵和平原区谷底开阔，可以形成宽广的河漫滩，其宽度由数米到数十公里，可以大大超过河流本身的宽度。我国黄河、长江下游有极宽阔的河漫滩。黄河下游，常因河水在河漫滩上漫溢而成灾。当洪水在滩面漫溢时，水流分散，流速降低，加上滩面生长的植物阻碍着洪水的流动，使泥质和粉沙等较细物质在河漫滩上沉积下来，这种沉积物称为河漫滩

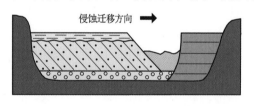

图 11-24　河漫滩形成过程及二元结构

沉积物。在河漫滩沉积物之下，常出现沙和砾石等较粗的沉积物，它们是早先在河底及边滩中沉积的河床冲积物，是河床曾在谷底上迁移的遗迹。河漫滩沉积物和下面的河床冲积物一起构成了河漫滩二元结构（图 11-24）。河漫滩二元结构是丘陵及平原地区河流堆积物的普遍特征。

由于河床往复摆动，河漫滩不断发展扩大，相邻的河漫滩连成一片，从而形成广阔的冲积平原，即主要由河流冲积物所组成的平原。沿河床两侧常产生堤状地形，称为天然堤。其形成是因为洪水溢出河岸时，流速骤然减低，较粗物质立即就在紧靠河床的边缘部位大量沉积下来。不断淤高的天然堤起着防洪水的天然屏障作用。为预防洪水泛滥，人们常加筑人工堤于天然堤上。

3. 冲积扇和冲积平原

冲积扇发育在山区河流的山口处。来自山区的河流，携带着大量机械搬运物到山口开阔的平地上，河床坡降明显减小，水流无沟谷的约束而散开，河流动力大大减小，机械搬运能力迅速降低，导致碎屑物大量沉积。沉积物在山口堆积成扇状地形，称为冲积扇。较粗的物质沉积在扇顶，向边缘逐渐变细，其间孔隙被充填着较细的各种粒度的沙砾，它们是在水位退落，动力变小过程中依次沉积的。扇顶区地面坡度可达 3°～10°，从扇顶到扇缘坡度变缓。

冲积扇在高山的山前特别发育，如天山山麓、祁连山山麓等。出山河流在山口各自形成冲积扇。随着冲积扇的加厚、扩大，相邻冲积扇可以相连，形成联合冲积扇，如川西平原。

4. 三角洲

三角洲是河口部位的沉积体。典型的三角洲见于尼罗河口，因其外形类似希腊字母 Δ（delta）而得名。当河流入海（湖）时，流速骤减，河水和海水混合，把动能传输给海水；最后摩擦作用使能量消耗而停止运动，河水即行消散。河水消散后失去了搬运物质的能力，遂发生沉积，从而形成三角洲。最简单的情况是河流注入淡水湖时形成的三角洲。因河水密度和湖水一样，河水在各个方向上与湖水混合并迅速减速直到停止运动而发生沉积。沉积的一般规律是，在近河口处沉积的是较粗粒物质，稍远为中粒物质，更远为细粒物质。在典型情况下，湖泊三角洲具有三层结构（图 11-25）。其底部沉积于平坦的湖底，离河口较远，沉积物往往是黏土，产状水平，称为底积层；三角洲的中部沉积于湖盆倾斜的边坡，离河口较近，沉积物较粗，具有向湖心倾斜的原生产状，称为前积层；上部沉积是在湖面附近主要由河流漫溢而成的，沉积物比前两层粗一些，产状水平，称为顶积层。随着三角洲向前推进、扩大，顶积层上可以形成较为广阔的三角洲平原。构成三角洲的这三部分在垂直方向上是上下关系，在横向上是距河口远近的关系，海中形成的三角洲比湖中形成的三角洲要复杂。海中三角洲的前积层坡度往往要平缓得多，仅仅在几度以内，而且三角洲在水平范围上延伸得更远。这是因为河水密度（约 $1g/cm^3$）比海水（$1.03/cm^3$）小，较轻的淡水及其携带的物质势必会散布在离河口更远的水面上；同时，淡水只能沿水平方向与海水混合，因而混合与消散的速度较慢，以至搬运物能扩散很远。

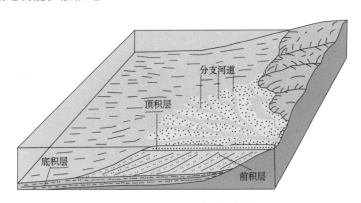

图 11-25　湖泊中小型三角洲

海中三角洲的形成需要有以下条件：①河流的机械搬运量较大，形成三角洲的沉积物能够得到充分补给；②近河口处坡度缓、海水浅，三角洲易于发展；③近河口处无强大的波浪和潮流冲刷，沉积物得以充分保存，入湖河流形成三角洲的条件也基本如此。因此，三角洲不是在所有河口都能够发育。我国钱塘江口就未形成三角洲，因为这里的海浪和潮汐作用很强，大量的泥沙易被冲刷带走。

三角洲的平面形态是多样的。我国黄河三角洲呈扇形（图 11-26），这是因为黄河在近海处的松散层中形成许多分流，河道围绕三角洲起点左右摆动，频频改道，通过分流的沉积将三角洲不断向渤海方向推进。

我国长江三角洲为鸟嘴状（图 11-27）。这是因为长江只有一条主流入海。其主流的沉积量超过波浪的搬运量，故以主流沉积为主形成三角洲。

图 11-26 黄河三角洲

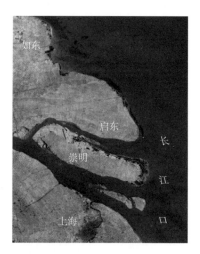

图 11-27 长江三角洲

河口生物繁盛，泥沙沉积迅速，有利于油、气的形成。三角洲沉积物是良好的生物油（气）层，只要有适当的构造或岩性封闭条件，便可形成油（气）田。许多大油（气）田分布在古代或近代三角洲上。

河流长年累月搬运泥沙至河口沉积，促进陆地向海洋生长。据研究，古长江口在江阴一带，全新世以来约每 40 年向海伸展 1.5km，平均每年约 40m。1000 多年来海岸线外迁了近 50km，沉积了面积达 5000km² 的肥田沃土。黄河泥沙滚滚，三角洲的增长十分惊人，仅 1855 年以来，增长了 5450km² 的土地，海岸线外迁了 45～75km，平均每年外迁 300～500m。尼罗河三角洲增长较慢，平均每年约 4m。可见不同河流的三角洲增长速度不同，这反映了各地在泥沙来源、海底地形、波浪和潮流的强度等方面的不同。

第三节　构造运动对河流地质作用的影响

一、河 流 阶 地

沿河谷两岸断续分布的，由河流地质作用形成的，一般洪水不能淹没的阶梯状地形，称为河流阶地。阶地顺河谷延伸，呈条带状，河谷中往往出现多级阶地，在有几级阶地的情况下，河流阶地的命名通常由最低一级开始，由年青向较老的阶地（阶地Ⅰ、阶地Ⅱ、阶地Ⅲ、阶地Ⅳ等）计算。最低的阶地形成最晚，阶地越高形成时间越早。每一级阶地都由一个平坦的阶面和一个陡坎组成（图 11-28）。同一条河流形成的同一级阶地，高程一般自上流向下游逐渐降低，而相对高程（阶面与河床的高程差）基本一致。

河流阶地的形成过程与地壳运动有关。当地壳上升，河流进行下蚀作用。如果地壳停止上升，甚至微有下降，河床纵比降变缓，河流流速减小，动能降低，河流由下蚀作用为主转化为侧蚀作用为主，在侧蚀作用下，河谷加宽，出现了河曲，形成了河漫滩。之后由于地壳再次上升，河床抬高，增加了河床纵比降，河流下蚀作用再次加强，河流切入谷底之下，原来的河漫滩抬到谷坡上，洪水期也不能被河水淹没，这就是河流阶地的形成过程（图 11-29）。

如果这样的过程重复几次，就形成了多级河谷阶地。

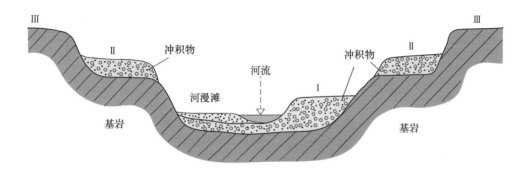

图 11-28　河流阶地示意图

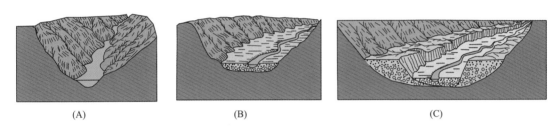

图 11-29　河谷阶地形成过程示意图

　　河谷阶地由一个平坦的阶面和一个坡度较大的阶坎组成。阶坎由河流下蚀作用形成。阶坎的高度大致反映在形成该级阶地时地壳上升的幅度或河流下切的深度。阶面微向河床和下游倾斜。阶面上往往有河流沉积物，从陡坎上可能看到沉积物具有二元结构：上部为河漫滩沉积，下部为河床沉积，再向下为基岩（有些阶地无基岩）。河床相沉积物与下伏基岩之间有微起伏的接触面，代表以前的河床面，也就是河流的侵蚀面。

　　河流阶地根据基岩的出露情况和阶面上冲积物组成情况分为以下三类。

　　（1）堆积阶地：阶面和阶坎全部都由冲积物组成，而且基座低于河水位，在地表未出露。堆积阶地一般出现在较低级别的阶地（图 11-28 中的 I 级阶地）。

　　（2）基座阶地：阶坎的上部为冲积物，阶坎的下部可见到基岩。这种结构说明河流下蚀的深度大于冲积物厚度，反映后期构造上升幅度较大（图 11-28 中的 II 级阶地）。

　　（3）侵蚀阶地：这类阶地是由基岩构成，一般阶面较窄，没有或零星有冲积物，阶坎较高。一般形成于构造抬升的山区河谷中（图 11-28 中的 III 级阶地）。

　　河谷阶地形成以后，如果地壳相对下降，新的河流沉积物把河谷阶地掩埋起来，被掩埋的阶地叫埋藏阶地（图 11-30）。此时原阶地上的漫滩沉积物被较新的河床沉积物所覆盖，于是形成了一级埋藏阶地。如果地壳多次阶段性下降，可形成多级埋藏阶地。

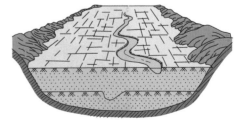

图 11-30　埋藏阶地

二、准平原、深切河曲和夷平面

在地壳处于长期稳定时期，河流和其他外动力地质作用不断对地表产生破坏，并将破坏的产物携带到低洼地区堆积下来，于是地面起伏逐渐减小，最后地形趋于平坦。这种作用被称为夷平作用，所形成的地形称为准平原（图11-31）。

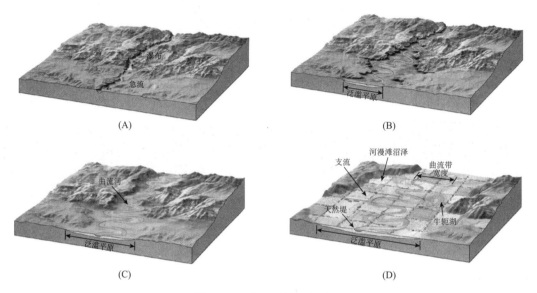

图 11-31   准平原的形成过程

但是，地壳不会永远静止不动，当构造运动使地壳上升时，原来以侧蚀或沉积作用为主的河流，将会转为以下蚀作用为主，河水会很快地切入基岩，河床迅速下降，使得原先河床的弯曲形态得以保存下来，形成深切河曲，如美国科罗拉多峡谷就是典型的深切河曲（图11-32）。同时，原来的准平原地形受到剥蚀，变成山地（图11-33）。这些山地的山顶有大致相同的高

图 11-32   美国科罗拉多深切河曲

程，大致相同高程的一系列山顶所联成的面称夷平面。根据夷平面的性质、分布和相对高程可以研究该区在形成夷平面这段时期中的地质发展史，特别对判明新近纪以来构造运动的特征有重要的意义。

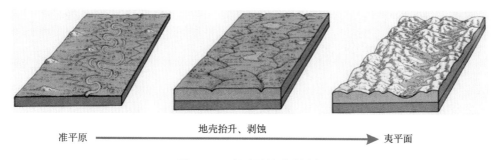

准平原　　　　　　　　　　　地壳抬升、剥蚀　　　　　　　　　　夷平面

图 11-33　夷平面的形成过程

第十二章
地下水的地质作用

　　地下水是指存在于地表土层和地下岩石空隙中的水。地下水几乎分布于大陆所有地区的地下，不管是江湖遍布的低纬度潮湿地区，还是高纬度的寒冷地区，以及降水较少的干旱地区。正是因为其分布广泛，地下水成为一种重要的地质营力。但由于其具有缓慢流动的动力特点，所以形成了地质作用不同于其他与流水有关的地质营力的典型特征，即以化学地质作用为主的特征。

第一节　地下水的运动特征

一、地下水的运动条件

　　岩石中的空隙是地下水运动的基本条件，它们为地下水提供了储存与运动的空间，这种空隙包括了大至洞穴，小至裂隙及孔隙等（图 12-1）。

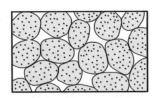
(A) 磨圆的均匀颗粒松散堆积物

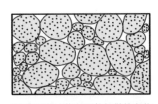
(B) 磨圆的不均匀颗粒松散堆积物

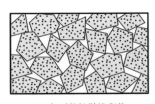
(C) 角砾状松散堆积物

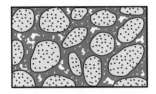
(D) 胶结不紧密的砂岩或砾岩

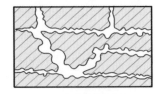
(E) 沿节理溶蚀的洞穴

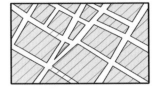
(F) 裂隙多的岩石

图 12-1　岩石中的空隙

　　岩石及松散堆积体颗粒之间的空隙称为孔隙，描述孔隙对地下水储存及运动影响的参数包括孔隙的大小、形状、数量及连通性等。前三者共同决定一个物理量——岩石的孔隙率，即单位体积岩石中孔隙所占的百分率，无疑孔隙率决定了岩石储水能力的大小。连通性决定了岩石中水通过能力的大小。地下岩层孔隙率大及连通性好的叫透水层，如孔隙发育的砾石层和砂层，以及溶洞及溶孔发育的石灰岩和白云岩。孔隙率小及连通性差的岩层，水很难在其中储存和通过，叫不透水层或隔水层，如泥岩等。透水层中饱含地下水时叫含水层。

二、地下水的来源

地下水的来源有以下几种：①地表水的渗入。地表的雨水、冰雪融化的水、河流及湖泊中的水均可渗入地下而成为地下水。这是地下水的最主要来源。②大气中的水汽可凝结进入岩石孔隙中。在一些干旱地区，夜间因气温降幅较大，大气中水的凝结也成为地下水的补充。③古埋藏水。古代的海洋、湖泊中的沉积物因埋深，在特殊情况下可封存其中所含的部分水体。④岩浆中分离出的地下水、矿物结晶水中分离出的地下水等。

三、地下水的赋存类型及运动

地下水在岩层中的赋存形式可以是气态、液态和固态的，以液态为主。气态主要存在于地下的较浅层位，而固态仅存在于气候寒冷地区的地下。

地下水在地下的赋存自上而下分为以下几个带（图 12-2）。①包气带：此带因包含空气（水气）而得名。大气降水在向地下渗入过程中首先经过此带。一般情况下不可能使此带充满水，但局部地段或部位可以因阻碍物滞留下渗的水体而达到局部饱和，这种局部饱和的地下水称上层滞水。②饱水带：渗入的大气降水在到达地下一定深度后，可汇聚起来，特别是遇到区域性不透水层的阻碍，便可形成地下水的饱和带，即饱水带。在第一个区域不透水层之上饱水带中的地下水称为潜水。在两个不透水层之间饱水带中的地下水称为承压水。潜水和承压水又可称为重力水。

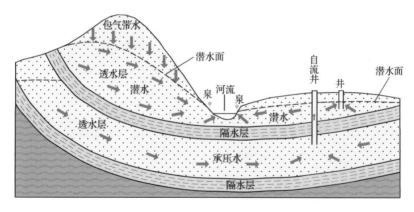

图 12-2 各种地下水的分布示意图（据陶世龙等修改）

包气带中的上层滞水分布一般有限，其分布范围及厚度与局部不透水层面积大小及降水正相关。局部不透水层面积大及降水较多时期，上层滞水便多，相反，上层滞水萎缩，甚至消失。

潜水是第一个区域不透水层之上的饱和重力水。通常见到的井水便是潜水。潜水的水面叫潜水面，井水面也即潜水面。潜水面形状与地形正相关，即山岭处潜水面较高，而沟谷处潜水面较低，但其形态起伏比地形更和缓。在河谷处，潜水面与河水面相连。潜水面高程及形态是动态的，即随时间而变。雨季时，降水较多，地下水得到大量补充，潜水面便升高，且起伏增大。旱季时，降水较少，潜水面降低，且起伏较小。潜水面的高程及形态特征是由重力水的渗流特性决定的。大气降水在近垂直向下运动经过包气带到达饱水带后，水体在重力作用下缓慢向低处渗流。山岭处，因重力水不能及时流出，而具有高潜水面。山谷处是降水的汇水地，重力水更不易及时排出，因而，潜水面相对较高。但由于地形本身低于山岭，其潜水面高程绝对值低于山岭处，这样便形成了潜水面的起伏形态。旱季时，山岭处因无降水补充，潜水面高程降低。而山谷处或有河水的补充或无河水补充，但始终有山岭处潜水向下流动，使得这里的潜水面降低不多，从而使潜水面形态起伏变小。

　　潜水是经过了地下岩石或砂石过滤的地下水，一般情况下水质清净，可作为生活及生产的主要水源。

　　承压水是充满两个不透水层之间的透水层内的地下水。在单斜构造，或构造盆地的构造低部位，承压水由于被限制在两个隔水层之间，可形成较大的静水压力，在合适的地形条件下，打井至此层位可形成自行流出或喷出地面的水井，称自流井，其示意图见图12-2。

　　承压水深埋于地下。受地面各种变化影响较小，且经过长距离过滤，水质高于潜水。

　　地下水在地面的天然露头叫泉。泉一般出现在能切穿含水层的地带（图 12-3），如地形切割强烈的陡坡、河谷、溶洞口、断层带等。泉按其水力特征可分为上升泉和下降泉。下降泉是上层滞水、潜水等的露头，通常在含水层的较低处出露，无水头压力，泉一般向下方流出地面[图 12-3（A）～（D）]。上升泉是承压水的天然露头，因具有水头压力，泉水一般向上涌出或喷出地面[图 12-3（E）和图 12-3（F）]。

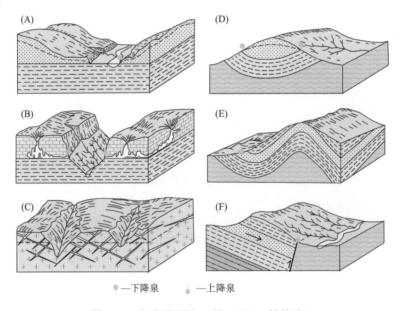

图 12-3　泉类型举例　（据 William 等修改）

第二节　地下水的地质作用

地下水除在暗河中的水流外，一般流速很小，水量分散，动能很小，因此地下水在渗流状态下，没有明显的机械地质作用。但在第四系冲积层、土层及地下暗河中黏土颗粒仍可被侵蚀、搬运走。地下水的化学地质作用是强烈的，特别是在可溶性岩石（如碳酸盐岩石、硫酸盐岩石及卤化物岩）分布地区。在这些地区，地下水是一种溶剂，它可溶蚀岩石，再以溶运的方式搬运溶出物质，到另一地方沉积下来。

一、地下水的机械地质作用

地下水机械地质作用在松散堆积层孔隙中作用明显，把细粒物质，如黏土颗粒、粉砂冲刷掉的作用叫机械潜蚀作用。长期的机械潜蚀作用可使堆积层变得更疏松，孔隙扩大，甚至形成大的孔洞，导致堆积层的塌陷或蠕动变形等，我国黄土高原地区常可见这类现象。

在岩石中存在大的洞穴或裂隙的地区，地下水流动常形成暗河，暗河中的水流具有流量大、流速快的特点，其对洞穴或裂隙的侵蚀作用非常明显。洞穴或裂隙在这种侵蚀作用下可扩大。

地下水的机械侵蚀作用的产物在机械搬运作用下移动。松散堆积层中的泥质和粉砂在运动的地下水作用下可慢速前进。只有较大洞穴中的水流才具有搬运较大颗粒碎屑的动能，搬运的颗粒主要为泥、沙及细砾，并且搬运过程中稍有分选及磨圆作用。

当地下水，特别是较大洞穴中的地下水流到较平缓、开阔的地段，此时流速降低，动力减弱，发生机械沉积作用。沉积产物同样有泥、沙及细砾等，沉积物略有分选及磨圆，但总体地下暗河中的机械沉积物较少。

二、地下水的化学地质作用

地下水的化学地质作用可分为化学溶蚀作用、化学搬运作用及化学沉积作用。

（一）地下水的化学溶蚀作用

地下水含有一定数量的 CO_2，并且其中约 1%形成 H_2CO_3，这种略含碳酸的水溶液对岩石的溶解能力大大增强。但由于自然界岩石大都由硅酸盐矿物组成，而硅酸盐的溶解度一般很小，所以，地下水的化学溶蚀作用主要针对部分可溶性岩石，即由溶解度较大的矿物组成的岩石，如碳酸盐岩、硫酸盐岩、卤化物岩等。在可溶性岩石中，碳酸盐岩分布较广，硫酸盐岩、卤化物岩分布局限，故地下水化学溶蚀作用主要见于碳酸盐岩分布区。溶蚀作用强弱除与岩石成分有关外，还与岩石中孔隙、裂隙大小、分布、连通性及构造运动等密切相关。孔隙大、多，岩石与水接触面积增大，溶蚀加快，连通性好，溶蚀物质可及时带走，促使溶蚀作用持续进行。

溶蚀作用的化学原理可用下面的反应式表达。

$$CaCO_3 + CO_2 + H_2O \longrightarrow Ca^{2+} + 2HCO_3^-$$

由上式可见，增加 CO_2 可使反应向右进行式；同时，Ca^{2+} 和 HCO_3^-，即溶出的正、负离子，在被水流带走的情况下，也使反应向右进行。

（二）溶蚀作用的过程及产物

当可溶性岩石表面构成倾斜地面时，片流沿此斜面流动可溶蚀部分岩石。这种溶蚀作用是非均匀的，凹处岩石一般优先溶蚀。在岩石表面发育有裂隙时，溶蚀作用沿裂隙优先进行更加明显。最终可使岩石表面更加凹凸不平，原始凹槽处溶蚀加深，成为溶沟，一般深达数厘米至数米，溶沟之间是凸起的石脊，称为石芽。

当原始岩石表面为倾斜面时，溶沟和石芽一般顺地面倾斜方向平行排列。当原始岩石表面无明显倾斜时，溶沟和石芽也无明显方向性，表现为盆状和锥状，而非沟状和脊状。但当岩石中发育规则节理时，形成的溶沟和石芽也规则排列。

当水平（或缓倾）岩层中发育垂直节理时，溶沟可以发育成很深的沟槽，而石芽也相应地发育成很高很陡的突出地貌，称此时的石芽为石林。云南路南石林为典型代表（图 12-4）。

当两组或两组以上的垂直节理交叉于某一处时，溶蚀作用沿这一由较破碎岩石组成的交叉带（沿垂直方向延伸）优先进行，溶蚀出一个垂直方向的洞穴。地表降水可直接流入这一洞穴而补给地下水，称此洞穴为落水洞，规模巨大的落水洞也称为天坑（图 12-5）。

当地表无明显倾斜，且岩石也无节理发育时，溶蚀作用在一个相对大的范围平均地向下长期进行，可溶蚀出一个相对大的洼地，称溶蚀洼地（图 12-6）。

图 12-4 路南石林

地下潜水面附近，因水流流动性最大，按照上面的化学反应式，溶解物质最易被带走，因而溶蚀作用最强。长年日久可溶出一个管状或面状的地下洞穴，称溶洞（图 12-7 和图 12-8）。溶洞与上述的落水洞一般是相连的。

当溶洞大面积发育时，可引起溶洞顶部的塌陷。此时原溶洞中的地下河转化为地表河流，在其流动过程中可侵蚀搬运走这些塌陷的碎屑物质。原溶洞被地表河流改造后转化为一个盆地或一个小平原，称岩溶盆地或岩溶平原。在岩溶盆地周围及岩溶平原上常耸立成群的山峰，

图 12-5　落水洞（天坑）

图 12-6　溶蚀洼地

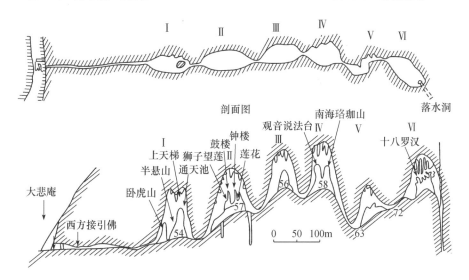

图 12-7　北京上房山云水洞溶洞

图 12-8　溶洞及石钟乳

称峰林。峰林在高度上可达数百米。美丽的桂林阳朔山水主要由峰林及岩溶平原（盆地）组成（图12-9）。

图 12-9　岩溶平原与峰林（桂林）

（三）地下水的化学搬运作用

岩石被溶解后，地下水携带这些溶质流出溶蚀区的作用，即地下水的化学搬运作用。化学搬运作用与流速关系不大，主要与流量及水体的化学性质有关。搬运的物质与溶蚀区岩性有关。最主要的搬运物质是碳酸氢盐类，其次是氯化物、硫酸盐等。搬运的方式有两种：以真溶液方式搬运和以胶体溶液方式搬运。

影响地下水搬运能力的化学性质主要是 CO_2 含量，而其又受围压及水温影响。一般来说，围压大时 CO_2 含量高，温度高时 CO_2 含量低。因此高围压和低水温有利于地下水搬运更多溶质物质。

（四）地下水的化学沉积作用

在适宜的条件下，地下水将其携带的溶质物质沉淀下来的作用称地下水化学沉积作用。沉积作用的发生主要是因为溶液过饱和。因溶液过饱和而导致溶质沉淀结晶的沉积作用称过饱和沉积作用。

溶液发生过饱和的原理与溶蚀作用相同，其反应式为

$$Ca^{2+}+2HCO_3^- \longrightarrow CaCO_3+CO_2+H_2O$$

当其反应式右侧的物质被移走时可导致反应向右进行。自然中最可能发生的是移走 CO_2 或 H_2O。

当地下水从地下流出时（即泉水涌出地面时），由于地下水在地下岩石孔洞中流动时的围压较地表大，导致其流出后 CO_2 挥发，从而引起反应向右进行，即 $CaCO_3$ 析出。在其继续流动中，蒸发作用或较高的气温又可使 H_2O 及 CO_2 损失一部分，从而又导致 $CaCO_3$ 析出。

这就是在泉口及泉水流经的路上常可见到泉水沉淀物质出现的原因，这种物质称泉华。在碳酸盐岩分布区泉华最发育，其他岩石（SiO$_2$）发育区也有泉华出现。泉华按照化学成分可分为钙华（CaCO$_3$）、硅华（SiO$_2$）、硫华（S）等。著名的四川黄龙风景区即为钙华地貌，是从山坡高处流下的钙质泉水顺山坡一路沉淀而形成的奇特的地貌景观（图 12-10）。

图 12-10　黄龙景区钙华地貌

当地壳抬升时，原地下溶洞因潜水面降低而脱离潜水区进入包气带。此时的溶洞已是"干洞"，仅有从四周岩壁上渗出的滴水。滴水从岩石空隙中流至溶洞时，空间骤然开阔，围压降低，CO$_2$ 挥发，从而导致 CaCO$_3$ 沉淀。沉淀发生在溶洞顶板上时，在水滴集中处优先进行，逐渐形成倒置锥状沉淀体，称石钟乳。水滴滴至溶洞底部时，在底部可形成正置锥状沉淀体，称石笋。若沉淀作用长期进行，石钟乳与石笋可对接，一旦实现对接便形成石柱（图 12-11）。当沉淀发生在溶洞侧壁上时，顺壁而下的水流可沉淀出幕状沉淀体，称石幕（幔）。

图 12-11　石笋、石钟乳、石柱

地下水从小的孔隙流入相对大的裂隙中时同样可发生过饱和沉积作用，而形成脉体。常见的脉体有方解石脉和石英脉（图12-12）。

图12-12   石灰岩中的方解石脉

地下水还可通过石化作用进行化学沉积。石化作用是指溶解于地下水中的矿物质与沉积物中生物体之间进行物质交换，使原生物体变成石质（矿物质）的作用。石化作用中原生物体中的可溶物质（有机质等）被地下水带走，其空间被地下水中的矿物质充填。化石就是石化作用的产物。在化石中可见原生物的外貌及部分内部结构，但组成物质却是矿物质。

第十三章
冰川的地质作用

地球上的水按其质量计算，97%以上以液态形式淹没了地球岩石圈表面的70.8%，形成海洋，不到1%的水在地面流动或渗透在岩石、土壤、大气和生物体中，其余约2%的水冻结在两极地区和高山上，以固体的形式存在。其中由多年积雪形成的、运动着的，较长时间存在于地球寒冷地区的巨大天然冰体称为冰川。

据 *World Glacier Inventory* 和《中国冰川目录》的最新统计，现代冰川占据全球陆地面积的10.7%，为1590万 km²。如果全部的冰融化，全球海平面将上升70m。这些运动着的巨大冰体的地质作用塑造了特殊的冰川地形，是改造地表的重要地质营力之一。

冰川封冻全部淡水量的80%。冰川融化的水是重要的淡水资源。我国西部地区气候干旱，但冰川资源丰富，每年冰川总融水量可达600亿 m³，与黄河出海口平均年径流量相当。冰川融水也是河流的主要来源之一。我们的母亲河长江和黄河都发源于冰川，我国著名的河西走廊的绿洲就是靠祁连山冰川融水哺育的。

冰川对气候变化的反应十分敏感。近几十年来，地球因温室效应，平均气温上升、冰川面积缩小、厚度变薄的报道纷至沓来。例如，2001年美国地理学家协会报道，科学家们发现1991～2001年的10年间，南极阿蒙森海附近的冰川变薄了45m；联合国环境规划署2002年4月17日发布一项警告，喜马拉雅山区冰川消融，使湖泊水位不断增高；2003年9月18日《新疆经济报》报道，林业部门测算，我国50%的冰川退缩、变薄，后退速度为10～20m/a。

冰川消融加快将引发洪水泛滥、泥石流等地质灾害，还会导致海面上升。20世纪80年代中期以来，冰川退缩使海面每年上升0.9 mm。海面上升将影响沿海所有国家和地区的经济发展。冰川与人类生存息息相关，已引起世界大多数国家的关注。

第一节　冰川的形成和运动

一、冰川形成的条件

冰川是由于地球表面的终年积雪，在日照、升华及温度、压力等因素的影响下转化为冰川冰，并发生运动而形成的。冰川形成主要取决于气候条件，也取决于地形条件。

气候条件主要有两方面，一是气温；二是降水（雪）量。地球上气温最低的是两极地区，然后是中低纬度的高山区。在这些地区年平均气温在 0℃以下，大气降水主要以雪的形式呈固体降落。这些地区降落的雪在一年内不能全部融化，降雪量大于消融量（指冰川融化与蒸发的水量），形成终年积雪区，被称为雪原区。雪原区的下限称为雪线。雪线以上的雪原区是冰川的积累（或称堆积）区；雪线以下为冰川的消融区。雪线的海拔与其所处的纬度有关，一般来说，雪线的海拔随着纬度的增加而降低（表 13-1）。

表 13-1　北半球不同纬度山区雪线的高度

纬度范围	山区名称	纬度	雪线高度/m
46°～50°N	阿尔泰山（中国境内）	48°～48°30′N	2800～3400
	阿尔泰山（原苏联境内）	48°30′～50°N	2300～3200
	阿尔卑斯山	46°～48°N	2500～3350
41°～46°N	天山（中国境内）	41°～46°N	3600～4600
	天山（原苏联境内）	41°～46°N	3200～4450
	高加索山	41°～44°N	2700～3800
	比利牛斯山	42°～43°N	2900～3100
	喀斯喀特山	41°～49°N	1800～4200
36°～40°N	祁连山	37°～40°N	4400～5200
	帕米尔高原（中国境内）	37°～40°N	4200～5900
	帕米尔高原（原苏联境内）	37°～40°N	4000～5200
	土耳其东部山地	36°～41°N	3350～3700
27°～32°N	横断山	27°～30°N	4600～5500
	念青唐古拉山	29°～31°N	4600～5600
	冈底斯山	29°～30°N	5800～6200
	喜马拉雅山（中国境内）	28°～32°N	5800～6200
	喜马拉雅山（尼泊尔、印度境内）	27°～32°N	4600～5500
	安第斯山北端与墨西哥马德雷山脉	6°～20°N	4600～5000

由积雪转化成冰川冰是一个长期和复杂的过程（图 13-1）。刚降落下来的雪称新雪，其形状多为六角形，充满空气，密度非常小，约为 $0.085kg/m^3$，新雪降落在地上以后，为了使内部能量达到最大限度的稳定，就必须使雪花晶体所具有的自由能最小，而晶体的自由能的大小与晶体表面积有关，所以新雪落地后必须圆化。圆化的方式有三种：一是由升华和凝华引起的水汽迁移；二是薄膜水沿晶面的移动；三是晶体间直接发生分子交换。新雪通过圆化以后变成圆的、较致密的颗粒，称粒雪，这一过程在温度接近融点和存在液态水时进行得最快。粒雪之间有很多气道，这些气道彼此相通，因此粒雪层仿佛海绵一般疏松。粒雪的密度约为 $0.2～0.4g/cm^3$。有些地方的冰川粒雪盆里的粒雪很厚，底部的粒雪在上层的重压下发生缓慢的沉降压实和重结晶作用，粒雪相互联结合并，减少空隙。同时表面的融水下渗，部分冻结起来，使粒雪的气道逐渐封闭，被包围在冰中的空气就此成为气泡。这种冰由于含气泡较多，颜色发白，密度约为 $0.82～0.84g/cm^3$，也有人把它专门叫作粒雪冰。粒雪冰进一步压实，排出气泡，就变成浅蓝色的冰川冰，冰川冰的密度为 $0.9g/cm^3$。冰川冰在上部冰雪压力和本身的重力作用下沿地面斜坡或在侧压力作用下从冰层厚的地方向冰层薄的地方缓慢流动便成为冰川。

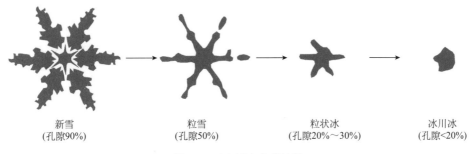

| 新雪
（孔隙90%） | 粒雪
（孔隙50%） | 粒状冰
（孔隙20%～30%） | 冰川冰
（孔隙<20%） |

图 13-1　冰川冰形成过程

二、冰川的类型

冰川类型的划分，因依据不同，划分的类型也不相同。其中与地质作用密切相关的分类原则，一是冰川的形态；二是气候。

（一）冰川形态分类

全球冰川面积共 1622 万 km²，极不均衡地分布在各大洲，其中，96.6% 是在南极洲和格陵兰岛，其次为北美洲（1.7%）和亚洲（1.2%），其他各洲数量极少。其中南极和格陵兰岛的冰体占当地陆地面积的 97%。这种大面积的分布在高纬度地区的冰川称大陆冰川（冰盖）。另一部分冰川零星分布在中、低纬度的高山和高原地区，气温在 0° 以下的地带，这部分冰川称为山岳冰川。这就是根据冰川的形态特点划分的两种最基本的类型：大陆冰川和山岳冰川（图 13-2）。

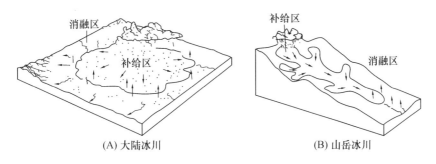

| （A）大陆冰川 | （B）山岳冰川 |

图 13-2　大陆冰川与山岳冰川示意图（据 Hamblin 图修改）

1. 大陆冰川

大陆冰川又称冰盖、冰坡及冰原，它是覆盖着几乎整个岛屿或大陆的巨大冰体（图 13-3 和图 13-4）。大陆冰川只分布在高纬度地区，覆盖在大陆或高原区所有的高山、低谷及平原。其中央部分较高，冰体自中央向周围任何方向移动，可不经融化而直接入海，基本覆盖整个陆地再由陆地边缘直接入海，故称为大陆冰川。通常厚度可以达到 3000m，呈圆形或椭圆形。宽广的大陆冰川有很厚的冰体，其本身在巨大的重力下，从冰川中心呈放射状不断向外延伸扩展，面积不断加大，局部可形成小范围舌头向外伸入海洋。

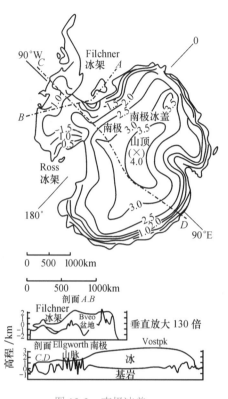

图 13-3　南极冰盖

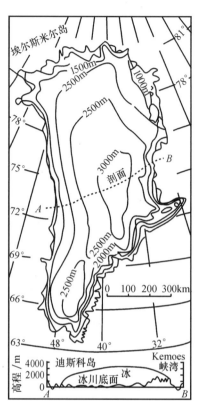

图 13-4　格陵兰冰盖

2. 山岳冰川

山岳冰川又称为高山冰川，以发育于山地、并受地形的影响比较大为特点，由冰川主流和它的分支流组成整个高山冰川系统。冰层沿山岳向下移动，过雪线继续向下移，其流动情形与河流相似，称为山岳冰川。山岳冰川以雪线为界，有明显的冰雪累积区和冰雪消融区。山岳冰川长可由数公里至数十公里，厚数百米。单独存在的一条冰川，称单式山岳冰川；由几条冰川汇合的冰川称复合式山岳冰川。表 13-1 是世界著名的山岳冰川分布区。

根据冰川的形态和发育的部位可将山岳冰川进一步分为拱形冰川、悬冰川、冰窝冰川等。

拱形冰川：从同一冰源地向不同方向流出的冰川，因其冰源地通常呈拱形，故称拱形冰川。

悬冰川：位于陡峭的山坡上，填充在较小的盆地里，从盆地中伸出的短舌状、悬挂在峭壁上的冰川（图 13-5）。

冰窝冰川：形成于安乐椅状的山窝中（图 13-6），称为冰窝，冰窝位于山坡的上部，是一类较小或未发育成熟的冰川，也可以是残留的冰川。有些学者把冰窝的概念用得更为广泛一些，用于所有山岳冰川的冰源区。

山谷冰川：当有大量冰雪补给时，冰川迅速扩大，大量冰体从冰斗中溢出，进入山谷而形成。山谷冰川以雪线为界，有明显的冰雪积累区和消融区。

除了大陆冰川和山岳冰川外，还有一类介于二者之间的过渡类型，称为过渡冰川。

我国境内的冰川均为山岳冰川，如青藏高原分布着众多山岳冰川。

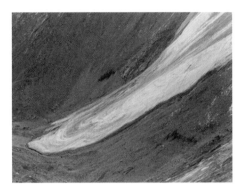
图 13-5　悬冰川

图 13-6　冰窝冰川

（二）冰川气候分类

根据冰川所处气候条件，主要是气温和降水量，分为冷冰川、暖冰川。

1. 冷冰川

冷冰川又称大陆性冰川，主要受西风和北冰洋气流的影响，年降水量少，雪线位置高，冰层厚度较薄，冰川较短，消融量也少，冰川流动速度慢，冰川地质作用相对不活跃，我国约 86.5% 的冰川属此类。

2. 暖冰川

暖冰川又称海洋性冰川。主要受东南和西南季风的影响，暖冰川所在地降水充沛、冰量充足；雪线位置低；冰川长度与厚度也相对较大；一年四季气温和降水量变化大，冰川消融量也大；流动速度快，冰川地质作用活跃。我国仅在喜马拉雅山东段、念青唐古拉山的东段及横断山脉部分地带有暖冰川分布。如横断山的海螺沟冰川，是亚洲东部海拔最低的冰川，当地雪线位于 4780m 高度，冰川前端位于 2800m 高度，全长 30.7km，最厚达 300m。目前已被开发为冰川旅游地。

三、冰川的运动

冰川冰在常压下是一种脆性物体，但是冰川下部的冰川冰在上覆冰雪的压力作用下可变成塑性体，对脆性冰川冰节理的观察，一般深度不超过 40m，可见 40m 以下的冰川冰是塑性的，据此可将冰川冰分为两层，表面一层称脆性带；下面一层称塑性带。塑性带的存在为冰川冰的运动提供了最基本的条件。

冰川运动主要有塑性流动和基底滑动两种方式。

1. 塑性流动

冰川的下部冰层因在上部冰层压力下呈塑性状态，冰盖中部冰层厚度大，在重力作用下由厚向薄、由上向下发生塑性流动。山岳冰川也因下部冰层呈塑性，并在地形存在坡度的情况下由高向低，发生塑性流动。

2. 基底滑动

当有融雪水渗入冰川底部时，水起润滑作用，减小冰川与冰床基岩的摩擦力，使冰川产生滑动，冰川滑动会使冰川运动速度加快。当冰川底部存在被冰川压碎的岩石碎屑时，岩屑被融雪水浸润，因黏度小更易变形而滑行。

冰川运动过程中因上部冰层呈刚性，所以当冰川流动遇冰床地形凹凸不平和弯曲时，冰川上部冰层易产生冰裂隙，在地形突出处冰层也会出现裂隙，张开的裂隙是冰川表面的岩石碎屑进入冰川内部的通道。

当冰层堆积越来越厚，由于冰体本身的重量所形成的压力，再加上重力的影响，可以使冰川底部沿着坡道向下发生塑性流动和基底滑动。冰川运动的速度比河流的流速要小很多，一年只前进数十米到数百米，如阿尔卑斯山的冰川运动速度约为每年 80～150m，平均每天不到 0.5m。冰盖边缘某些冰川运动速度快，如格陵兰岛冰盖边缘某些冰川运动速度为每年千米以上。影响冰川运动的因素有：①地面坡度。坡度越大则移动越快。②冰川厚度与温度。冰层越厚则压力越大，动能越大，运动速度越快。温度较高时冰的活动力较强，移动较快。我国大多数冰川为冷冰川，运动速度较小。③地面的光滑度。地表越光滑则冰川移动阻力越小，移动越快；相反，若地表面粗糙不平，则阻力较大，移动较慢。④融冰含量。若温度升高，一部分的冰融化成水，则融冰含量增加，流动性增加，冰川运动较快。⑤冰川携带岩石碎块的影响。冰川所携带岩石碎块越多，则压力越大，动能越大，移动越快。

大陆冰川与山岳冰川的运动方式有较大的差异，大陆冰川的中心是堆积源区，冰盖下部的冰在上覆压力的作用下呈塑性，并从源区向外四处流动。大陆冰川在流动过程中由于融化、蒸发、机械破坏等作用，厚度逐渐减薄。山岳冰川的冰川冰受重力作用从冰床高处向低处流动。山岳冰川上端有一个积雪洼地，称冰斗。冰川冰在压力作用下向着冰斗的开口处移动并可能越过在冰床中称作石阶的陡峻坡道，在这里冰川流动速度增大，常形成冰瀑布。巨大的冰体组成的冰川在运动过程中不同部位运动速度不尽相同，图 13-7 显示了冰川内部运动状况，从为研究冰川运动特点插入冰川的导管的变化状况可看出，冰川运动的速度在垂向上大多数是从表面向底部逐渐降低（有特例），底部因为受到基盘岩石的摩擦力而移动甚慢。同样的道理，在冰川横剖面，冰川两侧受到岩壁的阻力，冰面运动速度以中央部分最快，向两边运动速度减慢。

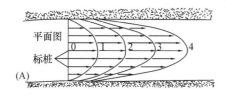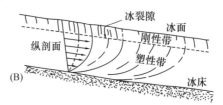

图 13-7　冰川的不同部位运动速度快慢示意图（引自林茂炳等，1992）

箭头线长短代表冰川冰运动的快慢

第二节　冰川的地质作用

冰川不同于水和风，冰川的运动属于块体运动。冰川体一方面有巨大的压力（100m 厚的冰体，冰床基岩所受的静压力为 90t/m^2），一方面又是运动的（运动速度与冰床坡度成正比），故夹带岩石碎块的冰川对冰床和谷壁有很强的剥蚀作用，同时也具有明显不同的搬运方式和堆积作用。

一、冰川的剥蚀作用

（一）冰川剥蚀作用方式

冰川在运动过程中，施加于冰床上的强大压力和剪切力，会对冰床产生巨大的破坏。这种通过冰川的运动对冰床和谷壁产生的破坏作用称为刨蚀作用。刨蚀作用是一种机械作用，破坏力十分巨大，冰川刨蚀作用能力的大小与冰层的厚度和重量、冰层移动的速度、携带的石块数量、底部岩石的性质有关，冰层重、厚，移动速度快，底部岩石松软，则冰川的刨蚀能力强。冰川刨蚀作用方式有两种：一种为冰川底部的冰川冰在压力或温度升高的情况下融化，冰融水涌入被压碎的岩石中并将破碎的岩石与冰川冰冻结在一起，当冰川流动时，这些被冻结的岩块随冰川一起运动而离开原地。这种方式称为拔蚀作用（图13-8）。拔蚀作用主要发生在冰斗后缘和岩石节理发育破碎的地带，冰床的基岩突起处的背流面也十分明显。另一种是以冰川内部所夹带的石块作为工具，像锉刀一样在冰川冰流动时对冰床的基岩产生破坏，这种作用称锉蚀作用（图 13-9）。锉蚀作用使冰床的基岩留下平行冰流方向的沟槽状冰擦痕或光滑的冰溜面。锉蚀作用的强度首先取决于冰川厚度（冰川厚度大压力则大）和流动速度，其次是冰床岩石抗磨蚀的能力。冰擦痕的特点是随冰川流动方向、擦痕的深度由深变浅，由明显渐趋消失。冰川擦痕在恢复古冰川的分布和运动方向等方面有着重要作用。

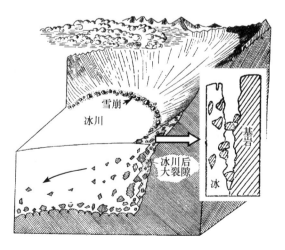

图 13-8　冰川壁的拔蚀作用

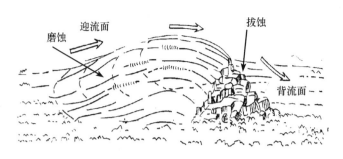

图 13-9　冰床基岩突出处、背流面刨蚀作用

　　冰川底部岩石的突出部分常常会被刨蚀成长圆形突起，长轴与冰川运动方向一致。冰川消融后，暴露在地面的这类岩石常成群分布，远望如匍匐的羊群，故称为羊背石（图 13-10）。羊背石的纵剖面呈不对称状，迎冰面较缓而光滑，上面常常布满冰川擦痕；背冰面则较陡，并可能有部分冰碛物保留。一系列的羊背石组合起来就构成了突起和凹地相间的波纹式地貌，这些都是冰川作用的良好证据，也可以用来指示冰川运动的方向。

图 13-10　羊背石及冰擦痕

（二）冰川的剥蚀地貌

1. 山岳冰川的剥蚀地貌

　　山岳冰川在刨蚀作用中常形成一些特殊的地貌，如围谷、冰蚀谷、冰斗、刃脊、角峰、悬谷等。

　　围谷：冰川刨蚀所形成的洼地。

　　冰蚀谷（U 形谷）：由冰川刨蚀作用而形成的谷地。谷底宽阔、平直、谷壁陡峭，横剖面形状如字母 U，故称 U 形谷。冰蚀谷一般是由早期的河谷（或沟谷），在冰川刨蚀作用下，其山嘴被削掉，使原来的河谷变直并加深、加宽、谷壁变陡，谷底变平，横剖面由原来的"V"形转变为"U"形。

　　冰斗：是山岳冰川重要冰蚀地貌之一，形成于雪线附近，在平缓的山地或低洼处积雪最多，由于积雪的反复冻融，造成岩石的崩解，在重力和融雪水的共同作用下，将岩石剥蚀成半碗状或马蹄形的洼地。冰斗的三面是陡峭岩壁（图13-11和图13-12）。

图13-11　冰斗

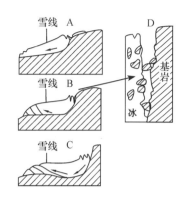

图13-12　冰斗形成过程

刃（鳍）脊：冰斗在冰川的刨蚀作用下不断地扩大，冰斗壁向山峰退却，相邻冰斗间的山脊逐渐被削薄而形成刀刃状（鱼背鳍状），称为刃（鳍）脊（图13-13）。

角峰：刃脊交会的山峰称为角峰（图13-13）。

悬谷：悬谷的形成是因为冰川侵蚀力的差异。主冰川因冰层厚，下蚀力强，较深；而支冰川因为冰层薄，下蚀力弱，所形成的U形谷较浅。所以在支冰川和主冰川的交汇处，常有高低悬殊的谷底，当支冰川汇入主冰川时呈悬挂下坠的瀑布状沟谷（图13-14），称为悬谷。

图13-13　冰斗、刃脊、角峰

图13-14　悬谷、冰蚀谷

2. 大陆冰川的剥蚀地貌

大陆冰川的冰盖厚度巨大，其刨蚀能力也非常强。地形的起伏和降雪量的分布不均，造成了各处冰层厚度的差异，因此各自刨蚀强度也不一样，加之组成冰床的岩石性质和地质构造的差异，刨蚀能力也不相同，故大陆冰川在不同地带造成的刨蚀作用强度差异形成了凸凹不平的地面。当冰川消融后，低洼地带便聚水成湖。如北欧的芬兰有6万多个湖泊，素有千湖国之称，这些湖泊主要是大陆冰川刨蚀作用形成的（图13-15）。

图 13-15　被大陆冰川刨蚀形成的湖泊

二、冰川的搬运作用

冰川是固态的冰川冰构成的，仅有机械搬运作用，且搬运力、搬运量、搬运速度和搬运方式等与河流、风有着明显的不同。冰川搬运和沉积的岩石碎屑统称为冰碛或冰碛物。

（一）冰碛物来源和分布

冰碛物来源主要有两个，一是冰蚀作用产生的岩石碎块；二是寒冻风化作用使山上岩石破碎掉落在冰川上。这两个来源的岩石碎屑物大小很悬殊，大者体积数十立方米，重量可达数百吨甚至数万吨。小者以冰川底部磨蚀作用产生的粉砂（直径介于 0.005～0.05mm）为主。冰碛物的来源也决定了其物质成分与冰川分布范围附近的基岩成分一致。

依据冰碛物在冰川内分布的位置，把冰碛物分为不同的搬运类型，即分布在冰川两侧的称侧碛；分布在冰川底部的称底碛；分布在冰川内部的称内碛；支冰川汇入主冰川，原来两支冰川的侧碛汇合后即形成中碛（图 13-16）；分布在冰川末端的称终碛。搬运末端的消融过程中，冰川的表碛物（或内碛物）由于阻挡了其下部冰川冰对阳光的吸收，而较晚消融，往往会形成一些冰塔、冰牙和头顶巨石的冰蘑菇（图 13-17）。

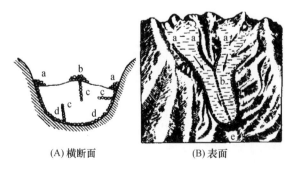

(A) 横断面　　(B) 表面

图 13-16　冰碛物在横断面和表面上的分布示意图
a. 侧碛；b. 中碛；c.内碛；d.底碛；e.终碛

图 13-17　冰蘑菇

（二）冰川搬运力、搬运量和搬运方式

1. 冰川的搬运力和搬运量

冰川承载能力比水和风大得多。冰川的搬运力主要取决于冰川的厚度，冰川厚度越大，规模越大，搬运力也越大。冰川能搬运数万吨大石块，直径大于 1m 的岩石碎块称冰漂砾，在冰碛物中冰漂砾常常可见。

冰川的搬运量大小与冰川搬运力和冰碛物来源多少有关。山岳冰川因冰蚀作用发育，冰碛物来源丰富，搬运量大。冰盖边缘的溢出冰川搬运特点与山岳冰川相近。

2. 冰川的搬运方式

冰川有其独特的搬运方式：载运和推运。

载运：大多数冰碛物被冻结在冰川内部（包括冰川两侧及底部和中部），部分还分布在冰川表面。这些冰碛物随冰川流动被搬运，这种搬运方式称载运。以载运方式被搬运的冰碛物在搬运过程中相互之间没有碰撞，也无摩擦，因此冰碛物载运过程既无分选作用，也无磨圆作用。在冰川边部和底部的冰碛物，由于与冰床的摩擦，而产生磨细作用。

推运：冰川末端 （前端或冰舌）向前推进时，像推土机一样将冰床上的岩屑推向前方的搬运方式称推运。被推运的冰碛物互相碰撞可出现磨细现象和擦痕。

从载运和推运的特点看，冰川搬运方式以载运为主。

三、冰川的沉积作用

冰川沉积作用主要是机械沉积作用。冰川搬运的冰碛物在气候转暖、冰川消融和冰碛物过多、搬运过程受阻滞留等情况下，堆积下来，称为冰川的沉积作用。

（一）冰碛物特点

山岳冰川从高处往雪线以下运动，大陆冰川从高纬度向低纬度运动，由于气温逐渐升高，冰川逐渐消融，冰川底部和两侧所带的碎屑含量相对渐渐增多，冰川将不足以使大量的碎屑冻结在一起，以致部分碎屑物质在中途停积。这些物质的中途停积是暂时的，最终将被冰川带到冰川的末端或边缘堆积起来。冰川的堆积物称冰碛，冰碛物具有如下特征：①纯碎屑堆积，大部分碎屑呈棱角状；②分选极差无层理；③磨圆度差；④冰漂砾表面常有冰擦痕；⑤冰碛物中常保存喜冷的植物孢子花粉及化石。

（二）冰川沉积地貌

不同的沉积原因，在冰川不同部位可形成终碛堤（垄）、侧碛堤（垄）、底碛平原或底碛丘陵和鼓丘等冰川沉积地貌。

1. 终碛堤（垄）

终碛堤（垄）是位于山岳冰川末端前方（图13-18）或冰盖边缘外侧的垄岗状地形，是在气候稳定情况下冰川流动到末端或边缘消融后堆积形成的。山岳冰川的终碛堤一般短而高，随冰舌形态外凸，高度最高可达 100～300m；冰盖的终碛堤一般长而矮，高度一般为 30～50m，且断续分布。终碛堤一般都是内侧缓、外侧陡；随冰川退缩可出现多道终碛堤。终碛堤内侧因其阻挡也可积水形成冰湖。除终碛堤外，其他冰碛地形在冰川部分或全部消融后才显现或形成。

图 13-18　天山三号冰川的终碛

2. 侧碛堤（垄）

气候转暖，山谷冰川两侧侧碛在冰川消融后堆积形成的垄岗状地形。侧碛沿冰蚀谷两侧分布。

3. 底碛平原和底碛丘陵

大的山岳冰川或冰盖大部分或全部消融，冻结在冰川内部和底部的冰碛物堆积在冰床上形成较平坦的冰碛地形，称底碛平原，若冰碛物分布不均匀，如有较多中碛，则堆积形成底碛丘陵。

4. 鼓丘

冰川消融后在底碛平原上堆积的小丘状冰碛地形叫鼓丘。鼓丘一般平面呈长椭圆形，长轴方向与冰川流动方向一致；鼓丘内部一般以羊背石为核心，高数米至数百米；长几百米至千米以上。鼓丘一般发育在大陆冰川中，因冰川的冰碛物过多，遇羊背石受阻而滞留堆积，偶尔也见于较大的山岳冰川中。

第三节　冰水的地质作用

冰水的地质作用是冰融水对冰碛物的搬运和沉积过程。经过冰水的搬运冰碛物发生一定的变化，并且形成了新的冰水沉积地形。

一、冰水的来源与分布

冰川表面在太阳辐射下融化可出现蜂窝状、大小不一的凹坑。夏季冰消融强烈时，凹坑相连，冰融水汇成冰面河。冰川运动过程中冰床两侧及底部因摩擦使冰融成水，如果冰川流经地区地温高，冰川更易融化。冰川所有部位的水都能汇集到冰川两侧和底部形成冰下河。冰下河流动过程中往往在冰川底部开凿出冰隧道和冰洞。冰下河流出终碛堤形成冰水河。冰川消融的水在终碛堤内外的洼地中汇集可形成冰水湖（图 13-19）。冰水沉积作用发生在冰水河及冰水湖中。

图 13-19　终碛堤内的冰水湖

二、冰水沉积物与沉积地貌

（一）冰水沉积物

1. 冰水河沉积物的特征

冰水河流动过程中搬运冰碛物，随搬运距离的远近，冰碛物发生一定的分选和磨圆作用，因此冰水沉积物的分选性和磨圆度比冰碛物好一些，比冲积物差。冰水沉积物有一定的成层性。砾石表面还可保留擦痕。

2. 冰水湖沉积物的特征

冰水湖沉积受气候及季节交替的影响，夏季冰融化的冰水多，带入湖中的粗碎屑物（砾石和粗砂）在湖滨沉积，细砂和粉砂可搬至湖心沉积。冬季冰融水少，带入湖中的碎屑物少，悬浮在湖中的泥质发生沉积。湖底沉积物粗细相间形成层理。砂质一般色浅，泥质一般色深，故层理的颜色深浅交替、纹理明显，又称纹泥。根据纹泥及其层理的数量和厚度，可推算冰水湖沉积时代和沉积速度，也可大致了解冰川活动的情况。

（二）冰水的沉积地貌

主要是冰水河形成的蛇丘和冰水扇、冰水沉积平原。

1. 蛇（形）丘

蛇（形）丘指冰川消融后隆起在冰床上，似蛇状蜿蜒延伸的堤状地形。横剖面似铁路路基，顶较平，两侧斜坡陡，高几十米，长数公里至数十公里。这是冰下河携带的冰碛物与冰川消融时冰川内部冰碛物共同堆积形成的，组成蛇丘的沉积物以粗砂和砾石为主。蛇丘总的延伸方向与冰川运动方向一致。

2. 冰水扇及冰水沉积平原

流出终碛堤的冰水河，因地形豁然开阔，冰水河水流分散、动能减小，挟带的碎屑物在终碛堤外沉积形成扇状地形——冰水扇。冰水扇扩大或多个冰水扇相连则形成冰水沉积平原。

第四节　地质历史时期的冰期

冰川的沉积物与沉积地形一定程度上也可用来指示冰川（特别是古冰川）的活动特点。冰碛物、冰碛地形和刨蚀地形都是冰川活动的证据。地质学家在研究地壳演化历史过程中，用将今论古的思维方法，推测地质历史时期全球曾发生的冰期，比较确定的有四次大冰期，即冰川面积扩大时期。大约在 6.8 亿～5.7 亿年前的震旦纪早期，地球经历了第一次冰期，冰川大规模覆盖了大洋洲、欧洲、美洲和亚洲部分地区。4.6 亿～4.1 亿年前的晚奥陶世—志留纪，地球遭遇第二次冰期，此次冰川覆盖了非洲、南美洲、欧洲、北美洲北部地区。地球经历的第三次冰期是在 3.2 亿～2.3 亿年前的石炭纪—二叠纪冰期，此次冰期冰川覆盖面积扩大至整个南半球。第四次冰期是著名的第四纪冰期，第四纪冰期从 250 万年前开始并一直持续至今，我们现在就生活在第四纪冰期里。在第四纪冰期之初，冰川覆盖了整个北半球（图 13-20）。

目前，地球正处于第四纪大冰期的后期。最近一次冰川广布的情况是在 1 万多年前结束的。此后，气候总的来说在逐渐变暖，冰川逐渐消融，规模变小，现在冰川的面积只占陆地面积的 10%。冰期地球表面的平均气温比现在低 7～8℃。两次冰期之间为间冰期，气候转暖，冰川范围缩小。一次大冰期过程还可包含若干小冰期及间冰期。例如，青藏高原最近的一次冰期称为白玉冰期，白玉冰期出现在至今 7 万～1 万年，1 万年前地球又进入了间冰期，科学家估计，现代的间冰期还将持续 1 万年，然后又进入新的冰期。

冰期过去后，由冰川刨蚀和堆积留下的遗迹是研究古冰川分布和作用的直接证据。一般说来，冰蚀和冰碛地貌保存较完好的是最近一次冰期冰川作用的产物。地质历史时期中绝大多数冰川地貌被后期的风化、河流及其他动力地质作用所破坏，仅能根据冰碛物特征加以研究。

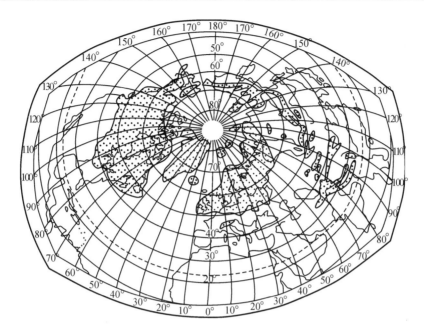

图 13-20 第四纪冰川分布

值得注意的是，依据冰碛物性质来研究古冰川作用时，很难将其与洪积物和泥石流堆积物加以准确的识别。冰碛物无分选、磨圆差、具擦痕等特征均可在洪积物和泥石流堆积物中表现出来。所以在研究冰碛物的同时，一定要结合古生物化石、植物孢子花粉及同位素的综合研究，才能得出正确的结论。

第五节 冰期发生的假说

在地球历史中，不止一次发生过巨大冰川作用，这是不可置疑的事实，但关于它们形成的原因仍是尚未解决的问题，科学家提出了许多冰期成因的假说，这些假说大致可以分为强调地球外部因素和强调地球内部因素两类。

一、强调外部因素的代表性假说

假说 1：由太阳系在宇宙间所处的位置变化引起。当太阳系随同银河系的自转通过宇宙间寒冷区域时，或转到宇宙尘微粒子稠密区域时，部分太阳辐射被宇宙尘埃吸收，地球得到的太阳辐射减少，温度降低，地球出现冰期。

假说 2：地球公转轨道的偏心率每 9.08 万年就会发生一次变化，造成地日距离加大；或地球受木星的吸引，地球公转轨道变圆（大约每 10 万年一次），地日距离变远，地球温度降低，形成冰期。

二、强调地球内部因素的假说

假说 1：寒冷的北冰洋的海水通过海峡与温暖的太平洋、大西洋交流时，潮湿的气候使北冰洋上空大雪弥漫，将大部分太阳辐射反射掉，致使气候变寒，冰期出现。

假说 2：强烈的地壳运动，使火山活动频繁，火山喷发出大量碎屑，遮天蔽日，减弱了太阳辐射。强烈的地壳运动还会造成大陆上升，大量新岩石暴露于空气中，岩石风化使大气中保护地球热量不致散发的二氧化碳含量降低，造成气温下降、冰川活动，产生冰期。

假说 3：地球南北磁极互相倒转的过渡时期，地磁场相当微弱，大气层中弥漫着带电粒子和宇宙尘埃，阳光被遮挡，气温下降，雨和雪断断续续，一下就是数百年，冰期到来。

到底哪种假说更切合实际？是否还有什么其他原因？下一次大冰期何时将至？这些都有待人们继续探讨。

第十四章
海洋地质作用

现代海洋总面积为 3.61 亿 km²，占地球表面积的 70.8%，约等于大陆面积的 2.4 倍，海洋在北半球占 60.7%，在南半球占 80.9%。海水体积为 13.7 亿 km³，占地球体积的 1/800，占水圈的 97.5%。海洋是海和洋的统称。洋是指地球表面连续的广阔水体，又称大洋，它具有深度大、面积广、不受大陆影响等特征，并有稳定的物理和化学性质、独立的潮汐系统和强大的洋流系统。海是指位于大洋边缘，被大陆、半岛、岛屿或岛弧所分割的具有一定形态特征的水域，深度和面积比大洋小，它既受大洋主体部分的影响，又强烈地受大陆的影响，故其物、化性质不如大洋稳定。大洋是一个巨大的宝库，它拥有人类所必需的大量食物和丰富的矿产资源。海水具有强大的动力，不断雕塑着不同的海岸。陆地上岩石经风化作用和剥蚀作用形成的产物，又随着陆地上各种水体源源不断地搬运到海洋中沉积。这些沉积物中保存着人类用来认识地球演变历史的丰富资料。通过海水动力破坏海底和滨岸带，同时又将其破坏的产物携带到一定的地方沉积下来，这个过程称为海洋地质作用。

第一节　海洋环境特征

一、海水的化学性质

海水是一种成分复杂的溶液，它的化学性质和物理性质与大陆水体有明显差异，它不仅影响海洋生物群的生态和演化特征，也对海水的运动、海洋的地质作用有重要影响。

1. 海水的化学成分

海水是一个含有多种物质的复杂系统。这些物质大致可分为两大类：一类是溶解物质，海水中约含有 3.6% 的溶解物，这些溶解物以无机盐（氯化物、硫酸盐、碳酸盐）为主，并含少量有机物和溶解气体；另一类是固体悬浮物质，包括泥沙、有机固体物质及胶体颗粒等。

现有资料表明，海水中的化学元素有 80 多种，它们主要以胶体和离子的形式存在于海水中，其中除组成水的氢和氧外，Cl^-、SO_4^{2-}、HCO_3^-、Br^-、$H_2BO_3^-$、F^-、Na^+、Mg^{2+}、Ca^{2+}、K^+、Sr^{2+} 等 11 种成分的总量占大洋中总化学物质含量的 99.9% 以上。这些主要成分在海水中性质稳定，由于海水的强烈混合作用，其含量之间有恒定的比例关系（表 14-1）。其余 60 多种元素含量很少，称微量元素。

表 14-1   海水中 11 种主要成分的平均浓度

成分	Cl^-	SO_4^{2-}	HCO_3^-	Br^-	$H_2BO_3^-$	F^-	Na^+	Mg^{2+}	Ca^{2+}	K^+	Sr^{2+}
质量分数/%	1.898	0.265	0.014	0.007	0.0026	0.0001	1.056	0.1272	0.04	0.038	0.0013
离子总量/%	阴离子总量 2.1867						阳离子总量 1.2625				
	合计 3.4492										

海水中各种元素的相对含量在海洋的不同区域，尤其是近岸地区是有差异的，其变化受气候条件（如蒸发量与降水量等）、海水运动（如海流、潮汐）、地表径流的补给物和地形特点等因素的制约。这些因素对海水的化学成分类型及浓度有着重要的影响。此外，还要影响海洋中物质的分解破坏和化合物的沉淀等。

2. 海水中的气体

海水中溶解的气体主要有：氧气、二氧化碳和硫化氢。海水中氧的存在为生物提供了必不可少的生存条件。氧气主要来自大气和海生植物的光合作用。在海洋表层，特别是在海生植物繁盛的地区，因光合作用较强，氧气的含量丰富。海水中氧的溶解度随温度和盐度的升高而降低。在海水表层，生物的光合作用使海水中含氧量达到最高。在 $100 \sim 200m$ 深度范围内，生物消耗氧及有机物的大量被氧化使海水的含氧量降低。在一些特殊的水域，由于缺乏海水上下对流，海底形成无氧地带。氧气在很大程度上控制了海水的氧化还原环境。氧化还原的强度用 Eh（单位为 V 或 mV 表示，称氧化还原电位）表示。Eh 大于零代表氧化环境，小于零则代表还原环境。在不同的氧化还原条件下，可形成不同的矿物。

海水中的二氧化碳主要来自大气、海洋生物的呼吸作用及生物残体的分解。在微碱性环境中，海水中的二氧化碳可与钙离子结合生成碳酸钙而沉积。

硫化氢主要来自生物遗体的分解和火山气体。含硫化氢多的海区，为还原环境，常会形成黑色淤泥。硫化氢通常聚集在海水流动不畅的海域（如半封闭的潟湖、海湾等）。这种海域的海水很少发生对流，并由于有机质的腐化分解，海底处于缺氧环境，而且因喜硫细菌的作用产生硫化氢。生物在这种环境中无法生存。

3. 海水的盐度

盐度是指每千克海水中溶解物质的质量，用千分率（‰）表示。世界大洋的平均盐度约为35‰。

海水中的盐类以氯化物为主，约占 88.64%，其中以 NaCl、$MgCl_2$ 最多，其次是硫酸盐，有 $MgSO_4$、$CaSO_4$、K_2SO_4 等，约占 10.81%，再其次为碳酸盐（$CaCO_3$），其相对含量见表 14-2。

表 14-2   海水中主要盐分的含量

盐类	NaCl	$MgCl_2$	$MgSO_4$	$CaSO_4$	K_2SO_4	$CaCO_3$	其他	总计
海水中主要盐分质量分数/（g/kg）	27.2	3.8	1.7	1.2	0.9	0.1	0.1	35
盐类百分比/%	77.7	10.9	4.7	3.6	2.5	0.3	0.3	100

不同地区海水的盐度受许多因素影响。就大洋表层而言，其盐度值主要与降水量和蒸发量有关。降水量大于蒸发量的海区，盐度低，反之盐度升高。全球大洋表面的盐度在副热带海区最高（大西洋为37‰；南、北太平洋分别为36‰和35‰以上；印度洋为35.5‰），盐度由低纬度向高纬度逐渐降低，极地海区的盐度在34‰以下。从海水深度上来看，表层海水盐度因受日温差、季节温差的影响而变化较大；200m深度以下，盐度渐趋稳定；到1000m以下的深层海水，盐度不受干扰而基本稳定。通常在200～300m深的界面层，盐度大致为一常数，其上、下层的盐度差异较大，这一界面层称为盐跃层。

在紧邻大陆的海区，由于受到径流补给的影响，盐度差异十分明显，如红海北部盐度达42.8‰；地中海西部盐度为36.5‰，东部为39‰；在印度洋海岸，因有恒河等河流汇入，盐度减低到32‰；北冰洋的亚洲北部沿岸，因有西伯利亚许多大河的注入，盐度下降到20‰；波罗的海北部的波的尼亚湾，盐度最低时仅有3‰。

4. 海水的 pH

氢在海水中的含量为10.8万g/t。海水中的氢离子浓度在10^{-7}～10^{-8}M[①]。许多矿物和化合物都含有氢元素。因此，海水中溶解的矿物质和生物的生命活动都与氢离子浓度有密切关系。量度水介质中氢离子浓度的单位称为pH。海水的pH通常在7.6～8.4，为弱碱性。表层海水pH变化十分显著，主要与二氧化碳的含量有关。表层生物繁盛，通过呼吸作用放出二氧化碳，导致pH减小，局部地方可达到7以下。

二、海水的物理性质

1. 海水的颜色和透明度

海水对各种光的吸收是有选择性的。对波长较长的红色和黄色光波吸收能力强，散射能力弱；对波长较短的蓝色和紫色光吸收能力弱，散射能力强。因而蓝色光可以透过表层，射入海水较深处。透入水中的蓝色光，一部分被反射到海面，因而海水呈现蓝色。海水对阳光的吸收和散射，还受悬浮物质和盐度大小的影响。在潮湿区近海岸的水域，因盐度较小，泥沙较多，海水常呈蓝绿色、绿色甚至黄色。

海水的透明度是指海水透过光的能力。纯净海水的透明度可达100m以上，一般大洋海水的透明度为30～40m，而近岸处的浑浊海水的透明度只有几米。

2. 海水的温度

海水的温度是海洋热能的一种表现形式，是海水的重要物理性质之一。海洋热能不仅驱动大部分的大洋环流，而且还制约着海洋生物系统运转的速率。

海水的热能主要来自太阳辐射。因此，海水温度与太阳辐射有密切联系。到达海平面的太阳辐射包括两部分：一部分是直接辐射到海面的直达辐射；另一部分是受大气介质散射后到达海面的散射辐射。太阳辐射的分布很不均匀，造成海水表面的水温相差很大（表14-3）。

---

① 1M=1mol/dm^3

在高纬度地区可以为-2～-1.8℃；在赤道附近的热带可以达到28℃或更高；中纬度地区海水温度随季节的变化明显。

表14-3 全球各纬度带洋面年平均温度 （单位：℃）

纬度	0°	10°	20°	30°	40°	50°	60°	70°	80°	90°
北半球温度	27.1	27.2	25.4	21.3	14.1	7.9	4.8	0.7	-1.7	-1.7
南半球温度	27.1	25.8	24.0	19.5	13.3	6.4	0.0	-1.3	-1.7	

近年来，全世界越来越关注一个名词：厄尔尼诺（El Nino）。厄尔尼诺究竟是什么呢？用一句话来说：厄尔尼诺是热带大气和海洋相互作用的产物，它是指赤道海面的一种异常增温，现在其定义为在全球范围内，海洋和大气相互作用下造成的气候异常。在一般情况下，热带太平洋西部的表层水较暖，而东部的水温很低。这种东西太平洋海面之间的水温梯度变化和向东的信风一起，构成了海洋-大气系统的动态平衡。大约每隔几年，这种准平衡状态就要被打破一次，西太平洋的暖热气流伴随雷暴东移，使得整个太平洋水域的水温变暖，气候出现异常，其时间可持续一年，有时更长，这就是厄尔尼诺现象。厄尔尼诺在西班牙语中的意思是"圣婴"。由于该现象首先发生在南美洲的厄瓜多尔和秘鲁沿太平洋海岸附近，多发生在圣诞节前后，因此得名。厄尔尼诺现象往往不规则重复出现，一般3～7年出现一次。1982～1983年发生的厄尔尼诺灾害，在当时被认为是最严重的自然灾害，它造成居民住房被淹没、森林受到毁坏、农作物和渔业受到摧残、水资源污染及病菌传播，全世界经济损失达130亿美元，并有数千人死亡。有关厄尔尼诺现象发生的原因至今尚未十分清楚。有些科学家认为，厄尔尼诺现象发生频率的加快与全球温室效应有关。

3. 海水的密度

单位体积中的海水质量称海水的密度，用 ρ 表示，单位为 g/mL。海水的密度大小取决于海水的压力、温度和盐度的变化。海水深度越大，压力也越大，海水的密度也变大。表层海水密度为1.028g/mL，但在500m深处则变为1.051g/mL。海水密度随海水的温度增加而减小；随盐度的增加而增大。

在赤道海区，大洋表面水温高、盐度低、密度较小。由此向两极地区，水温逐渐下降，密度逐渐增高。在副热带海区，虽然盐度很高，但海水温度也很高，所以海水密度并不大。最大密度的海水出现在寒冷的极地海区，如格陵兰海表面海水密度为1.028 g/mL；威德尔海表面海水密度为1.0279 g/mL。

除压力外，温度也是引起海水密度变化的重要因素；大洋水温随深度的增加而降低，海水的密度则随深度的增加而变大。海水的密度在不同纬度和深度的变化，可引起海水的对流作用。因此，海水密度差是驱动大洋环流的重要动力。

三、海洋的生物

海洋中生物（特别是动物）种类繁多，已发现的生物分属69个纲，陆地及淡水中则仅发现54个纲。在海洋中的动物有20多万种，植物有2.5万种，主要是各种藻类。

海洋生物是多种多样的，按其生活方式分为：浮游生物、自游生物（游泳生物）和底栖生物三大类。生物在生命活动过程中，不断地进行光合作用、新陈代谢和呼吸作用。由于氧和阳光主要集中分布在浅海区和深海区的海水表层，所以在水深小于 200m 的海区，生物十分繁盛，特别是植物，只能在这一区域生长。在大于 500m 的深水区，一片漆黑，压力很大，水流动较少，食物缺乏，这样的环境，只有为数不多的深水动物生长。

生物通过光合作用、新陈代谢和呼吸作用可使海水中所含的溶解物质和气体物质发生量的变化，从而造成海水的 pH、Eh 的变化，直接影响到矿物质的分解和富集。在封闭的环境中，生物死亡后，利用氧分解尸体，放出硫化氢气体，可形成局部的缺氧环境，使高价的铁还原成低价的铁。某些生物对海水中微量元素富集具有惊人的能力，如硅藻在生存过程中富集硅，体内硅的含量是海水中的一万倍；石松吸收铝，体内铝的含量高达 1‰，而海水中铝的含量仅为 $1.0×10^{-7}$。

四、海水的运动形式

海水的运动是海洋地质作用的最重要的动力。引起海水运动的因素很多，风、海水的温度差、海水的密度差、日月引力、地球自转、海底地震，海底火山爆发等都可以引起海水运动。按照海水运动形式将海水的运动分为：海（波）浪、潮汐、洋流和浊流。

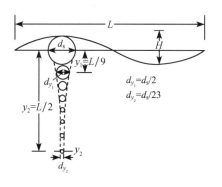

图 14-1　波浪要素及水质点运行轨道变化

L 为波长；H 为波高；d_s 为表层水质点运行轨道直径；y_1 为静水面深度；y_2 为波浪作用的下限；d_y 为在 y 深度的质点运行轨道直径

1. 海（波）浪

海水有规律的波状运动称海（波）浪。波浪运动时，水质点以其平衡位置为中心做圆周运动，在水表面则表现为上、下波动。波浪的要素包括波峰、波谷、波长（L）和波高（H）（图 14-1）。大多数的海浪是由风力吹拂海面，迫使海水呈波状运动，称为风浪。风浪的大小取决于风力作用的程度和持续时间。在南半球信风带的洋区，由于风的吹程几乎没有受到限制，并经常吹着强劲的西北风，可见到波长达 400m，波高 13 m，周期达 17～18s，传播速度达 22m/s 的风浪。但在封闭的海盆中，风浪规模就小得多，如地中海最大的风浪波高仅约 6m。由引潮力形成的海浪，称为潮波。潮波是典型的长波。大地震和火山爆发也能引起巨大的波浪，称为海啸。海啸虽不是经常性的海水运动，但却有惊人的破坏力。

在水深大于 1/2 波长的海区，波形的传播和水质点的运动，既有区别又有联系。如图 14-2 所示，水质点的运动为有规律的圆周运动。在波峰处水质点的

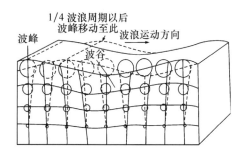

图 14-2　波浪中水质点的运动特征

水平运动速度最大，其运动方向和波形传播的方向一致。波谷处水质点的水平运动速度也最大，其运动方向和波形传播方向相反。这样，在波峰的前方必然要引发水体堆积。同样，在波峰的后方必然要发生水体流失，从而使波形向前传播。然而水质点做一次圆周运动后，又回到原来的位置，本身没有发生明显的水平位移。在垂直方向上，由于水的内摩擦力的影响，水质点的圆周运动半径随深度的增加而减小，达到一定的深度时，水质点即处于静止状态。这个深度大约为波长的一半。

在水深小于 1/2 波长的海区，海底对水质点做圆周运动产生阻力，使得水质点运动轨迹变成椭圆形。随着深度的减小，椭圆的扁率变大，水质点做椭圆运动后不能回到原来的位置，造成水体向前运动（图 14-3）。表层水质点向前的运动量大于底部水质点向前的运动量，这样在较浅海区就会造成海浪拥挤、波长缩短、波高增大、波形畸变，其至波峰倾倒、翻卷，波浪破碎，涌上海滩，拍打海岸，形成拍岸浪。当拍岸浪动力消耗完后，海水在重力作用下，顺着倾斜的海底以底流的形式流回海洋。如果海浪不是垂直海岸线冲向海岸，则一部分海水以底流的形式流回海中，另一部分海水平行海岸流动形成沿岸流。

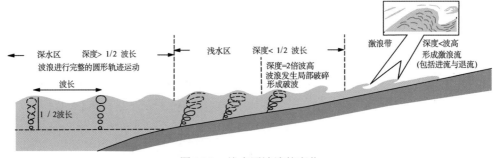

图 14-3 浅水区波浪的变化

2. 潮汐

海水周期性的涨落现象称潮汐。我们的祖先很早便认识了潮汐现象，有了关于潮汐的文字记载。我国古代称月出为"朝"，日落为"夕"，这样就把白天出现的海水涨落现象称为"潮"，晚上的海水涨落现象称为"汐"，合称为"潮汐"。

潮汐现象是海水在月球、太阳等天体的引力和地-月系统旋转的离心力的合力作用下产生的，引起潮汐的力称为引潮力。图 14-4 表明在地球的向月面，月球的引力大于地-月系统的旋转离心力，引潮力就指向月球，使地球向月面的海水向地球对着月球的一点涌去，发生涨潮；在地球的背月面，地-月系统旋转离心力大于月球引力，引潮力背离月球，也发生涨潮。太阳对地球也有引力，也能引起潮汐现象，但日-地系统的重心离地球太远，太阳对地球所产生的引潮力较小，故影响较小，当日、月与地球的位置大致在一条直线上时，日和月对地球的引力叠置，就可以出现大潮。

海水在水平方向随潮汐做周期性的流动，称为潮流。由潮流引起的波浪，称为潮波，潮波属典型的长波，其水质点的运动呈椭圆形轨迹。潮流的流动速度随海水深度的减小而减慢，水深为 1000m 时流速可达 100m/s；水深为 100m 时流速可达 31m/s；水深为 50m 时流速可达 22m/s。潮流涌入海岸，特别是涌入喇叭形的河口湾时，可激起汹涌的潮浪，产生强大的破坏力。我国杭州湾的钱塘江怒潮世界闻名，潮高一般为 6~8m，最高时可达 12m，前进速度达

6～7m/s，怒潮的吼声远在几十公里之外都能听到。

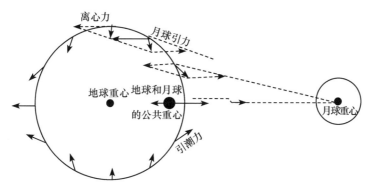

图 14-4　潮汐形成示意图

3. 洋流

海洋中沿一定方向有规律流动的水团称洋（海）流。洋流宛如海洋中的河流，宽数十至数百公里，水层厚度可达数百米，流程上万公里，流速 1～3n mile[①]/h。按其流动特点分为表层洋流和深部洋流。表层洋流主要是由盛行风的摩擦拖曳力使表层海水向前运动引起的，它可以传到较深水区，一般影响深度为 100～200m，表层洋流的流速通常小于 1m/s，而且向深部逐渐变小。表层洋流的分布与全球性的风带有密切的关系（图 14-5）；深部洋流是由海水的盐度差、密度差和温度差引起的，沿洋底流动的称大洋底流，做垂向运动的称上升流或下降流。在两股表层洋流汇合的地带或海水密度大时可产生下降流，主要的下降流出现于南极和北极。在亚热带洋面因蒸发过量，盐度增高也可使海水下沉。

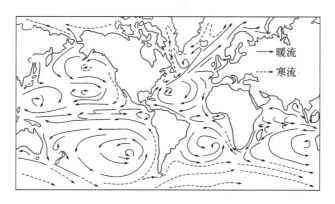

图 14-5　世界表层洋流流向略图

著名的太平洋北赤道洋流，流程长 1.3 万 km 以上，海水由中美洲西岸沿北纬 10°～20°向西流，直到亚洲东部的菲律宾，再由此向北偏转，经我国台湾省、日本一直流向阿拉斯加海湾。

①　n mile 为海里。1n mile=1.852km

根据洋流的温度可将洋流分为暖流和寒流。洋流的温度比流经地区年平均气温高的称暖流，反之称寒流。一般从赤道流向两极的洋流为暖流，从高纬度流向低纬度的洋流为寒流。

4. 浊流

浊流是在清澈的海水中运动的一股被泥沙搅和的高密度流体。在重力作用下沿大陆架向大陆坡流动，有的可达深海沟。浊流常发生在河流入海口有大量沉积物堆积的水下斜坡地区（图 14-6），由于暴风浪、潮流、地震及火山等的触发，沉积物与海水相混合沿斜坡下滑而形成。浊流分布局限，但由于密度高，其剥蚀和搬运能力极强。

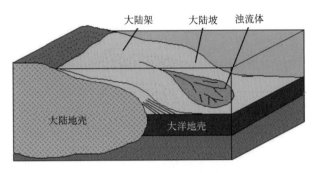

图 14-6　浊流体示意图

五、海洋环境的分带

在海洋环境中，不同的水深有着不同的自然条件，它们在水动力、盐度、温度和生物方面都存在很大的差异，故产生地质作用的方式也不尽相同。根据海水的深度将海洋环境划分为滨海带、浅海带、半深海带及深海带。

1. 滨海带

滨海带是平均低潮线至特大高潮线之间的地带（图 14-7）。滨海带还可细分为前滨和后滨两个亚环境。后滨又称为潮上带，它位于平均高潮线至特大高潮线之间的地带，在特大高潮和遇风暴时可以被海水淹没；前滨又称为潮间带，是平均高、低潮线之间的地带，它随着潮汐的涨落时而被淹没，其宽度主要取决于海岸的坡度，坡度越缓，宽度越大。

滨海既受潮汐的影响，又受波浪作用的影响，因而，海水动荡、海水运动对海岸的破坏能量大。滨海区的海水温度有昼夜变化，含盐度也随水流通畅的程度及气候条件而变化，海洋生物主要是能抵御风浪的底栖动物，它们多钻孔穴居或生长有硬壳，海生植物则有藻类和红树林。

2. 浅海带

浅海带是平均低潮线至 200m 水深的水域（图 14-7）。相当于海底地形的大陆架部分，是大陆以外较平坦的浅水海域。

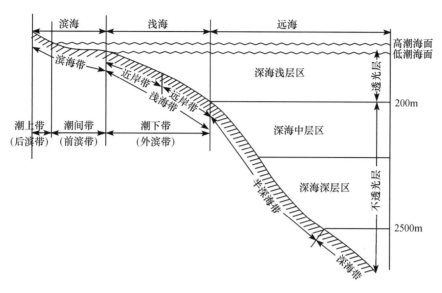

图 14-7 海洋环境分带示意图

浅海因海底地形平缓，海水不深，海水运动以波浪对海底的影响为主，水温受季节的影响，多数浅海海水盐度正常，且变化不大，海水的含氧充足；因离岸不远，海水中悬浮质多，营养物质多，因而浅海海洋生物十分丰富。

3. 半深海带

半深海带是 200～2500m 水深的水域（图 14-7），相当于海底地形的大陆坡地带。其海底地形坡度较陡，平均坡度在 4.3°以上，是从浅海向广大深海的过渡地带。该带海底地形崎岖，常发育深达数百米甚至 1000m 以上的海底峡谷。半深海因水层厚，无光线透入水底，水温较低，海水运动以洋流为主，波浪仅触及其表层，在海底峡谷区，浊流发育。半深海中生物贫乏，仅在其表层有浮游生物和游泳生物活动。

4. 深海带

深海带是大于 2500m 水深的水域（图 14-7），主要为海底地形的大洋盆地。深海带的海水运动以洋流为主。因离大陆较远，海水中悬浮物较少，其粒度也较小。深海已属无光带，这里海洋生物贫乏，其表层以浮游生物和游泳生物为主。

第二节 海水的地质作用

一、海水的剥蚀作用

海水的剥蚀作用简称海蚀作用。它是指由海水运动的动能、海水的溶解作用和海洋生物的活动等因素引起海岸及海底岩石的破坏作用。海蚀作用的方式可分机械的、化学的、生物的三种。它们共同对海岸及海底进行破坏和改造，但以机械剥蚀作用为主。

1. 海浪的机械剥蚀作用

海浪以各种方式对滨海带产生剥蚀作用。当海浪作用于海岸崖部时，将产生强大的冲击力，致使坚硬的岸石遭到破坏。据测定，在苏格兰东海岸的顿迪，海浪瞬间可给防波堤以 37 t/m² 的压力。苏格兰威克码头在暴风浪时不仅把重 1350 t 的混凝土重物及其基座全部破坏，而且还将其推移到港口内侧的地基上。海浪打击的影响不仅限于海平面附近，当波浪碰到陡崖时，水常向垂直方向溅起，海水溅起的飞沫可使岩石形成蜂巢构造的微海蚀地貌。

当海岸为裂缝发育的岩石海崖时，海浪的机械破坏作用十分强烈。在海浪冲击海崖基部

图 14-8　海蚀崖

时，海水强行挤入裂缝，使大量的空气关闭在岩石裂缝中形成高压气体，它对岩石产生强大的挤压力。当波浪退却时，裂缝中的高压气体瞬间减压，岩石崩裂。

在坚硬而节理不发育的海崖，水的冲击破坏效果不强，但水流携带的岩屑起着直接的削磨作用，大大提高了海浪的破坏作用。由于海浪自身冲击力及携带岩屑的削磨作用长期反复进行，常在海崖基部形成海蚀凹槽。随着海蚀作用的不断进行，海蚀凹槽加深、扩大，使上部岩石悬空失去支撑而发生崩落，形成海蚀崖（图 14-8 和图 14-9）。海蚀崖形成后，其基部岩石还继续受海水的剥蚀，又形成新的海蚀凹槽→海蚀崖。如此反复，海蚀崖不断向陆地方向节节后退，在海岸带形成一个向海洋方向微倾斜的平台，称波切台（图 14-9）。而被破坏下来的碎屑物质搬运至水面以下沉积下来形成波筑台（图 14-9）。随着波切台和波筑台的形成、扩大，海底坡度变缓，海水的能量逐渐消耗在与海底的摩擦上，海浪对海岸的机械剥蚀作用就逐渐减弱直至停止。此时海蚀崖不再后退，波切台和波筑台不再扩大。

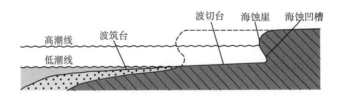

图 14-9　海蚀崖、海蚀凹槽、波切台、波筑台

2. 潮流的剥蚀作用

潮流的剥蚀作用主要出现在大陆架上一些地形狭窄并有强潮流通过的地方。潮流除了可以帮助波浪对滨海带产生剥蚀作用以外，在特大潮时，也直接对高潮线附近地带产生剥蚀，并把剥蚀下来的物质带入海中。在粉沙-泥质海岸的潮间浅滩上，潮流是主要营力，往复流动的潮流可在潮间浅滩上侵蚀形成细长的潮水沟，其延伸大致与海岸相垂直，潮水沟向陆的一端往往呈树枝状分叉。在滨海带濒临海的一侧，特大潮可以搅起 100m 深海底的泥沙，剥蚀出许多深浅不同的沟槽。在荷兰南部曾发现这种深 50m、60m 的深沟。在我国杭州湾，涨潮

时，水位迅速升高，流速加快，潮水猛烈冲蚀喇叭形河口两岸。在这种情况下，潮流的剥蚀作用十分强烈。

3. 洋流的剥蚀作用

表层洋流几乎不产生剥蚀作用。洋流的剥蚀作用主要分布在大洋底流分布区，海洋深处的底部洋流，一般流速很小，但局部地方流速可以增大。在印度尼西亚海盆1000～2000m的海槛上，曾经测得洋流的流速为0.5m/s。在某些海峡和海湾区，洋流流速可以更高。美洲西岸的塞姆尔海峡洋流流速高达6～7 m/s。在洋流流速较高的海区，可产生机械剥蚀作用，在海底塑造谷状地形。从大西洋的深层洋流（底流）和深海海谷的分布图（图14-10）可以看出，两者的分布大致吻合。这些深海海谷是大洋底流造成的剥蚀地形。

图14-10　大西洋深层洋流及深海谷分布图

4. 浊流的剥蚀作用

浊流的剥蚀作用主要发生在海底的大陆斜坡上，在斜坡上运动可获得较大的流速，具有巨大的能量。实验证明，在3°的斜坡上能获得3m/s的流速，能够搬运30t重的巨大石块。这种饱含岩块碎屑的浊流沿斜坡向下运动，常在大陆坡上刻切出大致与海岸垂直的海底峡谷（图14-11）。

图14-11　浊积扇及海底峡谷

5. 海水的溶蚀作用和生物剥蚀作用

在可溶性岩石地区的海岸，海水对海岸的溶蚀较明显。在碳酸盐岩海岸，被溶解的碳酸钙往往以碳酸氢钙的形式存在于水中。海水的溶解能力与海岸地区的水温和二氧化碳的含量有密切的关系。在夜间，较冷的海水可以增加二氧化碳的含量，海洋植物夜间光合作用逐渐减弱甚至停止，释放出二氧化碳，也使海水中二氧化碳含量增加，从而溶解石灰岩。白天温度升高，生物进行光合作用吸收二氧化碳，水中二氧化碳含量减少，引起碳酸钙的沉积。长时期的作用使碳酸盐岩海岸遭受强烈的化学溶蚀。

在滨海带集居的生物大多是钻孔生物和硬壳生物。在滨海带生存的一部分软体动物，为了抵御波浪，钻入沙泥中，使海滩物质变得疏松。有一种软体动物海笋甚至可用壳刺钻入坚硬的礁石，凿出数十厘米深的孔穴。生物的生存活动可直接造成或加速对滨海带的破坏作用。

二、海水的搬运作用

海水在运动过程中，将携带的物质移至他处的作用称海水的搬运作用。海水搬运作用的类型可分为机械搬运和化学搬运（溶运）两种。机械搬运物质包括推运、跃运和悬运三种形式，它们受水动力条件的支配而不断地转换。海水中的化学搬运受多种因素（盐度、温度、导电性、pH、Eh）支配。

1. 海浪的搬运作用

海浪的搬运作用主要发生在滨海带和浅海带。在这两个带中海浪的动力巨大，具有强大的搬运力。被海浪剥蚀下来的海岸物质和河流带到海洋中的物质在海浪的作用下大部分向海洋深处搬运。按搬运的方向可分为横向搬运和纵向搬运。

在海浪垂直于海岸作用时，搬运物被海浪推向海滩或移向海里称为横向搬运。在浅水区运动的海水，水质点在海底面附近做椭圆状或近似直线状的往返运动。当波峰通过时，水质点向海岸具有最大流速，此时海水携带着碎屑物质向海岸运动。当波谷通过时，最大流速向着海洋，加上海水回流作用和碎屑颗粒自身的重力，被搬运的碎屑向海洋深处移动，碎屑在被搬运的过程中，由于受海水的往复作用，不断对海底和海岸产生磨蚀，同时碎屑本身也将不断地被磨细和磨圆。

当海浪斜向冲击海岸时，产生的沿岸流会使碎屑物做平行海岸方向的运移，称为纵向搬运（图14-12）。这种搬运作用受沿岸流和底流两种作用因素的影响，使碎屑物质呈"之"字形轨迹大致平行海岸移动。其搬运的速度和总的方向取决于波浪的进浪和底流的强度，以及海底坡度、波浪前进方向与海岸线的交角等因素。

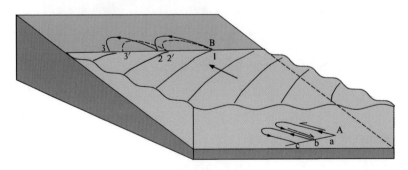

图 14-12　斜向海浪引起纵向搬运示意图

A. 水下搬运，a→b→c 为搬运物实际运动轨迹；B. 海滩上的沿岸搬运，1→2→3 为水质点运动轨迹；1→2'→3'为搬运物实际运动轨迹，箭头方向为海浪运动方向

海浪作用于海底的动能随着海水的深度加大而逐渐减小，所以颗粒大、密度大的碎屑仅能搬运到海岸附近便停积下来，而粒径小、密度小的颗粒被搬运到离岸较远的地方。故海浪在搬运过程中具有良好的分选、磨圆和磨细作用。

2. 潮流的搬运作用

潮流的搬运作用仅在近岸和海湾区较显著。大潮时，海峡中潮流流速可达 6～7m/s，动力几乎与山区河流相当，具有巨大的搬运力。如钱塘江口的一次大潮，竟把防波堤上高出海面 6～7m、重约 1500kg 的"镇海铁牛"移走 20m。潮流将河口的大量泥沙搬运至较深海区，使钱塘江口不能形成三角洲，而形成喇叭状河口。潮流的搬运过程也具有分选和磨圆作用。

对某一个地区来说，潮流是固定的、周期性的水平流动的海水，因而具有很大的搬运力。潮流引起的紊流可使大量的碎屑物处于悬浮状态，由退潮时的急流把它们搬向海中。

3. 洋流的搬运作用

对于海洋来说洋流应视为最重要的运动，但洋流的搬运作用却较波浪、潮流等次要。洋流表层流速平均小于 1m/s，较大的墨西哥湾流也只有 3m/s，深水洋流速度一般情况下只有 20～50cm/s。按照这种流速，仅能搬运悬浮状态细小碎屑。能进入远洋深海区的悬浮物的含量很少，每升海水中只有 0.0003～0.003g。可见，洋流虽然具有远程搬运的特点，但是搬运量是十分微小的。

4. 浊流的搬运作用

浊流具有极强大的搬运力，由于动力大、紊流强烈，在其搬运物中包含着砾石和岩块，可使大量沙级碎屑呈悬移状态，可以搬运很远。但它在时间上和空间上都是局部的，其搬运量也因时因地而异。

三、海水的沉积作用

海洋盆地是地壳表面最为低凹的地区，"条条江河归大海"，陆地的风化剥蚀产物总的趋势是移向海洋，海洋是物质的最终沉积场所。从本质上说，沉积作用是海洋地质作用的主要方式，这就是地质历史上海洋沉积物数量很大的原因。

海洋沉积物主要来源于大陆，其次是火山物质、生物和宇宙物质。海洋中的沉积物除来自海水本身剥蚀海岸和海底的物质及海洋生物遗骸碎屑以外，通过其他地质作用从陆地带到海洋的物质是十分可观的。全世界每年由河流输入海洋的碎屑物质约为 135.05 亿 t，带到海洋的溶解物质约为 50 亿 t。在干旱地区，风每年将约 1 亿 t 的细小碎屑物质带到海洋中沉积。两极地区，冰川每年也向海洋提供 1 亿～10 亿 t 碎屑物质。被带到海洋中的这些物质，由于海水的机械动能减小，化学平衡的变化及生物条件的影响，分别在不同的海洋环境中沉积下来。

1. 滨海带的沉积作用

滨海带具有十分强烈的水动力条件。除在个别特殊的环境下，由化学作用引起化学沉积

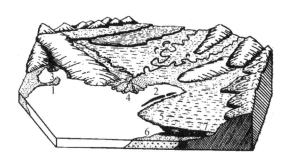

图 14-13 滨海带沉积地貌示意图

1.沙嘴；2.沙坝；3.潟湖；4.三角洲；

5.潮坪；6.波筑台；7.泥炭堆积

以外，滨海带几乎均为机械沉积作用。在此带中生长的动物往往是厚壳动物和钻孔动物，它们死亡后与其他沉积物一起混杂堆积，极少单独存在。在强大的水动力作用下，生物遗体很难完整保存，常以碎片形式残存于沉积物之中。

由于水动力减弱而沉积的滨海带机械沉积物常形成海滩、潟湖、潮坪、沙嘴、沙坝等滨海带沉积地貌（图 14-13）。

1）海滩沉积

海滩是滨海带沉积物组成的平坦地形。据沉积物的颗粒大小分为砾滩和沙滩。主要由砾石组成的海滩称砾滩。砾滩主要形成于坡度比较大的海岸，砾滩上的砾石具有良好的分选性和磨圆度，砾石长轴方向平行于海岸线，扁平面倾向海洋。主要由沙组成的海滩称沙滩，沙滩形成于坡度较缓的海岸。沙粒成分以石英最为常见，沙粒具有良好的分选性和磨圆度，内部具交错层理，层面具有虫迹和渠迹构造。沙滩中常有密度较大的重矿物富集，如磁铁矿、石榴子石、锆石、独居石、黑钨矿、锡石，甚至金刚石等。当富集到一定品位和储量时，则可成为沙矿床。

2）潮坪沉积

在滨海带主要受潮汐作用的宽阔平坦地带称为潮坪（图 14-13）。潮坪上也普遍产生沉积作用。潮坪沉积物的特征往往受气候、沉积物的来源及潮汐强度的强烈影响。在干旱气候条件下，潮坪上可产生碳酸盐的沉积。在潮汐作用强烈的时候，潮水将泥、粉沙带到潮坪沉积下来。退潮时，潮水在宽阔的潮坪上切割出细小的槽沟，槽沟中水动力稍强，可以产生沙粒沉积。在特大高潮才被淹没的潮湿地区，沉积物较长时间暴露于海水面之上，其植物繁茂，往往形成海岸沼泽，产生大量的植物堆积，在一定的地质条件（地壳缓慢下降，生物堆积作用长期进行）下可形成大规模的煤田。

3）沙坝及沙嘴沉积

沙坝是平行海岸但离岸有一定距离的、由沙粒堆成的长条形垅岗（图 14-14）。其顶部可以露出海面或在海面以下，宽度和长度视发育情况而定。

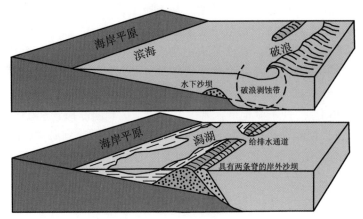

图 14-14　沙坝发育（上）及潟湖的形成（下）

　　当海浪进入浅水区，沙质海底向岸边推进时，在波高与水深呈适当比例（一般为1.3～2倍波高深度）处，或进浪与底流相遇处，波浪的破碎或动能的减弱使挟带的泥沙堆积下来，慢慢形成水下沙埂，沙埂进一步加高加宽发展成为沙坝。

　　沙嘴也是由沙粒堆成的长条形垅岗地貌（图14-13），其一端与海岸相接；另一端伸入海中。它的形成主要是沿岸流的作用。沿岸流推动沙粒沿着海岸以锯齿状轨迹前进。当两股反向沿岸流相遇时，能量抵消使沙粒沉积，久而久之就形成沙嘴。

　　沙坝和沙嘴的加高和伸长，常常连接起来筑成滨海带的障壁，在内侧形成一个与外海半隔绝的区域，称为潟湖（图14-13和图14-14）。

　　4）潟湖沉积

　　滨海带的化学沉积只在较特殊的沉积环境——潟湖中才能有较大量的沉积。由于潟湖水与外海呈半隔绝的环境，当地气候和陆源水系的补给对潟湖环境的影响甚大。根据其影响因素和发育特征，可将潟湖分为淡化潟湖和咸化潟湖。

　　在潮湿气候区，降水量大于蒸发量，往往大陆上河流十分发育，大量的淡水补给使其潟湖中盐度降低，形成淡化潟湖。淡化作用首先从潟湖的上层开始，上层水变成盐度低、密度小的水体，而下部则为盐度较高、密度相对较大的水体，致使上、下水层处于相于稳定的状态，由于大量淡水不断地补给，潟湖水面高出海平面，上层淡水经某些出口流入海洋。在涨潮时少量海水涌入潟湖，因盐度和密度较大，补充的海水进入下层水体。由于潟湖中的水上轻下重，阻碍了上下水层的对流，造成湖底为闭塞的静止状态，氧气缺乏，底栖生物渐趋绝灭，主要为一些单调的漂浮生物生长。这些生物死亡之后沉入湖底，尸体分解消耗湖底仅有的氧气，释放出硫化氢气体，形成还原环境[图14-15（A）]。有机物与河流带来的陆源碎屑一起形成黑色页岩，并有黄铁矿、菱铁矿等在还原条件下形成的矿物富集。

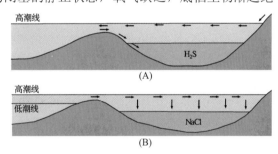

图14-15　潟湖演化示意图
（A）淡化潟湖；（B）咸化潟湖

　　潟湖中水动力微弱，沉积物中发育水平层理和微细韵律层理。沉积物中的生物遗体主要为淡水生物。淡化潟湖逐渐被沉积物淤塞，其上生长喜湿植物，长期作用则可演化为沼泽。

　　在干旱气候区，蒸发量大于降水量，陆上补给潟湖的淡水少，仅靠涨潮时由海水补给咸水。由于蒸发量大，潟湖水面降低、盐度增高而形成咸化潟湖[图14-15（B）]。在咸化潟湖形成的初期阶段，因为表层水大量蒸发，其盐度比下层水高而产生下沉，并聚集在潟湖底部，从而引起湖水上下对流。随着海水不断地补给，水分不断地蒸发，潟湖水盐度不断增高，生物渐趋绝灭。当潟湖水中所含某种盐类物质的含量达到饱和时，便开始产生盐类沉积。咸化潟湖沉积物以盐渍化粉沙及泥质为主，并有碳酸盐、硫酸盐、岩盐、钾盐等盐类沉积。

2. 浅海带的沉积作用

　　浅海是最重要的沉积区。绝大多数沉积岩都属于浅海沉积。浅海带水深小于 200m，海底平坦，海水动力作用由海岸向外海逐渐减弱。在波浪和潮流的搅动下，海水中氧气丰富，盐度较稳定，加之阳光充足，从大陆或上升洋流带来的营养物质丰富，因而浅海带成为生物生存的理想地带，90%以上的海洋生物生活在浅海区，种类繁多，不仅有底栖生物，还有游泳生物和漂浮生物。这些生物在生命过程中，产生一系列的生物化学作用，促进了物质的化学沉积。生物死亡后，一方面可作为生物堆积的物质来源；另一方面由于尸体腐烂和分解，影响了海水的化学性质，而造成化学沉积。

　　浅海沉积物主要来自大陆和海水剥蚀海岸的物质，这些物质绝大部分沉积在浅海带，仅有极细小的悬浮物质和部分化学物质被带到深海区沉积，所以浅海带无论是机械的、化学的还是生物的沉积作用都十分显著。但由于海水动力条件、深度、离岸距离和陆源物质的性质及供给量的差异，各个地区的浅海沉积物的分布和类型也有差异。

　　1）浅海带的机械沉积作用

　　被带到浅海的碎屑物质，由于海水深度增大，动能减小，碎屑颗粒按大小、重轻先后依次沉积下来，这种作用称为机械沉积分异作用。颗粒大的碎屑通常沉积在近岸带，较细的碎屑沉积在远岸带。浅海的机械碎屑沉积物主要以沙、粉沙和泥组成，砾石较少。沉积物显示出良好的分选性，碎屑颗粒磨圆好，具有明显的层理构造。层面上发育波痕，往往在近岸带为不对称波痕，远岸带为对称波痕。沉积物中常含有大量各种类型且保存完好的生物遗体。

　　在拍岸浪与底流相遇的地方，机械动能迅速降低，海水所携带的碎屑物质在此产生沉积，往往形成平行于海岸的水下垄岗状的沙坝。

　　2）浅海带的化学沉积作用

　　浅海带的化学沉积作用极为普遍。引起化学沉积作用的因素主要是化学组分的含量、溶解度及海水中 pH 和 Eh 的变化、海水电解质作用及极细粒带电物质的吸附等。造成上述因素的变化，除了无机的原因外，生物在其中也起了相当大的作用。生物在生命活动和死亡腐烂过程中，进行呼吸和分解，造成各种气体含量的变化，致使化学环境变化，引起化学沉积。化学沉积的主要方式有过饱和析出、电性中和、颗粒吸附和生物化学作用。

　　海水中溶解的物质以氯离子和钠离子最多，这就是海水又苦又咸的原因。这是由于它们的溶解度大，不易产生沉淀。铁、锰、铝的氧化物溶解度比钠、镁的氯化物溶解度小数百倍。这三种氧化物主要以胶体形式存在于海水中，后者则以真溶液形式出现。按溶解度大小沉积时，首先沉积铝、铁、锰的氧化物和氢氧化物，其次沉积硅酸盐及磷酸盐，最后沉积碳酸盐。硫酸盐和氯化物的溶解度很大，在正常的海水中一般不发生沉积。

　　以胶体形式带到浅海的化学物质，与海水电解质相互作用，致使胶粒表面吸附带相反电荷的离子而产生电性中和，失去稳定性而产生凝聚沉淀。在浅海带常有大量的黏土和氧化铁的沉积物，有时可聚集成铁、铝、锰等的大型沉积矿床。

　　磷和硅的分解与沉积受生物作用的影响极大。磷酸和硅酸在海水中的含量随着生物的繁殖而减少。生物死亡后，尸体在海洋深处分解，使磷酸和硅酸含量增加，深层环流把海洋下层富磷质的低温海水沿着大陆斜坡带到浅海带，由于压力减小，温度升高，磷酸钙便沉淀出来。长期沉积可富集成大型磷矿床。硅质的沉积是在适当的环境（水温 $10 \sim 15^{\circ}\mathrm{C}$，$Eh \rightarrow 0$，pH 为 $7 \sim 8$）下产生沉淀，常形成燧石条带和燧石结核，或与铝、铁等胶体混合并吸附钾离子而形成海绿石。

　　浅海中大量沉积的是碳酸盐。引起碳酸盐沉积的原因有胶体凝聚、压力减小或温度增高造成二氧化碳含量降低、碳酸钙达到过饱和及生物化学作用等。当碳酸钙在动荡的海水中以动物碎片、岩屑或气泡为中心吸附沉积呈同心圆状生长时，形成鲕粒状沉积物，成岩后形成鲕粒灰岩。

3）浅海带的生物沉积作用

浅海是生物最繁盛的区域，生物的沉积作用十分明显。当浅海中大量的生物死亡后，尸体的硬质部分可直接堆积在海底，形成生物堆积，这些硬体、骨骼以碎片或整体的形式混杂在碎屑沉积物和化学沉积物中，经成岩后形成生物碎屑岩。在生物碎屑岩中，以珊瑚礁和钙质海藻堆积，经成岩后形成的礁灰岩和藻灰岩最为重要。生物礁灰岩疏松多孔，常是极好的储油层。

珊瑚一般生长在水深小于 50m，氧和阳光充足，水质清洁透明，含盐度在 3.5% 左右，水温在 20℃ 左右的海水环境中。

现代珊瑚礁主要分布在南、北回归线之间的温暖水域。珊瑚礁一般分为三类：①岸礁，分布在海岸边，沿海岸呈带状延长，多数岸礁没于水面之下，形成一道宽阔的浅水地带；②堡（障）礁，离岸较远，与海岸之间隔着一条宽阔的海水区，平行于海岸方向延伸，概略地反映着海岸的轮廓。堡礁都有缺口，使海水保持通畅，维持珊瑚生长所必需的正常盐度；③环礁：平面上呈环形，剖面上呈碗形，有缺口，是大洋中很好的避风湾。普遍认为环礁的成因是海岛（或火山岛）缓慢下沉，岸礁随海水加深而上涨，变为堡礁，然后再演变为环礁（图 14-16）。通过对地质历史时期的珊瑚礁分布特征的研究，可以帮助人们追溯古地理、古气候特征。

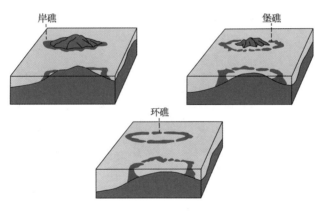

图 14-16　环礁的形成过程

3. 半深海带和深海带的沉积作用

半深海带和深海带为水深大于 200m 的广阔水域，距离大陆较远，受陆地因素的影响小，水压大，海底黑暗，底栖生物极少，主要为一些游泳和漂浮生物，除海水表层外，其他地区机械动力极弱，仅在海峡和海槛等局部地带有浊流和深层洋流的机械作用。陆源物质一般只有粒径小于 0.005mm 的悬浮物在此带沉积。浊流可将浅海堆积的粗粒沉积物带往深海沉积。除此之外，海底火山喷出物、宇宙物质和冰山携带的粗粒物质可在半深海、深海中沉积。因此，半深海和深海带的沉积物多为泥质和生物残骸为主的软泥沉积。

1）软泥沉积

半深海带沉积以泥质为主，常见的沉积物有含硫化铁的蓝泥和灰泥、含氧化铁的红泥及含海绿石的绿泥。深海带则主要为各种生物软泥，如抱球虫软泥、硅藻软泥及放射虫软泥。在强氧化条件下的深海底常形成红色黏土。在红海大约2000m水深的地区发现含多种金属元素的软泥，这些多金属软泥中的物质主要是氧化物、硫化物、硫酸盐、碳酸盐和硅酸盐，其中锌、铜、银三种元素的含量非常高。普遍认为，这些软泥中的多金属是正常的海水在转换断层与大洋中脊的交会处向下淋滤，海水受到加热，其活动性增强，从海底基岩或蒸发岩中获得的。

2）浊流沉积

浊流作用可将浅海和河口沉积物带到大陆坡下或深海盆地中沉积。浊积物主要由黏土、粉沙、沙组成，有时也有砾石，发育粒序层理、平行层理和沙纹层理。沙层底部常形成槽模、包卷层理、重荷模等，常有浅水底栖生物遗骸与深水生物遗骸共存。

3）锰结核

锰结核是深海沉积的一种多金属元素的聚合体，主要由锰、铁和与其伴生的铜、镍、钴等组成。锰结核生长在海底沉积物的表面。根据已有的深海探测资料，在沉积层的内部未找到锰结核。锰结核的分布是呈散点状或像铺路石一样一个接一个地铺在海底沉积物上（图14-17）。锰结核表面呈褐色或黑色，直径1～15cm。绝大多数锰结核都具有一个核心，内部可看到各种色调的呈同心圆状层层重叠的条带状薄层。

图14-17　海底锰结核

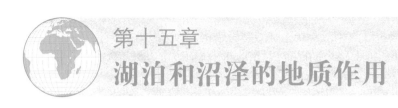

第十五章
湖泊和沼泽的地质作用

    湖泊是陆地上积水的洼地，由湖盆和水体两部分构成。世界各地湖泊总面积约占陆地面积的1.8％。它们的大小、形状和深度相差悬殊，世界最大的湖泊是里海，面积为437000km²。湖水深度也不一致，世界最深的湖泊是俄罗斯的贝加尔湖，水深达1620m。湖泊水面高程相差也很大，最高的大湖是我国西藏的纳木错，湖面高程4718m；高程最低的是死海，水面高程-395m。世界上湖泊最多的国家是北欧的芬兰，共有湖泊55000余个，占该国面积的8％左右，故有湖国之称。我国也是湖泊较多的国家，比较著名的有青海湖、鄱阳湖、洞庭湖、纳木错（图15-1）、色林错、太湖和滇池等。仅湖北省就有大小湖泊千余个，总面积约7000km²，为世界上著名的湖区之一。

图 15-1　西藏纳木错

第一节　湖泊的成因和湖水状况

一、湖盆的成因

    形成湖盆的原因比较多，它可由内动力地质作用形成，也可由外动力地质作用形成。

（一）内动力地质作用形成的湖盆

世界上大湖几乎都由内动力地质作用形成。直接由构造运动引起区域性地壳下沉而造成的湖盆，如太湖、洞庭湖和鄱阳湖等，规模较大，外形不规则，毗邻的地形是平原或低丘，湖中往往有岛屿——地壳沉降前的山峰，湖底沉积物厚。向斜构造可形成湖盆，如阿尔及利亚的向斜湖群。由断层作用导致局部地壳陷落形成湖盆最为普遍，如贝加尔湖、滇池、洱海、泸沽湖（图15-2）和邛海等，这一类湖盆四周或一侧为山岳地形，湖边可看到断层标志，湖水较深，湖盆狭长，如贝加尔湖水深1620m，坦噶尼喀湖水深1470m，它们均呈长条形。火山活动形成湖盆有两种情形，一是火山口就是很好的湖盆，如吉林长白山主峰白云峰的天池（图 15-3），它们呈圆形，水较深；二是熔岩流堵塞河谷构成湖盆，如黑龙江的五大连池（图15-4）和镜泊湖。

（二）外动力地质作用形成的湖盆

外动力地质作用形成的湖盆，一般较小、湖水较浅，湖盆周围可见造成湖盆的外动力所形成的地形和堆积物。几乎每种外动力地质作用均可形成湖盆，河流地质作用形成的湖泊有河流裁弯取直形成的牛轭湖，这一类湖泊在长江中下游很多。冰川刨蚀作用或堆积作用在冰床上形成大大小小的湖盆（图15-5），这一类湖泊在斯堪的纳维亚半岛和加拿大很多。气候

图 15-2　断层陷落湖（泸沽湖）

图 15-3　火山口湖（吉林长白山天池）

图 15-4　黑龙江五大连池

图 15-5　冰川末端冰积湖

干旱地区，风蚀作用或风积作用均可形成湖盆，如甘肃敦煌月牙湖（图 15-6）就是风蚀作用的产物；沙丘间可因暂时性流水带来的泥土薄壳的隔水作用而形成湖泊。海浪和沿岸流的沉积作用，可形成海成湖。岩溶地区常因溶蚀塌陷而成湖盆（图 15-7）。山崩、泥石流、滑坡堵塞河谷也可构成湖盆，等等。

图 15-6　甘肃敦煌月牙湖

图 15-7　岩溶陷落湖

二、湖水状况

（一）湖水来源

　　湖水主要的来源为大气降水、地面流水和地下水，少数湖水来源于冰雪融水和海水。湖水来源受气候条件和地形条件的影响，地形高处的湖水靠大气降水及冰雪融水补给，如火山口湖；洼地湖盆的湖水来源除降水外主要为地下水；有河流入湖的湖水来源以河水为主。干旱气候区湖水和部分溶蚀陷落湖主要来源于地下水；潮湿气候区湖水主要来源于河水和大气降水。

（二）湖水排泄状况

　　湖水通过蒸发、流泄和渗透方式消耗湖水。不同湖泊因所处地形、气候条件不同而有不同的排泄方式。大多数火山口湖的湖水排泄方式为渗透和蒸发。干旱气候区湖泊多数无出口，湖水以蒸发方式消耗湖水。潮湿气候区湖泊多有出口，湖水主要以流泄方式消耗。据此，可将湖泊分为两类，有出口的湖泊称泄水湖；无出口的湖泊称不泄水湖；因湖水来源和消耗情况受气候制约，有时来源量超过消耗量，而有时相反。湖水时有时无，这种湖泊叫间歇湖。

（三）湖水理化性质

　　湖水中的物质有离子、气体和有机质。世界各地湖水化学成分不同，除受组成湖盆的岩石影响外，还受入湖河水和地下水成分及流域自然地理条件的影响。潮湿气候区泄水湖盐度低，溶解盐成分以 $Ca(HCO_3)_2$ 为主，有机质较多；干旱气候区不泄水湖盐度高，溶解盐成分多为 $NaCl$、Na_2SO_4，有机质少。湖水中气体含量与水温、湖面海拔有关，水温和湖面海拔越高，气体含量就越少。

根据湖水的含盐度，湖泊可分为四类：①湖水的盐度小于 0.3‰的湖泊称为淡水湖；②盐度为 0.3‰～24.7‰的称为半（微）咸湖；③盐度大于 24.7‰的称为咸水湖；④盐度达到盐分饱和结晶的称为盐湖。

深水湖不同深度的湖水盐度可不相同，此时湖水出现垂向分层现象，盐度不同的各层互不混合，这叫作盐度分层，如死海盐度分层明显，水深 40m 以上湖水较淡，密度较小，上下无法对流，这是干燥气候区封闭的深水湖因蒸发强烈，注入的海水、河水少而产生的。另外还有温度分层，其原因一是淡水密度以 4℃时最大，二是温带和亚热带深水湖表层水的水温，随气候季节变化在 4℃上下波动。湖水表层吸收太阳辐射能多（表层 1m 水层吸收了 80%的太阳辐射能），越往深处吸收得越少（到达 10m 深处的太阳辐射能仅 1%）。夏季和春末秋初湖表层水温在 4℃以上，水热质轻，上下无法对流；冬季及春初秋末，表层水温降低至 4℃左右，密度较大，深处水温较高，密度较小，湖水上下对流，可出现湖水全同温现象。寒带湖泊，表层水温常年在 4℃以下，一般水温很低；热带湖泊，表层水温常年在 20℃以上，往深处水温降低，因此，寒带和热带湖泊一般情况下不发生上下对流现象，除非有风力作用，因而有明显的温度分层。

一般来说，潮湿气候区的泄水湖是淡水湖，干旱气候区的不泄水湖是咸水湖，甚至是盐湖。同一个湖泊的水化学成分不是永远不变的，要受构造运动、气候、地表流水变迁的影响，例如，同一湖泊因湖盆陷落加深，或因气候变潮湿，或因有新的河流入湖等，均可使湖面扩大、湖水加深、湖水盐度降低，盐湖转变为咸水湖，甚至转变为淡水湖。

三、湖水的动力

湖水与海水一样，处于不断运动之中。大湖的湖水动力也有波浪、潮流、湖流和浊流等机械动力，以及化学动力和生物动力。由于湖泊远比海洋小，所以湖水机械动力也不大。就湖浪和湖流来说，在湖面小、陆上风力小的情况下，湖浪微小，一般湖浪波长只数米，波高数厘米至数十厘米，大湖的湖浪略大些，但远没有海浪大。如美国密歇根湖面积达 5.8 万 km^2，最大湖浪的波高不过 4.5m，波长不过 30m；我国最大淡水湖鄱阳湖，面积为 3583km^2，其最大湖浪的波高为 1.5m，波长为 15m。所以即使是大湖，水深 20m 以下的地方也不再受湖浪的扰动。湖流也不及洋流大，小湖的湖流流速不过每秒几厘米，大湖略大些，如里海面积为 43.7 万 km^2，最大水深达 976m，表面湖流流速为 70cm/s，水深 150m 处的湖流流速为 25cm/s。至于浊流，因入湖河流小及湖泊上没有暴风浪而很少出现。湖面潮汐较小，因此湖泊潮流作用不显著。

蕴藏于湖水中的化学动力和生物动力，是造成湖泊中化学沉积作用和生物堆积作用的原动力。湖水中的化学动力是指溶解于湖水中的各种气体（如 O_2、H_2S 等）和离子（如 HCO_3^-、SO_4^{2-}、Fe^{2+} 等）在湖水中的化学活动能力。例如，由河水或地下水带入湖泊中的 $FeSO_4$ 在表层湖水中是稳定的，到深水区遇 H_2S 后便不稳定，变成 FeS_2 沉淀下来。湖泊的生物动力，包括生活于湖水中的各种动物、植物和微生物，它们的新陈代谢过程影响湖水的介质性质（pH 和 Eh），在生物茂盛的湖泊，湖面是氧化环境，向湖底逐渐转变为弱还原、中还原、强还原的环境。

第二节　湖泊的地质作用

湖水作用为重要的外动力地质作用之一，研究湖泊地质作用，有助于对环境、生态的研究和掌握与它有关的矿产资源的形成与分布规律，从而指导找寻和勘探矿产。

一、湖水冲蚀作用和搬运作用

湖水的各种动力对湖盆的冲蚀作用及产物的搬运作用与海水相同，在湖浪冲蚀之下，湖滨上开始出现湖蚀洞穴、湖蚀凹槽，随着湖浪冲蚀作用的继续，湖蚀崖后退，形成波切台和波筑台。这一过程在大湖滨看得很清楚，如在无锡太湖湖滨鼋头渚可见。

湖水的搬运作用也与海水的一样，只是规模小得多。

二、湖水机械沉积作用

湖泊是水圈中相对宁静的水体，其地质作用以沉积作用为主。

湖水机械沉积物主要来源为入湖河流携带的物质，还包括湖浪冲蚀湖岸岩石的产物。此外，风和冰水也携带部分泥沙及石块进入湖泊中沉积。当湖水从浅水区进入深水区时，由于静水阻滞，动力逐渐减小，发生分选沉积作用，从湖滨向湖心，沉积物粒径由粗变细，由重到轻分布。在不泄水湖或泄水较少的湖泊中，机械沉积物的平面分布呈不规则的同心环带状（图15-8）。

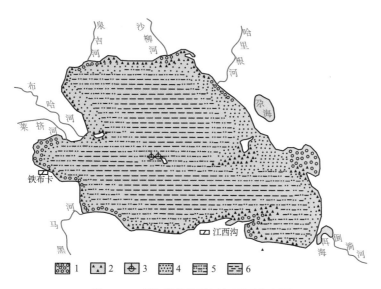

图 15-8　青海湖的机械沉积平面分布图
1.砾石；2.沙砾；3.暗礁；4.沙；5.粉沙与淤泥；6.淤泥

湖岸岩石在湖浪的不断冲蚀下，退流把湖蚀产物搬运至湖内沉积，造成波筑台。波筑台上叠加冲积、洪积物，或者湖面下降，波筑台露出水面，形成湖滩。湖滩较为平坦，表面微向湖心倾斜。组成湖滩的沉积物粒径主要取决于湖盆地形和基岩性质，以及湖水动力大小。湖盆边坡越陡峭、基岩越坚硬完整、湖浪越大，湖滩物质越粗。丘陵、平原地区的湖滩通常是沙滩或泥滩。在湖浪反复淘洗下，湖水机械沉积物有较好的磨圆度和分选性。

湖浪作用也能形成沙坝和沙嘴，只不过规模都很小（一般的小湖没有沙坝和沙嘴沉积）。

由于湖面的季节性涨落或多年变化，湖滩、沙坝和沙嘴间歇性地露出水面，于是在它们的泥质表面上形成泥裂、足迹和雨痕等层面构造。

细小的黏土级物质被湖流搬运至湖心，极缓慢地沉积到湖底，形成湖泥。湖泥为深色的黏土，富含有机质，饱含水分。

浊流出现于入湖河流洪峰到来的季节，河流携带大量的泥沙冲入湖中，具有很大的冲刷力，在前进途中把湖底冲开一道沟槽。浊流行至深水部分后，受静水阻滞，碎屑物沉积成浊积层。

在水深小于 1/2 波长的浅水区，在湖浪往复运动下，沙质沉积物常形成对称波痕；在拍岸浪的进流和底流及沿岸流作用下形成不对称波痕，其形成原理与流水波痕、风成波痕一样。在水深大于 1/2 波长的深水区，湖底平静，沉积物不受湖浪的扰动，泥沙先后沉积，构成水平层理。

入湖河流水量及泥沙量受降水季节变化的影响，导致湖水机械沉积物的厚度和粒度，在沉积剖面上出现韵律性的变化，但是，这种变化没有冲积物变化快。湖水机械沉积物的数量（剖面上反映在单层厚度上），雨季时多（厚）、旱季时少（薄），沉积物粒度从雨季时粗递变为旱季时细。进入另一个季节循环时，它又从少变多，从细变粗。一年四季沉积的湖泥，在颜色深浅、层厚、粒度上出现韵律性的变化，这样的湖泥也称纹泥。总的来看，纹泥各层颗粒不粗，厚度变化于几分之一毫米到几毫米。一般认为纹泥由许多个年层组成，每一个年层包括一层夏季层和一层冬季层，其实不尽如此，因为有许多地区入湖河流在一年内出现几次洪水。已经发现现代一些温带、亚热带地区深水湖（水深＞湖浪波长）中有纹泥的形成，如瑞士苏黎世湖和我国武汉东湖。武汉东湖（位于北温带南缘）湖心纹泥组成为：夏季层为灰色湖泥，冬季层为黑色有机质湖泥。

潮湿气候区湖泊，入湖河流多、水量大，它们携带大量碎屑物入湖，大量泥沙在河口沉积形成三角洲。入湖河口三角洲是河流和湖水两种动力共同作用的结果。在入湖河流挟沙量高的情况下，三角洲的形成和增长十分迅速。随着三角洲的扩大，湖泊淤小、淤浅，直至消亡，出现湖积三角洲平原（图 15-9），地面变成一片沼泽。

我国洞庭湖在泥沙不断淤积下缩小很快，它在 1900 年时，面积约为 5000km²，现在只有 2800 km²。洞庭湖入湖河流很多，仅大河就有湘、资、沅、澧四江和长江四口（松滋口、太平口、藕池口和调弦口）分流。它们每年带入洞庭湖的泥沙量达 1.56 亿 m³。洞庭湖水从城陵矶流入长江，仅带出 0.24 亿 m³ 的泥沙。因此，每年多达 1.32 亿 m³ 的泥沙沉积在湖内，使洞庭湖底每年淤高 2cm。1.56 亿 m³ 泥沙中近 1.43 亿 m³ 是长江四口分流携带入湖的，它可以均匀地淤高湖底 1.85cm。由于湖区地面每年沉降 1～1.3cm，因此延缓了洞庭湖的消亡的进程。

干旱气候区湖泊，入湖河流少，河流水量小，不能经常携带大量碎屑物入湖，湖泊机械沉积量少，三角洲增长缓慢。

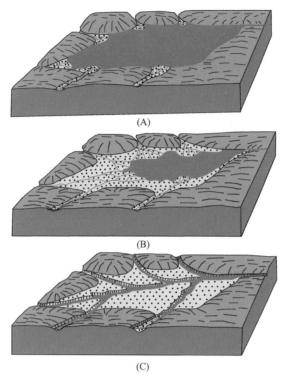

图 15-9　潮湿气候区湖泊发展成湖积三角洲平原过程示意图

（A）～（C）为湖泊发育的 3 个代表性阶段

　　温湿气候区的湖盆中或入湖河流流域内如有富含长石的结晶岩出露，由长石风化产生的高岭土被带入湖内沉积。这种富含高岭土的湖泥可作陶瓷的原料。

　　在湖水地质作用下，湖泊演化的总趋势是变小、变浅乃至消亡，所以在地质历史上，湖泊的生命是比较短暂的。它们的演化方向取决于当地的自然地理条件。潮湿气候区发展成湖积三角洲平原和沼泽。干旱气候区因湖泊多为不泄水湖，在碎屑物沉积和水分强烈蒸发影响下，湖盆缩小，最后可演化为盐沼和盐漠。

三、湖水化学沉积作用

　　湖水化学沉积作用受气候条件的控制极为明显，在不同气候区，湖水化学沉积物差别很大。

（一）潮湿气候区湖水化学沉积作用

　　潮湿气候区降水充沛，湖泊多为泄水湖，化学和生物化学风化作用盛行，矿物分解彻底，不仅 K、Na、Ca、Mg 等组成的易溶盐类可呈离子状态被水带入湖内，Fe、Mn、Al、Si 和 P 等组成的较难溶的化合物也能成为离子溶液和胶体溶液被水搬入湖中。在泄水湖中，前者由于溶解度大很少发生沉淀，后者由于溶解度小并且易受水质变化的影响成为湖水化学沉积的主要成分。

流水和地下水带着 Fe、Mn、Al 等低价盐类溶液或胶体溶液进入湖泊与湖水相混合，发生各种物理化学反应或生物作用，使得这些物质沉淀下来，形成湖相的铁、锰、铝等矿床，其中最常见的是铁矿床。湖相铁矿床可以是低价铁离子溶液[$Fe(HCO_3)_2$、$FeSO_4$]沉淀的产物，也可以是 $Fe(OH)_3$ 胶体溶液沉淀的产物。

气候湿热地区，化学风化和生物化学风化强烈，易形成高价的 $Fe(OH)_3$ 胶体溶液，当其被水带入湖泊内与湖水中电解质相遇时，发生电荷中和，或因湖水的 pH 降低等影响，$Fe(OH)_3$ 沉淀成褐铁矿，称湖铁矿。湖水中的低价铁盐也易氧化成 $Fe(OH)_3$ 沉淀，其化学反应可用下式表示：

$$4\,Fe(HCO_3)_2 + O_2 + 2H_2O \longrightarrow 4\,Fe(OH)_3\downarrow + 8CO_2\uparrow$$

（褐铁矿）

与铁矿共生的常有锰矿，有时夹有碳酸盐和铝土矿。湖铁矿多成团块状、透镜状或层状夹于碎屑沉积物中，分布在湖岸地带、河流入口处或湖底有地下水出露处。

在氧化作用较弱的弱还原湖中，可发生菱铁矿沉积。其化学反应式如下：

$$Fe(HCO_3)_2 \longrightarrow FeCO_3\downarrow + H_2O + CO_2\uparrow$$

（菱铁矿）

除菱铁矿外，还易形成可作磷肥的蓝铁矿[$Fe_3(PO_4)_2 \cdot 8H_2O$]沉积。

生物繁盛的地区，湖底有机质分解放出 CO_2 和 H_2S，使湖底呈强还原环境，水流挟带 $Fe(HCO_3)_2$ 和 $FeSO_4$ 进入湖底，形成黄铁矿或白铁矿(FeS_2)沉淀。其化学反应式如下：

$$Fe(HCO_3)_2 + 2H_2S \longrightarrow FeS_2\downarrow + 3H_2O + CO_2\uparrow + CO\uparrow$$

[黄铁矿(白铁矿)]

$$或\ FeSO_4 + 2H_2S \longrightarrow FeS_2\downarrow + 2H_2O + SO_2\uparrow$$

[黄铁矿(白铁矿)]

（二）干旱气候区湖水化学沉积作用

干旱气候区的湖水很少向外流泻，主要消耗在蒸发上，因此，河水和地下水带来的盐分，年复一年地流入湖中，湖水盐度不断增加，变成咸水湖甚至盐湖。在盐湖中，当湖水含盐度达到饱和后，各种盐类便陆续沉淀出来。由于强烈的蒸发，盐分不断析出并沉淀于湖底，长年累月，湖水变浅，湖底盐层加厚。如气候变干或入湖水流中断，盐湖逐渐干涸并将最后消失。湖水机械沉积作用加速湖水变浅、干涸的过程。湖水化学沉积物种类与湖水化学成分（受流域内基岩成分和气候控制）和盐湖发展阶段有关。

干旱气候区湖水化学沉积作用具分异沉积作用特征。分异沉积作用是指混合溶液发生化学沉淀时，因不同化学成分有不同的溶解度，生成物按溶解度大小依次析出的现象。分异沉积作用的理论顺序如下：氧化铝→氧化铁→氧化锰→氧化硅→磷酸钙→铁硅酸盐→菱铁矿→菱锰矿→方解石→白云石→苏打→石膏→硬石膏→芒硝→岩盐→钾盐→镁盐。这个沉积序列，先是胶体凝聚，后是真溶液依次浓缩发生过饱和沉淀。

需要指出，上述先后顺序不完全受物质溶解度的控制，它还受介质性质（水温、含盐度、pH、Eh）和生物作用等因素的影响，所以，上述沉积顺序不能看成绝对的规律。如因水温影响，同一盐湖冬季和夏季沉淀的盐不一样，如在氯化物盐湖中，夏季沉淀石膏、岩盐和水氯镁石，冬季沉淀岩盐；如在溶有氯化物和硫酸盐的盐湖，夏季沉淀岩盐，冬季析出芒硝。如果盐湖所含成分比较复杂，一般遵循碳酸盐→硫酸盐→氯化物的顺序沉淀（图 15-10）。

在湖水逐渐咸化过程中，首先是溶解度较小的碳酸盐达到饱和后结晶出来。此时湖水盐度小于 0.4‰。以钙的碳酸盐沉淀最早，镁、钠的碳酸盐次之，可形成苏打（$Na_2CO_3 \cdot 10H_2O$）和天然碱（$Na_2CO_3 \cdot NaHCO_2 \cdot 2H_2O$）等碱矿床，因此这种湖称碱湖。我国以内蒙古和黑龙江、吉林的西部分布最多。著名的吉林省乾安县大布苏碱泡子，面积约 $120km^2$，湖水很浅，冬季结冰时，湖面出现天然碳酸钠的结晶，厚度可达 10cm。

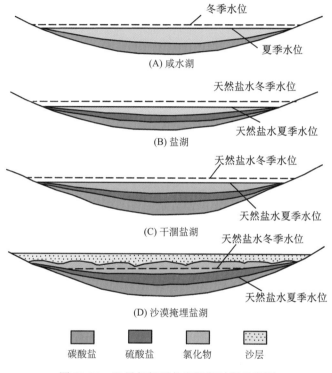

图 15-10 干旱气候区盐湖沉积过程示意图

盐湖中碳酸盐沉淀后，湖水进一步咸化，溶解度较高的硫酸盐达到饱和后，依次沉淀石膏（$CaSO_4 \cdot 2H_2O$）、芒硝（$Na_2SO_4 \cdot 10H_2O$）和无水芒硝（Na_2SO_4）等硫酸盐。这类盐湖又称为苦湖，其中以石膏和芒硝沉积最常见。我国新疆、青海、吉林西部及内蒙古东部有这类盐湖分布。

硫酸盐析出后，湖水进一步浓缩，湖内残余湖水成为能直接开采的、以氯化钠为主要成分的天然卤水。湖水继续蒸发浓缩，当氯化物饱和后析出岩盐（NaCl）、光卤石（$KCl \cdot MgCl_2 \cdot 6H_2O$）和钾盐（KCl）。它们的出现标志着盐湖沉积的最后阶段，也就是一般狭义的盐湖沉积。此时湖水盐度一般大于 50‰，这种盐湖分布很广，我国西北地区最常见，可形成巨大的盐矿床。青海省湖盐蕴藏量达 600 亿 t，较大的盐湖有茶卡盐湖、柯柯盐湖和察尔汗盐湖。察尔汗盐湖储量约为 250 亿 t。

若湖水内含有硼酸盐，且湖水盐度与氯化钠沉淀的浓度相当，硼酸盐可以与氯化物同时沉淀。主要沉淀物为硼砂（$Na_2B_4O_7 \cdot 10H_2O$），此外，还有镁或钙的硼酸盐。硼酸盐由流域内泉水带入湖中。青藏高原有丰富的硼砂湖。

上述盐湖的盐类沉积顺序，反映在盐类平面分布上。如柴达木盆地边缘一些小湖，从湖滨向湖心，盐类分布按碳酸盐、硫酸盐到氯化物的顺序，大致呈同心环状。必须指出，不是每个盐湖的盐类沉积都如此完整。由于自然界很多因素的影响，如构造运动、气候变化、物质来源的变化等，都会使沉积顺序的完整性遭受破坏，造成仅有碳酸盐、硫酸盐、氯化物中的一类或两类沉积物出现。

盐湖除化学沉积外，还有机械沉积，在沉积剖面上形成盐层和泥沙层交互成层的现象，泥沙层厚度可超过盐层。盐层被其他沉积物覆盖后成为保存在地层中的盐矿。近几年在江西、湖南等缺盐地区陆续找到了大型古代湖成盐矿。

四、湖水生物沉积作用

湖水生物沉积作用主要发生在潮湿气候区，因为干旱气候区湖水中生物较少。

潮湿气候区的湖水中生长着极为丰富的生物。当大量浮游生物（主要为藻类和菌类）的尸体和湖泥一起堆积时，在还原环境中，有机质经过细菌（主要为厌氧细菌）分解，生物尸体的脂肪和蛋白质被分解并合成为沥青（含 C 40%～50%，H 6%～7%，O 34%～44%和 N <6%）。沥青分散在湖泥的细小颗粒间，形成各种颜色（有褐色、灰色和橄榄绿色等）的胶状黏泥，称为腐泥。腐泥是沥青和湖泥的混合物，富有弹性。腐泥含碳和氢较高，它被泥沙掩埋后，经成岩作用变成腐泥煤，若腐泥中有机物含量＞33%，叫沥青黏土，它经成岩作用后成为油页岩。我国油页岩含油 5%～20%，是一种宝贵的能源矿产。

迅速掩埋于深处的厚层腐泥，在还原环境下，在较高的温度（100～200℃）和压力（约300atm），还可能有放射性作用参与下，经细菌作用和复杂的物理、化学变化形成石油。它们运移、集中到背斜等储油构造中，形成石油矿藏。

寒温带地区淡水湖中常有硅藻虫繁殖，大量的硅藻虫躯壳可堆积成疏松多孔的硅藻土。

第三节　沼泽及其地质作用

一、沼泽的概念及类型

沼泽是陆地表面过分湿润、嗜湿性植物大量生长，有机质大量堆积的地方（图 15-11），被称为大地之肺。沼泽地区地面排水条件差，潜水面位于地面附近。世界上沼泽面积约为 350万 km^2，占陆地面积的 2.3%。我国沼泽面积有 10 多万 km^2，当年红军经过的松潘草地，全区沼泽面积达 2700 km^2，在以"北大荒"著称的东北三江平原，以及吉林东部、各沿江、沿海平原均有分布。此外，尚有许多零星分布的沼泽。

沼泽成因多种多样，可归纳为两类：一类是湖泊沼泽化，浅水湖沼泽化从湖滨开始，深水湖沼泽化从漂浮植物繁殖开始。图 15-12 表示一个潮湿气候区的浅水湖，从湖泊发展为沼泽的三个有代表性的阶段。图 15-12（A）为湖泊沼泽化的初期，沼泽零星出现在湖滨和各河口三角洲上；（B）为发展中期，沼泽遍布湖滨，形成完整的湖滨沼泽，并向湖心发展；

图 15-11　沼泽

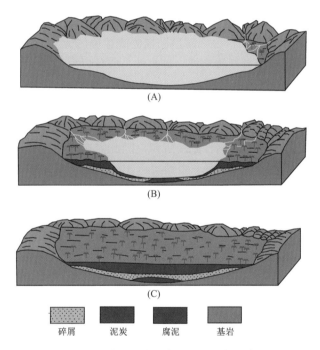

| 碎屑 | 泥炭 | 腐泥 | 基岩 |

图 15-12　潮湿区湖泊发展成沼泽的示意图

（C）为发展晚期，湖泊消失，全为沼泽所代替。另一类是陆地沼泽化，包括河滨或海滨被河水泛滥或海水侵入，或因泉水出露，地表排水不畅，呈过湿状态。一个地方发生沼泽化时，生长的沼生植物起初是嗜矿物养分植物（以莎草为代表），随着有机体堆积加厚，矿物质来源日益困难，植物演替为贫矿物养分植物（以水苔、水藓为代表）。

　　沼泽地区水源充足，地面经常保持过湿状态，有利于嗜湿性植物的繁殖。植物大量生长和死亡，造成有机质的巨厚堆积。若尔盖高原上的江错、错拉等地的湖滨沼泽，是从湖滨沼

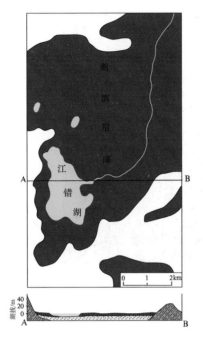

图 15-13　若尔盖高原上的江错湖湖滨沼泽

泽化开始的。从图 15-13 可看出，江错不久将全被沼泽所代替。黄河口至天津一带的渤海海滨沼泽，是黄河三角洲沼泽化而成，面积很宽广。从宜昌到上海的长江沿岸，有些低河漫滩和心滩均因江水经常泛滥，形成一片绿葱葱的沼泽。

二、沼泽的生物堆积作用

沼泽地区生长着大量嗜湿性植物和湖水中的浮游生物、底栖生物，死亡后遗体不断堆积，它们在沼泽水上覆植物遗体和泥沙的掩覆下，处于氧气不足的环境中，进行缓慢的氧化和细菌分解，放出 CO_2 及 CH_4 等气体，有机堆积物的含碳量相对增加。随着水中氧气的损耗和腐殖酸（来自蛋白质分解的氨基酸和纤维素分解的糖类的合成）的增加，细菌无法继续生存，于是微生物的分解作用停止，形成一种质地疏松而呈棕褐色或黑色的泥炭，它含水 85%～91%，固体组分中含碳量达 58%。泥炭层具低渗透性、导热性，成分以腐殖质为主。沼泽发展演化的过程可以是泥炭形成和积聚的过程。我国泥炭分布广阔，主要分布于华北平原、松辽平原、江汉平原和滇西各断陷盆地，它们多为第四纪时形成的，现今已被泥沙掩埋。东北三江平原、滇西鹤庆和川西北松潘草地等地，目前仍在进行泥炭的形成和堆积。

在泥炭形成、堆积的过程中，也有泥沙沉积，因此泥炭内往往夹杂着不少的沙和黏土物质。泥炭堆积速度一般不超过 4～5cm/a，少数可达 10cm/a。泥炭堆积过程中如果伴随着地壳的缓慢下降，可形成巨厚的泥炭层。

堆积在湖沼中的生物遗体在缺氧和富含 H_2S 的还原环境下，经过细菌的分解作用，富含脂肪和蛋白质的有机质遗体分解成微小的富含碳、氢的有机团——干酪根，并与泥炭混合形成腐泥。大量沉积物覆盖而埋藏于地下深处（1500～3000m）的腐泥，在一定温度（60～150℃）和压力（300Pa）条件下，干酪根发生热降解形成石油。如果温度进一步升高，石油可裂解成天然气。石油、天然气形成之后，在地层中的围压和流体压力驱动下，迁移到更大的适当储油构造部位，聚集形成具有工业价值的油气藏。

被其他沉积物掩埋于地下的泥炭层，还可在成岩作用阶段，受上覆物质负荷和地热的影响，压实、脱水和增碳，泥炭变成褐煤，再经过变质作用，褐煤变成烟煤和无烟煤。成岩作用在较小的压力和较低的温度（<70℃）下进行，主导因素为压力，有厌氧细菌参加。变质作用在高压高温下进行，主导因素为温度。从泥炭到无烟煤，含碳量不断增多（褐煤为 60%～70%，烟煤为 70%～90%，无烟煤为 90%～95%），挥发性物质、水分和氢含量减少，体积逐渐缩小，密度增加。

我国是世界上煤藏量极为丰富的国家之一，几乎各省都有，至 1980 年已探明的煤储量达 6000 亿 t。煤的形成与古地理环境、构造运动和植物生长的关系密切。地质历史上主要成煤时期有石炭纪、二叠纪、三叠纪、侏罗纪、古近纪和新近纪。第四纪为泥炭堆积时期。由于地理环境的变化，对某个地区而言，在上述地质历史时期不一定都是成煤的环境。

必须指出，石油、油页岩、泥炭及各种煤，除陆地上湖泊、沼泽可形成外，滨海沉积具有更重要的地位。

湖泊和沼泽的地质作用密切关系到经济建设和日常生活。人们使用的煤、石油等燃料，盐、碱等化工原料，铁、锰等冶金工业原料，砂岩、石膏等建筑材料，部分为湖泊和沼泽地质作用的产物。

气候对湖泊和沼泽的沉积影响很大，不同气候区的沉积物显著不同，可以说，湖水和沼泽的沉积是气候状况的标志。因此，利用它们可推测沉积物形成时期的古地理和古气候。例如，四川盆地的下侏罗统地层中，广泛分布着煤层，而中、上侏罗统中则主要为红色地层并有石膏等盐类出现，据此可推知四川盆地在早侏罗世时气候比较潮湿，而至中侏罗世以后气候逐渐干燥。

大气圈是地球外部圈层最主要的组成部分，大气圈本身经历着各种各样复杂的物理化学过程。研究大气圈有专门的学科，如大气物理学、气象学等。但大气圈除了自身的各种物理化学过程外，还与地球表面发生着各种复杂的地质作用，即风的地质作用。

风是外动力地质作用中的一种比较特殊的动力，其运动的介质为运动的变化无常的大气，是一种气体介质。它的运动往往没有固定的渠道和方向。正因为这一点，其涉及面及发育地带比较宽。风的盛行区主要是地球上的干旱和半干旱气候区。那里植被稀少、地面水源缺乏、岩石裸露，易受强烈的物理风化作用。这些地区多半就是现代沙漠外围地带，包括黄土分布地区，如中国西北的戈壁滩及沙漠、非洲的撒哈拉沙漠等不毛之地，是年降水量大大小于蒸发量的地区，多位于中纬地区 20°～35°地带，是地球上的副热带高压带及相应的信风带，这里风的地质作用剧烈，将会导致强烈的剥蚀、搬运和沉积作用。仅我国的干旱、半干旱地带就占全国面积的 32.8% 左右，如内蒙古、宁夏、新疆、青海、陕西等地。这些地区常年少雨，风沙横行，给当地的工农业生产和民众的生活带来严重的危害。对风的地质作用研究，能为风沙治理和经济建设规划提供理论依据。

第一节 风的剥蚀与搬运作用

一、风的剥蚀作用

风以自身的动力和风中所挟带的沙石对地表破坏的过程，称风的剥蚀作用（风蚀作用）。与流水侵蚀等其他类型的侵蚀相比，风蚀作用具有无边界性，可以发生在大气能接触到的地表面之上的任何地方，从干旱荒漠到湿润的地区都可能发生不同程度的风蚀。

根据地表破坏和物质损失直接动力的差异，风蚀作用可分为吹蚀作用（或吹扬作用）和磨蚀作用两种方式。

吹蚀作用是指风吹过地表面，将地表面的岩石碎屑或尘土吹走的作用，它能使新鲜基岩出露，继续遭受其他的外动力地质作用。在吹蚀过程中地表物质的位移是在风力的直接作用下发生的。吹蚀对地面组成物质颗粒间的凝聚作用是十分敏感的，因而一般在干燥松散的沙质地表吹蚀作用较强；在黏土含量较高，而且胶结紧密的地表吹蚀作用较弱。在同一风蚀事件中，吹蚀作用的强度随时间减弱。在吹蚀过程中，地表物质的抗蚀能力会逐渐增强。

磨蚀作用是指风中所携带的沙石，对地表面的冲撞、研磨的过程。风中所携带的沙石以一定的速度运动时，能量是很大的。移动的沙石冲击松散地表会使更多的颗粒进入气流或其本身被反弹回气流中并不断加速，从而获得更大的能量再次冲击地表。如此反复，更多的风动能被传输给地表，使风蚀强度增加。一旦有风沙运动发生，磨蚀是风蚀的主要形式，是塑造风蚀地貌的主要动力。风在吹扬过程中所携带的沙砾在距地表 0.3m 以下高度相对集中，因此，在沙漠区，常见电线杆等在其下部遭磨蚀变细。

磨蚀作用在狭窄的山谷、大裂缝带及被烘热的沙漠盆地最为强烈。因为这些地区经常产生粉尘涡流，这种涡流裹挟地表的松散物质，并向上抛起、打碎，这种作用反复进行可使地面逐渐变深，形成盆地，长期作用会使盆地越来越深。在季风盛行地区，甚至是古老的道路、车辙印迹等都会在风的磨蚀下不断的加深、扩大。例如，黄土高原的许多沟壑就是古道路在风的剥蚀作用下发育而成的。

二、风的搬运作用

地表松散的碎屑物，不断随风力强弱、粒径大小和质量轻重，由源地通过悬移（悬浮）、跃移（跳跃）和蠕移（推移）等方式转移到别处的作用（图 16-1），称为风的搬运作用。

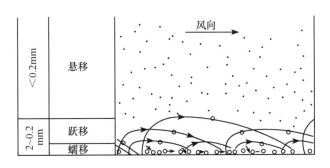

图 16-1　风的三种搬运方式（张宝政等，1983）

风的搬运作用具有很大的意义。风从地表扬起的松散碎屑物（尤其是粉尘），可以长时间地悬浮在大气中，并随着大气环流飘浮到世界各地，被称为星球级的地质作用。1883 年印度尼西亚喀拉喀托火山喷出的红色火山灰曾随大气环流绕地球转了 3 圈，并在大气层中保持了 3 年之久。远离大陆的大洋中心部位，风的搬运物质是深海沉积的主要成分，含有有机质的风搬运物也是浮游生物的主要营养源。

1. 悬移

轻细的沙粒和尘土，在气流的紊动旋涡上举力的作用下，可随气流进行长距离搬运。风速越大，悬移的沙粒直径就越大，含量也会增多。当风速减小后，悬移物质中较大粒径的沙粒就会沉降到地表上来，而粒径小于 0.05mm 的粉沙和尘土，因为体积细小，质量轻微，一旦悬浮后就不容易沉降，而随气流运离源地，甚至在数千公里外才沉落。

2. 跃移

地面沙粒在风力的直接作用下发生滚动、跳跃。当地面是卵石时，沙粒反弹较高；当为沙质地面时，沙粒插入沙粒之间，形成一个小孔穴，能量消耗，但同时把附近沙粒冲击跃起；当地面是粉沙时，沙粒就埋进粉沙中，使粉沙粒扰动扬起，产生扬尘作用。在风速较高的情况下，跃移物质离开地面时的向上初速度大，上升高度大，受风力作用的机会多，对地面冲击的速度也大，因而使另一些颗粒被打散抛入空中的运动也更为强烈。

3. 蠕移

蠕移是一些跃移运动的沙粒对地面不断冲击时，使地表较大直径的沙粒受到冲击后产生的缓慢向前移动。在低风速时，移动距离只有几毫米，但在风速增加时，移动的距离就增大，移动的沙粒也较多；高风速时，整个地表层沙粒都在缓慢向前蠕动。高速运动的沙粒，通过冲击方式可以推动 6 倍于它的直径或 200 倍于它的重量的表层沙粒运动，所以蠕移比跃移的沙粒大，但蠕移的速度较小，一般不到 2.5cm/s。而跃移的速度快，一般可达每秒数十到数百厘米。

风对地表松散碎屑物搬运的方式，以跃移为主（占 70%～80%），蠕移次之（约占 20%），悬移很少（一般不超过 10%）。对某一粒径的沙粒来说，随着风速的增大，可以从蠕移转化为跃移，从跃移转化为悬移，反之也是一样。

三、风 蚀 地 貌

风蚀地貌是指风力吹蚀、磨蚀地表物质所形成的地表形态。其主要类型如下。

1. 风棱石

风棱石是指被风刮起的无数粉尘、沙砾对岩石的各个部位进行磨削，在岩石表面留下凹坑、网眼、沟槽、划痕及磨光面等。由于岩块的迎风面位置改变等因素，而形成多个磨蚀面，成为多面多棱的石块，称为风棱石。沙漠中经常可以见到被风吹磨蚀的多棱状风棱石（图 16-2）。原地的风棱石可以用来判断风向，风成沉积物中定向排列的风棱石可以用来判断古风向。

2. 风蚀蘑菇与风蚀柱

由于风所携带的碎屑物从地面往上颗粒逐渐变小，其磨蚀能力也是从地面往上逐渐减弱，这种磨蚀的结果是形成一些特殊的蘑菇状风蚀地貌，又称石蘑菇或风蚀蘑菇（图 16-3）。石蘑菇多发生在垂直节理发育得不太坚硬的岩石中。垂直节理发育岩性比较坚硬的岩石，在风蚀作用下形成孤立的柱状岩体，称为风蚀柱（图 16-4）。

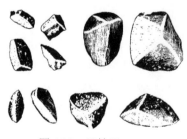

图 16-2　风棱石

（李叔达，1983）

图 16-3　风蚀蘑菇石

3. 风蚀石窝

陡峭的迎风岩壁上风蚀形成的圆形或不规则椭圆形的小洞穴和凹坑称为风蚀石窝。直径大多为20mm，深为10～15mm，有时群集，有时零星散布，使岩石表面具有蜂窝状的外貌，故又称石格窗（图16-5）。它是岩石表面经风化（包括物理风化和化学风化）、吹蚀形成许多细小凹坑，又经风携带的沙粒在凹坑内磨蚀形成。大的石窝称为风蚀壁龛。

图 16-4　风蚀柱　　　　　　　　图 16-5　风蚀石窝

4. 雅丹地形

雅丹地形是指河湖相土状堆积物地区发育的风蚀土墩和风蚀凹地相间的地貌形态（图16-6）。其发育过程是：挟沙气流磨蚀地面，地面出现风蚀槽。磨蚀作用进一步发展，风蚀槽扩展为风蚀洼地；洼地之间的地面相对高起，成为风蚀土墩。土墩和洼地的排列方向明显地反映主风方向。土墩一般高1～10m，长20～100m，甚至更长。在中国罗布泊盐碱地北部分布大量的黏土土墩，其顶面是盐壳，呈白色，称为白龙堆。

5. 风蚀城堡

风蚀城堡是水平岩层经风蚀形成的城堡式山丘，又称为风城。多见于岩性软硬不一（如砂岩与泥岩互层）的地层。中国新疆东部十三间房一带和三堡、哈密一线以南的新近纪地层形成了许多风蚀城堡（图16-7）。以新疆准噶尔盆地西北部乌尔禾一带最为典型。

6. 风蚀垄岗

风蚀垄岗是指软硬互层的岩层中经风蚀形成的长条状垄岗。一般发育在泥岩、粉砂岩和砂岩地区。长10～200m，也有长达数千米者，高1～20m。

图 16-6 罗布泊地区的雅丹地貌

图 16-7 风蚀城堡（新疆交河古城）

图 16-8 风蚀谷

7. 风蚀谷

风蚀谷是指风蚀加宽冲沟所成的谷地（图 16-8）。风蚀谷无一定的形状，可为狭长的壕沟，也可为宽广的沟谷。谷底通常崎岖不平、宽狭不均、蜿蜒曲折。在陡峭的谷壁下部，常堆积着崩塌的岩块，形成倒石锥，谷壁上有时有大大小小的石窝。风蚀谷不断扩大，大部分地区被剥蚀趋于平坦，最后仅残留下一些孤立的小丘，即风蚀残丘。丘的外形各不相同，以桌状平顶形较多，一般高 10～30m。这些支离破碎的残丘地表，称为风蚀劣地。

8. 风蚀洼地

风蚀洼地是指松散物质组成的地面经风蚀所形成椭圆形成排分布的洼地（图 16-9 和图 16-10）。它向主风向伸展。单纯由风蚀作用造成的洼地多为小而浅的碟形洼地；一些大

图 16-9 风蚀洼地（敦煌月牙泉）

图 16-10　风蚀洼地及其形成过程（北京大学地质系，1978）

型风蚀洼地都是在流水侵蚀的基础上，再经风蚀改造而成。较深的风蚀洼地如以后有地下水溢出或存储雨水即可成为干燥区的湖泊，如中国呼伦贝尔沙地中的乌兰湖等。

第二节　风的沉积作用与风积地貌

风沙流在前进过程中遇到障碍物时便会减速，从而发生沉积作用，形成各种风积地貌。风速减弱，使风沙流发生沉积作用的原因有以下几个方面：①风沙流在运行中与地面摩擦而逐渐减速；②风沙流在遇障碍物（草丛、树丛及地形突起处）时，风速减小；③两股风沙流交汇处，或干燥空气与冷湿空气相遇，气流上升，引起沙粒或尘土沉积。风积物主要为风成沙和风成黄土。

一、风成沙的沉积

风成沙来自于干旱地区地表岩石的风化产物，也来自于古代和现代河流中的沉积物，主要是山前或山间盆地周围由暂时性流水所形成的洪积扇、冲积扇的沉积物等。

风成沙的主要特征是：沙粒的分选性极好，磨圆度也较好，90%左右为粒径 0.05～0.25mm的沙粒，且即使是粒径很细的沙粒也可磨得很圆。但沙粒表面因摩擦，碰击而成毛玻璃状；大多数沙粒由稳定矿物（主要是石英）组成，粗沙粒因氧化作用有锰、铁析出，而形成鲜艳色彩（红色）附着于沙粒表面，光泽为油脂光泽，俗称"沙漠漆"，风成沙中通常不含生物遗迹，常发育较厚的风成交错层理。风成沙可堆积成各种形态，如新月形沙丘、纵向沙垄、横向沙垄等。

二、黄土的堆积

在风的作用下，一些粉沙和黏土等细轻的碎屑物可以长期悬浮在空中，远距离搬运到内陆干旱盆地边缘，随风力减弱而沉积下来，形成风成黄土。若风成黄土被流水搬运到别处沉积下来则成为次生黄土。

风成黄土沉积不受地形影响，它的沉积就像降水一样。风成黄土为一种灰黄色或棕黄色疏松多孔的沉积物，无层理；垂直节理发育，粒度通常为粉沙及黏土级，其组成矿物繁多（除石英、长石外还有其他黏土矿物和不稳定矿物等），分布不受地形限制。

由于风力搬运过程中的分选作用，其沉积作用也具有明显的分带。在风力较强的荒漠区，实际上仅部分地区被风成沙覆盖。其余为风蚀作用出露的基岩（石漠）和由粗沙砾组成的戈壁，而在沙漠的外围区，风力较弱的地方则是风成黄土堆积地。

中国黄土分布广，以第四纪黄土高原为主体，沉积连续，沉积速率较快，堆积时间较长（250万年），含有丰富的气候与环境变化的记录。而第四纪整个黄土高原区的构造运动较弱，对沉积物的改造很小，因而第四纪黄土沉积已成为与深海沉积、冰岩芯沉积、湖泊沉积并列的全球气候变化的信息库。在精确测年的控制下，通过对黄土沉积中古气候指标的研究，可重塑第四纪全球环境及气候演变。

在全球变化研究的信息库中，黄土沉积有其独特性，与湖泊沉积相比，它记录的历史比较长久而连续，与深海沉积相比，它具有较快的沉积速率。更为重要的是黄土沉积比较容易获得，采样难度和成本相对较低。因此中国黄土引起了全球环境科学家的重视，而中国科学家对黄土的研究成果也得到了世界科学界的肯定，刘东生先生获得世界环境科学最高奖——泰勒环境成就奖，以及国家最高科学技术奖便是明证。

三、风 积 地 貌

风积地貌是风力堆积作用所形成的地表形态。它们是在干燥气候和沙质来源丰富等自然条件下，由风成作用堆积而成，沙丘是最基本的形态。由风运物质（沙、粉沙和尘土）堆积所形成的地貌有下列主要类型。

1. 沙堆

风沙流在障碍物的背风面所形成的堆积体称为沙堆。沙堆形态为舌状，高度一般不超过10 m，长度可达数十米至数百米，其内部具有交错层。如果在沙堆的背风面前的洼地中，水分状况较好而生长一些耐旱的芨芨草、旱芦苇等草丛，则称之为草丛沙堆。这是沙地保护与有限性放牧的重要前缘地区。

2. 新月形沙丘

新月形沙丘是指平面形态如新月的沙丘。其纵剖面的两坡不对称，迎风坡凸而平缓，坡度为 5°～20°；背风坡凹而陡，一般为 28°～34°。新月形沙丘背风坡的两侧形成近似对称的两个尖角，称为沙丘的两翼，两翼顺着风向延伸（图 16-11 和图 16-12）。

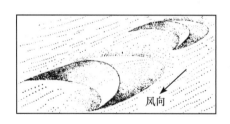

图 16-11　新月形沙丘（一）

图 16-12　新月形沙丘（二）

新月形沙丘从盾形沙堆演化而来。由于沙堆使地面起伏，风沙流经过沙堆时，近地面风速发生变化，从而气压分布不同。在沙堆顶部风速较大，空气压力较小；沙堆的背风坡，风速较小，空气压力较大。从沙堆顶部和绕过沙堆两侧来的气流在沙堆背风坡产生涡流，并将带来的沙粒堆积在沙堆后的两侧，在沙堆背风坡形成马蹄形小洼地[图 16-13（B）]。如果风速和沙量继续加大，沙堆背风坡的小凹地将进一步扩大，从沙堆顶部和两侧带来的沙粒在涡流的作用下，堆积在沙堆后部的两侧，形成幼年型新月形沙丘[图 16-13（C）]。幼年型新月形沙丘进一步扩大增高，使气流通过它的顶峰附近和背风坡坡脚时，产生更大的压力差，从而在背风坡形成更大旋涡，使原有浅小马蹄形洼地扩大，从迎风坡吹越沙丘顶的流沙，只在沙丘顶部附近的背风坡处堆积，沙粒堆积到一定程度就会在重力作用下下滑，再被涡流吹向两侧堆积，这时就形成了典型的新月形沙丘[图 16-13（D）]。

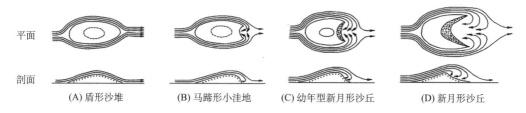

图 16-13　新月形沙丘形成示意图（杨景春，1985）

3. 新月形沙丘链

图 16-14　新月形沙丘链

新月形沙丘链是指新月形沙丘的翼角彼此相连而成的链状沙丘（图 16-14）。这种风积地貌在我国季风气候区的沙漠较发育，如阿拉善东南部的腾格里沙漠，冬季、夏季分别为西北风和东南季风，因此这里形成北东—南西走向的新月形沙丘链。

在沙源非常丰富的情况下，新月形沙丘非常密集，多个新月形沙丘相互连接而成新月形沙丘链。新月形沙丘和沙丘链是沙漠地区分布最广、形态最简单的沙丘类型，主要分布在单风向或两个相反方向的风交互作用的地区。

4. 梁窝状沙地

密集的新月形沙丘或沙丘链，在长草的情况下，被植物固定或半固定时，称梁窝状沙地。在准噶尔的古尔班通古特沙漠西南和毛乌素沙地红碱淖南部，都可见到。

5. 新月形沙垄

新月形沙垄是沙漠中的一种垄状堆积地貌，顺主要风向延伸，垄体狭长平直。新月形沙垄可能是由新月形沙丘发展而成。

楚厄认为新月形沙丘最初是按照从 s 方向吹来的暴风定位的[图 16-15（A）]，在这个新月形沙丘增大之后。从 g 方向吹来的和风也影响到新月形沙丘，沙丘受到两个方向吹来的风的作用[图 16-15（B）]。沙丘翼角 B 被从 g 方向吹来的和风侵蚀；沙丘翼角 A 处于和风 g 对面位置，致使它受到两个方向风力的作用。沙丘翼角 A 沿着它的两个背风侧产生风沙运动[图 16-15（C）]，从而使其延长形成新月形沙垄[图 16-15（D）]。

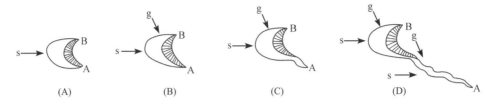

图 16-15 新月形沙垄的形成过程（楚厄新模式）

图 16-16 蜂窝状沙地

图 16-17 星状沙丘

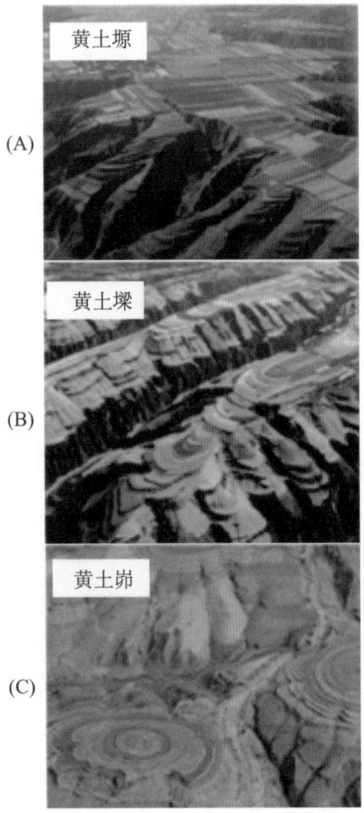

6. 蜂窝状沙地

在沙漠地区，白天炽热的阳光使温度骤增，引起空气的强烈对流，形成龙卷风。蜂窝状沙地是沙漠中一些圆形碟状洼地，它们比较固定。强烈的龙卷风把沙漠地面吹成一个个圆形洼地，被吹蚀的沙粒，堆积在洼地四周就形成蜂窝状沙地（图 16-16）。

7. 星状沙丘

星状沙丘即金字塔形的沙丘或沙山（图 16-17）。它具有较高的顶，从顶点向四周呈放射状伸出三条或更多条沙脊。沙体高度一般为 50～100m，由几个近似三角形的斜面包围而成，斜面坡度一般在 25°～30°。

星状沙丘是由几个方向而且风力相差不大的风造成的，每条脊常代表一个风向。特别是当主风力遇到山体阻碍而折射，引起气流干扰时，星状沙丘易于产生，在基岩起伏的地区（如有残余丘岗）就更易形成。这类沙丘在非洲北部和沙特阿拉伯地区有零星分布，在我国北疆的古尔班通古特沙漠和塔克拉玛干沙漠西部地区也常见到。

8. 黄土高原

黄土高原分布于新构造运动的上升区，是由黄土堆积而成的高而平坦的地面。黄土高原受现代水流切割，主要形成下列地貌（图 16-18）。

图 16-18 黄土高原主要地貌

（1）黄土塬是黄土高原受现代沟谷切割后，保存下来的大型平坦地面[图 16-18（A）]。

（2）黄土墚是平行沟谷的长条状高地[图 16-18（B）]。

（3）黄土峁是顶部浑圆、斜坡较陡的黄土小丘[图 16-18（C）]。

9. 黄土平原

黄土平原分布于新构造下降区，由黄土沉积形成的平原，只在局部倾斜地面发育沟谷系统。

第三节　荒　漠　化

一、荒漠化的特征及类型

年降水量小于 25cm 的地区都可称作荒漠。荒漠的主要特征是：降水稀少，蒸发强烈，植被贫乏，温差大，物理风化强烈，风力作用盛行，但温度并不一定是高温。根据此定义，极地、中纬度地区上涌冷洋流影响的海滨，以及由于湿润海洋空气传送受高山阻挡而导致在高山背洋面形成的雨影区均为荒漠区。但在全球，荒漠主要分布在两个地区，一个是南纬、北纬 15°～35°之间由副热带高压引起的干旱荒漠；另一个是在北纬 35°～45°之间的大陆内部远离海洋的干旱荒漠。根据其地貌特征和地表物质组成可将其分为岩漠、砾漠、沙漠和泥漠 4 种类型。

岩漠是干旱地区分布各种风蚀地貌的基岩裸露区（图 16-19），主要分布在山麓地带。岩漠的地貌结构表现为：在山地边缘有山麓剥蚀面或山足面和由较硬岩层组成的岛山，向盆地中心过渡为干荒地或盐湖。

砾漠是指地面由砾石组成的荒漠（图 16-20），又称"戈壁"（蒙古语）。地表无基岩，地面平坦，由砾石和粗沙构成，砾石经风蚀后可变为风棱石的沙漠岩漆，它是由砾石中的铁、锰聚集在表面，经风蚀磨光而成。

图 16-19　岩漠

图 16-20　砾漠

沙漠是指地面覆盖着大量流沙的荒漠。沙漠中发育着不同形态的沙丘。

泥漠是由黏土物质组成的荒漠。形成于低洼地或封闭的盆地内，干旱季节湖盆中心干涸，龟裂发育。盐渍化的泥漠称盐沼泥漠。

二、土地荒漠化过程

荒漠化过程是一个地域的生物生产能力严重下降，生态系统贫瘠化，并引起土地载畜量、作物产量、人类生存条件严重下降的一系列不良连锁反应的过程。其直接的表现就是土地退化，荒漠扩大，全球土地荒漠化的面积达 3600 万 km^2，中国土地荒漠化的面积也达 2.63 万 km^2。

荒漠化过程是从风的破坏作用开始的，风对地表物质的破坏、搬运和沉积，构成荒漠化全部过程。风选择地表岩石最薄弱处进行破坏，并把细小的碎屑颗粒搬运走，堆积到特定的位置，形成破坏型的荒漠和堆积型的荒漠。

影响荒漠化的因素比较复杂，但归根结底无非是自然因素和人为因素两大类。在自然因素中，遭受强烈风化作用的地区、表面岩石疏松的地区、土壤贫瘠的地区及干旱气候区都是荒漠化容易发生的地区。

干旱的气候条件是荒漠化过程得以进行的最主要因素。干旱气候使荒漠化地区的降水量达不到植物生长的最低要求，抑制植物的生长，造成植物产量的严重减少，使风的作用加剧，并导致荒漠化。干旱是一种在时间上渐进式、效果上累加式的破坏，干旱的气候在减少降水量的同时加大了蒸发量，形成一种恶性循环。受到大气环流的影响，南北半球的副热高压带控制区由于降水量极少，加上优势风的长期作用，在这两个地区形成了全球最大的荒漠带。

大陆内部的盆地因远离大洋而降水量很少，如新疆塔里木盆地的年降水量平均不足 50mm，局部地区甚至不到 10mm，加上盆地效应形成干旱气候，也是容易造成荒漠化的地区。

人为破坏是加快荒漠化进程的另一个因素。过度放牧是荒漠化的一个重要的人为因素，绝大部分牧区都是生态环境比较脆弱的地区。草原下面往往就是贫瘠的土地，一旦放牧量超过草场的承载量，在风的作用下，草原的大量水分就会被带走，使草场的生态平衡遭受破坏，环境急剧恶化，造成荒漠化。滥砍滥伐森林、开垦新的耕地，也是破坏生态平衡、造成荒漠化的一个重要原因。植被是保持土壤中的水分，防止风的侵蚀作用最有效的防护层，破坏植被无疑是在破坏自己的家园。

三、荒漠化的防治

1977 年 9 月，联合国国际荒漠化大会通过一项行动计划，要求各国政府在合理利用土地，保护和增加生物资源和水资源的基础上采取广泛的措施，并处理好生物、社会、经济和政治问题，力争在 20 世纪末制止荒漠化的发展。近年来，全球荒漠化过程非但没有得到抑制，反而愈演愈烈，引起国际社会的广泛关注。一些旨在遏制荒漠化进程的工程项目和研究项目正在各国开展。我国在治理荒漠化过程方面取得了令人瞩目的成绩，1999 年开始在全国进行退耕还林的试点工作，2000 年 9 月 26 日国务院发布了《关于进一步做好退耕还林还草试点工作的若干意见》，2002 年 4 月 11 日国务院发布了《关于进一步完善退耕还林政策措施的若干意见》，2002 年 12 月 6 日国务院第六十六次常务会议，审议并原则通过了《退耕还林条例（草案）》。自 1999 年开始试点以来，全国累计完成退耕还林任务 590 万 km^2，其中退耕地造林 294 万 km^2、荒山荒地造林 296 万 km^2。从近几年的实践看，退耕还林对改善生态环境、改变不合理生产方式、加快贫困地区农民脱贫致富、优化农村产业结构、促进农村经济发展起到了积极的作用。

遏制荒漠化发展最主要的方法就是固沙，其主要措施包括以下几个方面。

（1）拟定合理的放牧、耕作和林业开发计划，防止植被的破坏。过度放牧、开垦耕地、滥砍滥伐而造成植被破坏，是荒漠化加剧的主要的人为因素，因此拟定合理的放牧、耕作和森林开发计划，防止植被的破坏，是抑制荒漠化进程的首要对策。

（2）发展有助于限制沙漠入侵的土地利用方式，例如，在荒漠化严重的地区进行经济林木的种植及水土保持措施。

（3）实施阻止沙漠推进的生态工程。这是一项有利于子孙后代的伟业。我国的东北防护林体系经过几代人的努力，现在已经初具规模，对遏制荒漠化进程起到了巨大的作用。

（4）资助防止荒漠化扩展的相关基础研究。盲目的治沙方法，可能达不到预期的效果，只有以科学的方法治沙、固沙才能有效地防止荒漠化。

（5）普及防止荒漠化进程的科学知识，提高民众的防护意识。

第十七章
重力地质作用

第一节　重力地质作用特点

　　地表的各种土层、风化岩石碎屑、基岩及松散沉积物等由于自身的重量，并在各种外因所促成的条件下产生的运动过程称为重力地质作用。它无论在现代还是地质历史时期都是普遍存在着的。

　　重力地质作用与前面各章所讨论的地质作用相比有很大的特殊性。首先它是一种固体或半固体物质的运动，同时负荷物本身既是动力，又是作用的对象。当一块巨石由高处快速向下崩落时，它碰撞和破坏山坡的基岩的同时也在撞碎自己。同时完成破碎、运移及堆积过程。

　　重力地质作用所产生的各种特殊的地质现象，如滑坡、泥石流、塌陷、地面沉降等广泛地在工程地质学、地貌学中予以讨论。重力地质作用被视为促使地壳长期变化、发展的重要地质作用之一。重力地质作用作为一种独立的地质作用而日益引起人们的重视。毫无疑问，它是动力地质学研究的一个重要课题。这不仅对当前国民经济具有重大现实意义，而且对于研究古代地壳的地形、地层、岩石、构造的形成及演变规律同样具有其理论意义。

　　重力地质作用的动力来源于内外两个方面：内部的重力与外部的触发力。

　　在地球重力的普遍作用下，物体的重量即其内部动力来源。只要物体处于斜面上，总是存在着运动的趋势。

　　重力地质作用的外部动力来源极为广泛：水分的加入、冰雪的覆盖等增加了运动物体的重量，同时也减小了摩擦。而风、雷电闪击、洪流与浊流、地震等突然的推动力可以触发本来平衡的物体的运动。

　　如果考虑到影响重力地质作用的其他因素，如地形、气候、岩石性质及地质构造特征等，就不难理解这一作用在地壳表面发育的广泛性和复杂性。

　　根据重力地质作用的力学性质、作用过程及运动特点等，可将其分为以下几类主要的作用：①斜坡变形作用；②流动作用；③地面沉降与塌陷作用。

第二节　斜坡变形作用

　　斜坡是指地壳表部一切具有侧向临空面的地质体。它包括自然斜坡和人工边坡两种。前者是在一定地质环境中，在各种地质营力作用下形成的产物，如山坡、海岸、河岸等。后者则是由于人类某种工程、经济目的而开挖的，往往在自然斜坡基础上形成，其特点是具有较规则的几何形态，如路堑、露天矿坑边坡、运河（渠道）边坡等。

　　无论是自然斜坡还是人工边坡，在重力作用下，都极易产生变形破坏，而这种变形破坏对人类工程、经济活动和生命财产的危害较大，它是环境地质学、灾害地质学及工程地质学研究的主要内容之一。

斜坡变形的主要类型有：潜移、弯折倾倒、崩落及滑动作用等。

一、潜　移

潜移作用指的是地表土石层或岩层长期缓慢地向斜坡下方或垂直向下的运动的过程。有时又叫蠕滑作用。其主要特点如下。

（1）运动速率极为缓慢，每年数毫米至数厘米。

（2）主要受堆积物性质、地形及外动力因素支配。

（3）移动体与不动体间不存在明显滑动面，两者间的形变量和移动量是渐变过渡的，属于黏滞性运动。

潜移作用的发生除重力、物质性质等内在因素外，地下水的饱和及潜蚀作用对其也有较大的影响，因而这类作用主要发育于温湿气候区和寒湿气候区。

山坡坡面上堆积的土层，在重力作用下，总是会缓慢地向下移动，移动距离受多种因素控制。山坡土层运动过程十分缓慢，短时间无法察觉。但时间长了，斜坡上的各种物体就会发生变形，如电线杆和篱笆的歪斜、土墙倾倒或树干弯曲形成"马刀树"（图17-1）。

图 17-1　土层潜移及其后果综合示意图

土层潜移的外部原因主要是温度及湿度的变化，次要的还有风的吹刮、生物搅动及外加负荷等。

如图 17-2 所示，土层中的任一质点 M_0，在寒湿地区因寒冻膨胀时，垂直斜坡面移动到 M_1 位置，当解冻收缩时，因重力作用不能回到原来的 M_0 位置，而是垂直地移动到 M_2 位置，寒冻和消融的交替，使质点每次都获得新的位置 M_3、M_4、M_5 等。总观其运动轨迹，不仅向斜坡下方做横向移动，同时也做少量的竖向移动，其移动轨迹由曲线 P 及箭头标出。

质点的上述运动实际上是不均等的，表面质点运动的速度和幅度较底层质点稍大。同时伴随着向下的压实

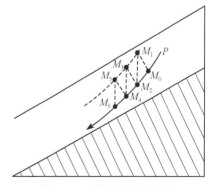

图 17-2　斜坡面上的质点在
胀缩变化时运动轨迹图解

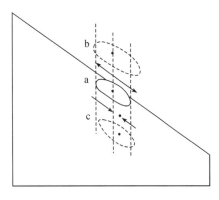

图 17-3　斜坡上的石块因体积胀缩时
引起的移动原理

a. 石块原来位置；b. 膨胀时的位置；
c. 收缩时的位置，注意石块中心点的位移情形

作用，由表向里移动量逐渐减小，并趋向停止。运动体与不动体之间没有明确界线，更划分不出滑动面。

在干旱气候区，上述移动过程是通过热胀冷缩作用来实现的。在温湿气候区温度是次要的，主要由黏土矿物因干湿交替而引起的体积变化来实现。

如果土层中包含较大的颗粒和石块，在升温膨胀时，向上坡方向的膨胀率小于向下坡方向的膨胀率（由于砾石向上坡方向的膨胀受重力及上方物质的负荷所阻碍）。相反，在降温收缩时，上坡方向的收缩率大于下坡方向的收缩率。结果导致颗粒或石块向下移动（图 17-3）。

另外，动物掘穴而松动、风吹、冰雪覆盖或降雨后水分的饱和、片流的洗刷及新来物质充填在土层表面的低凹部分而增加负荷等因素，均可促进土层发生向下的潜移作用。

潜移作用不仅发生于地表，还可以发育于地下。特别是那些地表具有硬脆性透水岩石，而其下为黏土质岩层的地区，经过长期移动之后，地表的那些脆性岩块沿着裂隙慢慢分离，东倒西歪地陷入下面的软弱岩层中。几种典型的深部潜移情况如图 17-4 所示。

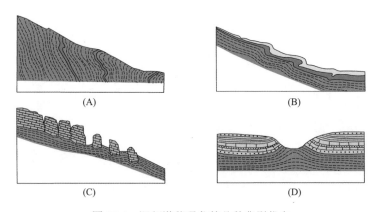

(A) (B) (C) (D)

图 17-4　深部潜移现象的几种典型代表

（A）（B）软岩层的表层潜移向深部的发展；（C）下层潜移引起上层岩块的分离与沉陷；
（D）河谷底侵蚀后深部物质向空处挤出

二、弯折倾倒

由陡倾层（板）状岩石组成的斜坡，当走向与坡面平行，倾向与坡向相反时，在重力作用下常常会发生向临空方向的弯曲（图 17-5），该现象称弯折倾倒。弯折倾倒程度由地面向深处逐渐减小，岩层的弯折一般不会低于坡脚高程；弯曲岩层常常发育张裂隙，并折断，但岩层仍保持原有层序。人们将弯折倾倒现象称为"点头哈腰"。

三、崩　落

崩落作用指的是岩块与基岩的脱离、崩落、沿山坡滚滑，以及在坡脚堆积的整个作用过程。崩落作用是一种运动块体快速的、突然的坠落。运动块体开始并不是沿着固定斜面滑落，而是先短暂地离开其联结的基岩向下坠落，然后再向着下面的山坡滚滑。

崩落一般发生在厚层坚硬脆性岩体，如砂岩、灰岩、石英岩、花岗岩等中，这类岩石能

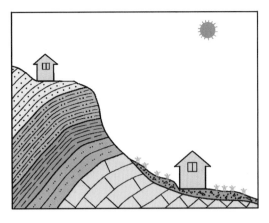

图 17-5　岩层在重力作用下发生弯曲

形成高陡的斜坡，斜坡前缘由于重力和卸荷等原因，产生长而深的拉张裂缝，并与其他结构面组合，逐渐形成连续贯通的分离面，在重力或触发因素作用下发生崩落（图 17-6）。此外，近于水平状产出的软硬相间岩层组成的陡坡，由于软弱岩层风化剥蚀形成凹龛或蠕变，也会形成局部崩塌（图 17-7）。

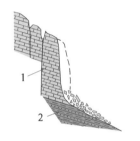

图 17-6　坚硬岩石组成的斜坡前缘卸荷裂隙导致崩落示意图

1.灰岩；2.砂页岩互层

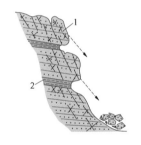

图 17-7　软硬岩性互层的陡坡形成崩落示意图

1.砂岩；2.页岩

崩落作用在高山地区最易发生，在河岸、海崖等局部地形陡峻地区也常常发生。一般认为地形坡度大于 45° 时即可发生这种作用。

高寒气候区及干燥气候区由于物理风化作用盛行，崩落作用几乎列为首位。但在潮湿气候区，河流及海浪的掏蚀同样为崩落作用提供了有利条件。

雷电闪击、风暴、地震及生物等的加力或触发作用，也可使岩块失去平衡而发生崩落。

高山区体积巨大的岩块崩落现象称山崩或岩崩，巨大的土体崩落现象称土崩。因坡脚被掏空，使岩块滑动坠落的现象称为塌方或塌岸。

崩落物的运动可以分为散落、翻落和滑落三种形式。

（1）散落。当崩落岩块比较小时，石块不断地向山坡下滚落，一般称为滚石。滚石向斜坡下方运动时，主要采用滚动或跳跃两种方式。若滚石形状近于球形，其运动主要为滚动；不规则外形的岩块则主要是跳跃。滚石开始运动时由于初速度较慢，总是以滚动为主，但当运动继续时，速度加快，如遇陡坎或斜坡起伏处，滚石因惯性暂时离开坡面，开始跳跃运动，

它一面撞击山坡，一面粉碎自己。随着山坡变缓及石块碎裂，动能很快减小，直至停止运动，完结滚石的运动过程。

（2）翻落。大块岩石脱离基岩后，若下部支撑未被破坏，岩块上部呈弧形翻落下来，短暂悬空呈自由落体状态。

（3）滑落。陡崖底部被河水、海浪掏空后，岩壁因地下水润滑及冰劈等作用使岩块失去支持，脱离母岩而滑落。滑落岩块先是沿着裂隙面向下滑动，然后脱离母岩快速坠落。

翻落和滑落下来的岩块有时体积巨大，达数十至数百吨。岩块撞击地面后，破碎为大小不等的滚石，顺斜坡滚下，常常造成灾难性后果。如 2017 年 8 月 28 日上午 10 点 40 分左右，贵州纳雍县张家湾镇普洒社区大树脚组发生一起山体崩塌，崩塌山体距离灾害地垂直落差约 200m，崩塌岩体约为 60 万 m^3，崩塌灾害共造成 26 人遇难、9 人失联、8 人受伤，造成了严重的生命和财产损失。

崩落物在平缓的坡麓地带，随着动能的丧失而堆积下来。通常形成不规则的锥形体，称为倒石锥，倒石锥的大小不一，视崩落物的数量而定。其表面坡度一般为 30°～60°，与地形条件及岩屑的休止角度有关。外形常呈锥形或扇形。由于滚石的运动特性，大的石块滚动较远，多集中于下部，向上逐渐变细，在多次大小不同的崩落交替下，倒石锥的剖面中常可粗略地见到粗细相间的互层情况。但总的看来，倒石锥是一种无分选、无磨圆的混杂堆积物。

由于倒石锥是一种暂时性堆积，它们不久将被雨水、流水或海浪搬走，规模不会很大，在古代沉积岩中很少保存下来。

四、滑动作用

黏结性块体沿着一个或几个滑动面向下滑移的过程称为滑动作用。滑坡是滑动作用最典型的产物。

滑动作用通常以潜移作用为先导。当滑动体先慢后快地向下滑动时，如果地形条件允许（如陡峻的山坡），就会转变为崩落作用。

滑动作用的规模变化很大，发育条件十分复杂。巨大的滑坡常给工程建筑及人们生命和财产带来危害。

在我国陇海线渭河左岸路段，1955 年雨季，黄土块体沿斜坡滑落下来将坡脚的铁路推出超过 100m。

四川雅砻江上游某河段，1967 年发生崩落性大滑坡，6800 万 m^3 的土石顷刻从山上滑入河谷，形成高达 175～355m 的天然土石坝。雅砻江被堵断 9 个昼夜，后来终因土石坝结构疏松被江水冲垮，40m 高的洪水峰头沿江冲下，毁掉了大片农田和房舍。由于预先发出了溃坝预报，组织居民迁出险区，避免了人身伤亡。

意大利北部的瓦依昂特水库 1963 年发生特大滑坡，近 3 亿 m^3 的岩体以 25～30m/s 的速度下滑，水库中 5000 万 m^3 的水被挤出，激起 250m 高的巨大涌浪，漫溢坝顶超过 100m 涌向下游，毁灭了下游的一座城市和几个小填，约 3000 人死亡。该水库也失去效用，成为世界上最大的水库失事事件之一。

（一）滑坡的形态要素

一个发育完全的典型滑坡，其形态要素有：滑坡体、滑坡床、滑动面（带）、滑坡壁、滑坡台阶、滑坡舌（滑坡前缘）、滑坡裂隙等（图 17-8）。前面 5 项是任何滑坡都必须具备的部分，后面几种则视发育情况而定。

滑坡体：与母体脱离经过滑动的那部分地质体。其内部相对位置基本不变，总体保持原来的层序和构造特征。但由于滑动作用，在滑坡体中有时会出现褶皱和断裂现象。

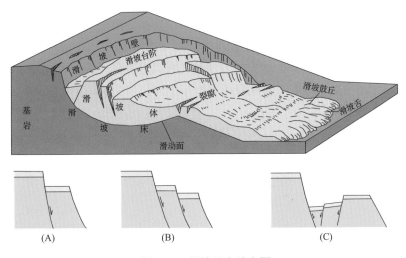

图 17-8　滑坡形态综合图

（A）只有一个主滑动面；（B）发育次级滑动面，且滑动方向一致；（C）发育次级滑动面，但滑动方向不同
前两种情况较多，后一种情形少见

滑坡床：滑坡体之下未经滑动的、保持原有的结构而未变形、只是在靠近滑坡体部位有些破碎的母体。

滑动面（带）：滑坡体与滑坡床之间的分界面。由于滑动过程中滑坡体与滑坡床之间相对摩擦，滑动面附近的部分受到揉皱、碾磨作用，可形成厚数厘米至数米的滑动带。所以滑动面往往是有一定厚度的三维空间。滑动面的形状是多种多样的，大致可分为圆弧状、平面状和阶梯状等。一个多期活动的大滑坡体，往往有多个滑动面。

滑坡壁：滑坡体后缘由于滑动作用所形成的母岩陡壁，其坡角多为 35°～80°，平面上往往呈圈椅状。滑坡壁上经常可以见到铅直方向的擦痕。

滑坡台阶：滑坡体下滑时各部分运动速度不同而形成的一些台阶。大型滑坡体可发育数个不同高程的台面和陡坎。

滑坡舌（滑坡前缘）：滑坡体前部伸出如舌状的部位。它往往伸入沟谷、河流，甚至河流对岸，最前端滑坡面出露地表的部位称滑坡剪出口。

滑坡裂隙：由于滑坡体在滑动过程中各部位受力性质和大小及滑速的不同，而产生不同力学性质的裂隙，如拉张裂隙、剪切裂隙、鼓张裂隙和扇形裂隙等。

除上述要素外，还有一些滑坡标志，如封闭洼地、滑坡鼓丘、沿坡泉、"马刀树"、"醉汉林"等，可以帮助人们认识滑坡。

（二）影响滑坡的主要因素

物质特性：组成斜坡的物质大致可分为坚硬的岩石、软弱的岩层及土层三类。后两种最易产生滑坡。

地质构造：包括组成斜坡岩石的构造（块状及层状）、产状（特别是岩层外倾）及裂隙、断层等发育情况。

斜坡外形：主要是斜坡高度和角度。一定的土层或岩石都有一个极限边坡比（坡的高度与斜坡水平投影距离之比），超过这个极限比值，斜坡将不稳定。

气候：包括大气运动、气温、降水量等，水分的浸润是导致滑动的主要外因。实际调查表明，雨季产生的滑坡占总数的90％以上。

构造运动：主要是地震活动，地震诱发滑坡是极为普遍的。地震首先使斜坡土石结构破坏，在反复震动冲击之下，沿着原有裂隙或者新产生的裂隙面滑动。一般认为，震级在5～6级的地震就能引起斜坡滑动。

人为因素：人类采掘矿石、开挖渠道及修筑公路等，如果施工不当，以致破坏斜坡的平衡，便可引起滑坡。

（三）滑动作用过程

滑动作用可以大致分为潜移形变、滑移破坏及渐趋稳定三个阶段。

潜移形变阶段：滑坡发育初期，常是缓慢的蠕动过程。由于土石强度逐渐降低或斜坡内部切应力不断增加，斜坡的稳定状况受到破坏。在斜坡内部的最大切应力集中带首先变形，产生微小的滑动。以后，形变继续进行，底部剪裂隙扩大，坡顶同时出现不规则的张裂隙，这时渗水作用加强，开始出现规模不大的错距，坡脚土石被挤出，坡脚先是潮湿然后渗出浊水。这表明滑动面已大部分形成，但尚未全部贯通。然后，裂隙进一步扩大并延伸贯通，滑动体与滑坡床完全分离，滑动规模越来越大。

潜移形变阶段时间有长有短，短的仅数天，长的可达数年之久。前述的雅砻江滑坡，1960年山体开始变形，山坡出现裂隙，直到1967年6月才产生大规模滑坡，历时七年之久。

滑移破坏阶段：滑坡体继续向下滑落时，滑坡后壁的出露面积越来越大，滑坡体内部由于新的滑动面形成而进一步分裂，地面出现一个或数个阶梯状滑坡台。滑坡台面通常后倾，使树木歪斜倾倒成"醉汉林"。滑坡体向前端伸出形成滑坡舌或滑坡鼓丘。坡脚常渗出大股浑浊泉水，这表明滑动作用正达高潮。

滑移破坏阶段的进一步发展要看具体情况。如果滑坡体体积不大，滑动面倾角较小或者受到地形条件的阻碍等，滑动速度不会太大，每天不超过数毫米至数厘米。如果情况相反，就会像意大利瓦依昂特滑坡那样成为崩塌性滑坡。由地震引起的滑坡则无上述阶段性划分，常常伴随地震而发生滑动体快速下滑。

渐趋稳定阶段：滑坡体在向下滑动时具有强大的动能，在惯性作用下，可以越过平衡位置而滑到更远的地方。在基岩滑坡地区，巨大体积的岩块在滑落后，虽然发生了进一步破碎，构造变得复杂起来，但其整体性尚大体保持的情况下，就会出现老地层盖在新地层（如第四系）之上，或者新地层盖在老地层之上，常常会被误认为断层、"飞来峰"等内动力地质作用的产物，这是应该引起特别注意的。然而，大多数情形是：滑坡体在滑动过程中分裂解体以致破碎，杂乱无章的泥、石、岩块拥至坡脚，形成滑落堆积物（如滑坡鼓丘等），在新的条件下取得新的平衡。由于自重作用的结果，松散土石逐渐压实，各种裂隙逐渐被充填，滑坡也就逐渐稳定下来。坡脚渗出清澈的泉水、被滑坡体堵塞的河流溪涧重新恢复正常流动等，这些迹象表明滑动作用已告结束。

滑动作用的整个过程，实际上是地表的物体、应力状况及斜坡或山体稳定性的一种重新调整以达到新的平衡。但是，在老的滑动因素消除之后，新的滑动因素又在逐渐积累，酝酿新的滑动过程。

第三节　流　动　作　用

一、概　　述

流动作用是指大量积聚的泥质、土壤、石块及岩屑等，在水分的充分浸润饱和下，沿着斜坡（更主要是沿着谷地）像河流那样的流动过程。以泥土为主时叫土流；以石块为主时叫石流（或石河）；但典型的流动作用是石、土和水的混合流动，称为泥石流。

由于泥石流有突然爆发的特点，一旦泥石流爆发，顷刻间大量的泥石形成的"洪流"像一条巨龙，凶猛地沿山坡及沟谷泻下，浓烟腾起，泥浆飞溅，其中经常滚动着几十吨重的巨大石块，发着轰隆的响声震撼山谷。泥石流的"头"部可掀起十余米高的石浪，摧毁前面的一切障碍。数以亿计的土石方涌至山口平缓地区，堵塞河道、掩埋道路及田园，给人类的生命和财产带来极大危害。

1970年5月，秘鲁乌阿斯卡雷山区由于地震，触发巨大的冰崩和雪崩，随即诱发了泥石流，一座城市顷刻掩埋于乱石之下，两万居民来不及逃避，造成极其严重的地质灾害。1921年，哈萨克斯坦天山北坡爆发泥石流，约300万m^3的沙泥石块冲进阿拉木图城，伤亡和财产损失极为严重。我国西藏东南部扎木弄巴沟在2000年4月9日爆发过一次巨大的泥石流，近3亿m^3的土、沙及石块冲出山口，其主流部分冲过80m宽的易贡藏布江，形成60～100m高的天然大坝，堵江断流，形成河谷堰塞湖。并在随后的短短30天内，使堰塞湖的面积扩大到37.1km^2，周围农田村庄被淹，易贡乡4000多名群众处于危难之中。两个月后的6月10日，堰塞湖的天然大坝最终溃决，洪水冲毁下游川藏公路和通麦大桥，并使帕隆藏布江下游到雅鲁藏布江大峡谷下游墨脱县境内的道路、桥梁、农田、村庄被毁或受损。

这类规模宏大的泥石流对地表的改造是十分强烈的，它推倒山崖、凿蚀沟谷，进行惊人的剥蚀和搬运作用及堆积作用。

流动作用按其固体物质成分、数量及运动特点可以分为黏流及紊流两种。

黏流：泥、沙、石块及水充分搅和，结为一体，类似黏稠的调和好的水泥。固体物质含量可高达80%，容重为1.5～2.24t/m^3，按其固体物质的成分及特点，进一步可以分为泥流和黏性泥石流（也可称为结构性泥石流）。黏流在运动时，水与固体物质的运动速度相同，流动停止后，水分不能自由流失。

紊流：是一种水与固体物质的混合物，但以水为主，具有很大的分散性。固体物质含量为10%～40％，容重为 $1.3t/m^3$ 以上。一般称为紊流性泥石流。紊流在运动时，水及泥浆运动速度较快，石块运动速度较慢，停积后，水分较快地分离流失。

二、泥石流的发育条件

泥石流是固体物质大量供给和聚集，然后在适当的地形、地质、气候及其他自然因素的促成下发育形成的。

1. 地形

泥石流通常发生在地形复杂的山区。一条典型的泥石流沟，从上游到下游一般可以分出三个区段，像一条尾巴散开的金鱼（图17-9）。

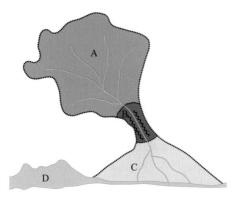

图17-9　泥石流域示意图

A. 形成区；B. 流通区；C. 堆积区；D. 湖泊
点画线为分区界线；锯齿线表示峡谷

上游叫形成区，通常是一个面积巨大的三面环山、一面出口的圈椅形凹地。凹地内沟谷呈鸡爪状分布，深切分割形成次一级山脊，地形陡峻，坡度在 30°～60°。山体光秃破碎，植被生长不良。这样的圈椅形围谷最有利于聚集风化岩屑，也有利于集中降雨及降雪。中游叫流通区，多为一个深切狭窄的沟谷，沟床发育陡坎及瀑布，坡度很陡，断面呈V形或U形。下游叫堆积区，多位于山口平缓开阔地带，泥、沙、石块在这里堆积成为扇状、垄岗状等乱石堆。

2. 强烈的风化作用

在上述形成区的高山深谷内，寒冻及其他物理风化作用十分强烈，经常发生巨大的雪崩及岩崩，大量的风化物质堆积在凹地之内，这些松散堆积物有时厚达几十米。由于流通区沟谷狭窄，常被石块淤塞起来，为突然性的泥石流爆发创造了条件。

3. 地质构造因素

地形复杂地区，往往也是构造复杂地区。特别是第四纪以来地壳上升运动强烈，加上纵横交错的裂隙和断裂，为强烈的物理风化作用提供了条件。地震发生常使山体稳定性破坏，产生滑坡和泥石流，世界上规模巨大的泥石流多数与地震触发有关。

4. 气候

气候除直接影响风化作用的强弱外，还影响降雨及降雪，从而促成流动作用的发生。水分不仅是泥石流的组成部分，也是泥沙、石块的搬运介质，当水分充分饱和后，减小了内摩擦力及黏结程度，增加了滑动能力。另外，由于降雨过后，山区水流常以洪流形式强烈冲蚀掏挖沟床及岸坡，原来堆积很厚的固体岩块处于悬空状态，造成滑坡、崩落等，乘势诱发泥石流。许多泥石流是在降雨或融雪季节发生的。

上述促使泥石流运动的因素可归纳为：以各种方式供给的大量固体物质的聚集；有一个

固体物质储存的"形成区"地形，并有陡峻的流通沟谷；有丰富的降水量及融水，补充大量水源；在暴雨、雪崩、融雪、融冰及地震等触发作用下，即可促使泥石流发生。

如果固体物质丰富，且流动路线较长，泥、石及水在流动过程中互相冲撞、推挤和搅拌，可以形成黏性泥石流，这种泥石流规模大，破坏力强。如果固体物较少，水分充足，则形成稀流性泥石流，其发育规模、流程及破坏力相对较小。

三、流动作用的剥蚀与搬运

在黏性泥石流中，水分不是搬运介质，而是流动体的组成部分。水和泥沙、石块聚集成一个黏稠的整体，并以相同的速度做整体运动，因此黏性泥石流具有令人难以置信的承托能力。巨大的石块像航船一样地漂浮而下。1963 年西藏古乡泥石流带出山口的一块巨石，体积为 $364m^3$，重 940t。这种情形极易与冰漂砾相混，应特别注意区别。

在稀流性泥石流中，水与固体物质呈分散状态，流动时没有"龙头"。石块在稀泥浆中滚动和跳跃，情况与黏性泥石流显著不同。搬运能力也小得多。在弯道流动时，主要发生凹岸冲蚀凸岸堆积作用，与洪流近似。

四、泥石流的堆积物

黏性泥石流停积后，黏稠的流动体并不分散，仍然基本保持流动时的形状，两侧呈较陡的斜坡，前缘呈陡坎，大石块主要停积在堆积体的前缘或两侧。在剖面上，层次不明显，分选性差，石块在流动中互相撞击和摩擦，常在表面留有擦痕及击痕，形成粗糙的外观。在堆积物中还混杂着"泥包砾"或泥球。总观这些堆积物的外表形态，常呈舌状、垄岗状和岛状，或由于"龙头"的阵阵退缩形成的阶坎状。

稀流性泥石流在山口停积时，水分很快分散流失，泥沙、石块呈扇状堆积，类似洪积扇。但在主要堆积体形成后，常被后来的流水将堆积扇切成一条条深沟，使堆积区崎岖不平，成为光秃而单调的"石海"。

第四节 地面沉降与塌陷作用

一、地面沉降与塌陷的表现及成因

地面沉降是指地面高程逐渐降低的现象，通常发生在一个范围相对较大的地区。其原因主要是过度地抽取地下水，导致地下松散土层中孔隙压力减小，土层颗粒之间支撑力减小，在重力作用影响下，松散土层的孔隙度减小，土层被压实，从而导致地面下沉。此外，新构造运动强烈的地区，也会引起部分地区下降，从而导致地面沉降。

地面塌陷是指地面不规则的陷落，形成大小不等的陷落坑的现象。主要是因为过分开采地下矿产，导致地下土、石体流失，在矿区范围内，岩体和土体的应力状态发生极大改变，一旦达到失稳状态，矿井上部的岩体和土体在重力作用下发生崩塌，形成地面塌陷。在岩溶发育区，过分抽取地下水或地下水位升降变化频繁，会导致地下水的潜蚀作用增强及岩溶地区地下应力状态改变，一旦失去平衡，溶洞崩塌，就会形成地面塌陷。

地面沉降和塌陷给人民生活和社会经济发展造成严重危害，成为世界范围的重要环境问题。迄今，全世界有数十个国家的数百个城市和地区出现了严重的地面沉降现象（表 17-1）。

表 17-1　世界上一些国家的城市或地区主要地面沉降情况简表

国别及地区		沉降面积 /km²	最大沉降速率 / (cm/a)	最大沉降量/m	发生沉降的主要时间/年	主要原因
日本	东京	1000	19.5	4.60	1892~1986	抽取地下水
	大阪	1635	16.3	2.80	1925~1968	
	新潟	2070	57.0	1.17	1898~1961	
美国	加州圣华金流域	9000	46.0	8.55	1935~1968	开采石油及抽取地下水
	加州洛斯贝诺斯-开脱尔曼市	2330	40.0	4.88	?～1955	
	加州长滩市威明顿油田	32	71.0	9.00	1926~1968	
	内华达州拉斯维加斯	500		1.00	1935~1963	
	亚利桑那州凤凰城	310		3.00	1952~1970	
	得克萨斯州休斯敦-加尔维斯顿	10000		1.50	1943~1969	
墨西哥	墨西哥城	7560	42.0	7.50	1890~1957	抽取地下水
意大利	波河三角洲	800	30.0	>0.25	1953~1960	开采石油
中国	上海		10.1	2.667	1921~1987	抽取地下水
	天津	8000	21.6	1.76	1959~1983	
	宁波	91		0.30	1952~1970	
	台北	100	2.0	1.70	1955~1971	

资料来源：潘懋等，2002

墨西哥城地面沉降由来已久，19 世纪已开始出现。1898~1938 年的 40 年间，平均沉降速度为 4cm/a。1938 年以后，沉降加速，到 1948 年，平均沉降速度达 15cm/a。1948~1952 年间，由于大量抽取地下水，沉降速度猛增至 30cm/a。1898~1956 年累计沉降量 5~7m。市中心索卡洛广场在 1910 年高出湖面 1.9m，而到 1982 年已低于湖面 7m。每当雨季，湖水就向城中倒灌。

至 20 世纪 80 年代，日本有 59 个城市和地区发生强烈地面沉降现象，面积达 9520km²，约占可居住面积的 12%。东京市沉降面积 955km²，最大沉降量达 4.6m，一部分已下降到海平面以下。美国在许多油田和地下水水源地发生十分严重的地面沉降现象，以加利福尼亚州最为突出。这里有 22 个油气田发生强烈地面沉降，最大沉降量达 9m。加利福尼亚州圣华金流域因开采地下水形成巨大的沉降区，最大沉降量达 8.6m。

上海市是中国最早发生地面沉降的地区。自 1921 年发现地面沉降以来，至 1965 年，市区地面累计最大沉降量达 2.63m，影响范围 850km²。有的大厦第一层竟然在海平面以下，不少地下污水管道也逐渐低于黄浦江水位。除上海外，中国还有北京、天津、西安、太原、苏州、常州、沧州、衡水等 20 多个大、中城市发生了不同程度的地面沉降（表 17-2）。

表 17-2　中国地面沉降情况统计表

省（区、市）	面积/km²	发育分布简要说明
上海	850	始于 1920 年，至 1964 年发展到最严重程度，最大降深 2.63m，现基本得到控制，处于微沉和反弹的状态
天津	10000	自 1959 年始，10000 多平方公里的平原区均有不同程度的沉降，形成市区、塘沽、汉沽 3 个中心，最深达 2.916m，最大沉降速率 80mm/a
江苏	379.5	20 世纪 60 年代初苏州、无锡、常州三市分别出现地面沉降，到 80 年代末累计沉降量分别达 1.10m、1.05m、0.9m，目前已连成一片，现最大沉降速率分别为 49~50 mm/a、15~25 mm/a、0~50 mm/a
浙江	262.7	宁波、嘉兴两市自 20 世纪 60 年代初开始，到 1989 累计沉降量最大量分别达 0.346m、0.597m。现沉降速率分别为 18 mm/a、41.9 mm/a
山东	526	菏泽、济宁、德州三市沉降先后发现于 1978 年、1988 年、1998 年，累计沉降量分别达 0.077m、0.063m、0.104m，最大沉降速率为 9.68 mm/a、31.5 mm/a、20 mm/a
陕西	177.2	50 年代后期开始，西安市及近郊出现 7 个地面沉降中心，最大累计沉降量 1.035m，最大沉降速率为 136 mm/a
河南	59	许昌（1995 年发现）、开封、洛阳（1979 年发现）、安阳最大沉降量分别为 0.208m、0.113m、0.337m 、0.065 m （区域性沉降）
河北	36000	自 20 世纪 50 年代中期开始沉降，已形成沧州、衡水、任丘、河间、保定、南宫、邯郸等 10 个沉降中心，沧州累计沉降量达 1.131m，速率达 25.2 mm/a
安徽	36000	20 世纪阜阳市 70 年代初出现沉降，1992 年达最大累计沉降量达 1.02m，沉降速率达 60~110 mm/a
山西	200	太原市（1979 年发现）最大沉降量 1.967m，沉降速率 0.037~0.114 mm/a，大同市（1988 年发现）、介休最大沉降量分别为 0.06m、0.065m、榆次不详，大同、榆次、介休沉降速率分别为 31 mm/a、10~20 mm/a、5~7.5 mm/a
北京	313.96	20 世纪 50 年代末开始沉降，中心位于东郊，最大限度累计沉降量达 0.597m，目前趋势减缓
广东	0.25	20 世纪 60~70 年代，湛江市出现地面沉降，最大降深 0.11m，后因控制地下水开采已基本得到控制
福建	9	福州市发现地面沉降始于 1957 年，目前最大累计沉降量达 678.9m，沉降速率 2.9~21.6 mm/a
合计	48655.21	综上，我国沉降地区主要分布在长江下游三角洲平原、河北平原、环渤海、东南沿海平原、河谷平原和山间盆地几类地区

资料来源：潘懋等，2002

　　地面塌陷多分布于地下采煤、采矿地区和岩溶发育地区。不合理的地下开采，常导致地面塌陷发生。如我国华北、华东平原的煤矿区，据统计，上述两区煤矿平均每采 10000t 煤，造成塌陷地 3 亩。开滦矿务局已塌陷土地 13 万亩，徐州矿务局已塌陷土地近 18 万亩。又如，黑龙江省七台河市在建市初期，由于未进行城市建设的总体规划，将市中心建立在一个煤田之上。随着煤炭的大量开采，城市地面发生大面积塌陷，迫使该市二次搬迁、三次建设，造成了巨大的生命财产损失，而且还遗留下大量难以解决的社会问题；湖南涟源恩口煤矿因坑道突水，1973~1984 年发生地面塌陷，陷坑达 6000 多个，影响范围达 20km²，年赔偿、治理费用 150 万元，至 1982 年累计已达 980 余万元。

　　在岩溶发育地区，天然或人为因素导致地面下沉、开裂，以致突然向下陷落的现象称为岩溶地面塌陷。1950~1990 年，全国已发生岩溶地面塌陷 600 处以上。全国铁路因岩溶区地面塌陷造成路基塌陷 60 段以上，造成列车颠覆两次，累计断道 2000 小时以上。

　　目前，中国平均每年塌陷 10.5 万亩，预计 2000 年后平均每年破坏 18 万亩良田沃土。

　　上述事实说明，在地面沉降及塌陷的重力地质作用中，人类活动扮演了重要角色，因此，严格说来，与其说地面沉降和塌陷是重力作用，倒不如说是人为地质作用。

二、地面沉降和塌陷的危害

1. 建筑物受破坏

地面下沉会造成建筑设施的不均匀沉降，导致建筑物发生开裂、倾斜，甚至倒塌。地下铁道、公路、铁路也会遭受破坏，地下管道有的被架空，有的破裂或折断，造成漏水、漏气或漏电现象。如美国的休斯敦，因地面沉降，造成几百座大楼毁损。

2. 疏排水不畅

地面下沉会使下水道或排水渠架空，排水口的标高低于河面水位，造成排水能力失常，工业废水、生活污水、雨水无法排出，严重者会造成倒灌现象。遇到雨季，往往形成积水，厂房、住房进水。如台北市区，每遇降雨，各处发生积水，"陆地行舟、车不能成行"。宁波市为防水害，新建筑的地基普遍提高 0.5m。

3. 沿海城市受到海潮侵袭加剧

由于地面下沉，堤防随之下沉，海潮水面则相对上升，大潮上岸危及城市，如宁波市，甬江沿岸的防潮汛能力随地面下沉而下降，曾有几次大潮上岸淹没了码头、仓库、工厂和居民区。上海已耗费巨资多次加高黄浦江、苏州河两岸的防洪墙，外滩的防波堤高度已达极限，无法再承受潮水袭击，不得不考虑建造施工艰难、投资巨大的新挡水工程。

4. 影响航运交通

地面的下沉，使河床侵蚀基面相对抬升，河流淤积加重，原桥梁净空减小，过船能力大大降低，这对一些水系发育的河网区城市影响尤为严重。

5. 引起或加剧地面开裂

1988 年 7 月，山东省鱼台县出现数十条地裂缝，最长的一条长达 400m，使几个村庄、180 多户农民的 700 间房屋受到破坏，田野里陷坑密布，道路上裂缝条条，受灾面积 $3.3km^2$。另外，西安市已发现了 10 条正在活动的地裂缝。

6. 导致地下水咸化

大量抽取地下水，引起地面下沉，导致海水入侵含水层，造成沿海城市的地下水因海水的补给而被污染、淡水资源枯竭和含水层咸化。目前，我国的天津、大连、青岛因降落漏斗中心水位标高低于海平面，而受到海水入侵的盐碱灾害。

7. 含水层被破坏

变位和压缩造成含水层的天然状态被改变，除海水入侵而被咸化外，还会由于超量抽取地下水，出现"抽沙"现象，含水层中的沙砾会移动、变位和压缩，造成含水层的天然状态被改变，从而使整个含水构造被毁坏。

8. 破坏地质环境

地面沉降破坏地质环境使其成为不稳定的结构，一旦遭受其他地质灾害的侵袭（如地震、塌陷等），则对环境的破坏更加严重，就有可能成为新灾害的重灾区。

9. 地面塌陷的危害

地面塌陷会导致工矿、农业设施和场地的毁坏，铁路、公路的破坏，人类居住环境改变和迁移。同时，地面塌陷又会诱发地震、山崩、地滑（滑坡）等地质灾害。

第五节　重力作用的灾害及防治

重力作用造成的破坏是地质灾害中最为常见的一种类型，常常对人类造成巨大的灾难。重力地质灾害的形成除地质因素外，人类的生产活动，如滥砍滥伐森林、过分毁林开荒、掠夺式采矿、过度抽取地下水、不合理兴建工程，破坏了边坡和地面稳定性，也加速了地质灾害的发生。

面临日益恶化的生存环境，人类必须予以高度重视。重力地质灾害防治主要措施有以下几个方面。

（1）坚持可持续发展的方针，合理、有效地从事人类活动，减轻对斜坡的破坏，减少和降低人对自然环境的破坏。我国近年推行的天然林保护工程（简称天保工程）对西部地区水土流失的防治、边坡稳定、减少地质灾害发生已见明显成效。

（2）开展区域地质灾害调查，摸清山崩、滑坡、泥石流的分布规模及危险程度，进行区划分级，通常将灾害的危险程度分为极严重、严重、一般、轻微和极轻微五级。为地质灾害预防、预报提供依据。

（3）对重大工矿、交通线或城镇，建立山地灾害的监测、预报和警报系统。通过重复水准测量、控制网测量、地下水流量测量，以及倾斜、位移、孔隙水压力等测量，掌握滑坡的变形过程，对滑坡的发生及时做出预报。1985 年 6 月 12 日的新滩滑坡，由于灾前做出了准确的预报，在滑坡区居住的 475 户 1371 人全部撤出，无一伤亡，财产损失减小到最低程度。

（4）为了减小山崩、滑坡、泥石流对工程建筑和人类的危害，在各种建筑选址和选线中应避开地质灾害的易发区。若实在难以避开，则需采用一些预防措施，铁路、公路等交通部门常常采用的方法如下。

支挡工程：如护坡（图 17-10）、挡土墙、抗滑桩（图 17-11）、锚杆（图 17-11）、支撑等（图 17-12）。

排水工程：修建截水沟和盲沟等排水工程防止其危害交通线路和工程设施。

图 17-10　护坡（奉节白帝城）

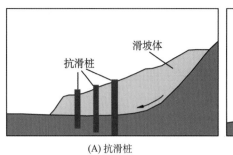

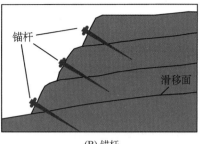

(A) 抗滑桩   (B) 锚杆

图 17-11 抗滑桩及锚杆的布置

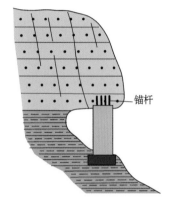

图 17-12 混凝土支撑保护危岩体

减荷反压：将滑坡体后缘的岩土体削去一部分或将较陡的斜坡减缓，以便减少负荷。并将减荷削下的土石堆于斜坡或滑体前缘，以便增加压力，起到阻滑作用（图 17-13）。

防御绕避措施：当铁路、公路等线路遇到严重不稳定斜坡地段，可采取明硐、御塌硐（图 17-14）、外移作桥和内移作隧等防治措施。

对地面沉降和塌陷的防治措施主要有以下几个方面。①控制地下水的开采，合理有计划地节制开采，地下水位就会大幅度回升，地面沉降就会减缓，甚至停止。例如，1986年以来，宁波市为控制地面沉降，通过节约用水等措施，压缩了地下水的开采量，使地面沉降速率有显著下降。1985年市区地下水开采量为 890 万 t，沉降中心区地面下沉速率为 27.5mm/a 。1986 年地下水开采量减为 681 万 t，沉降速率减为 17.5mm/a。1987 年地下水开采量又减少到 624 万 t，地面沉降速率约为 10mm/a。②用无污染的优质水向地下进行人工回灌，使下沉地面回弹上升，1960～1971 年上海进行了有效的人工回灌，这几年内上海地面以回弹为主，年平均回弹上升 3mm。1964 年以来，压缩市区棉纺系统的地下水开采量，1978 年供给该系统的地下水开采量仅为 1964 年的 27.4％。在人工回灌中应注意水质问题，一定要用无污染的优质水回灌，以保证地

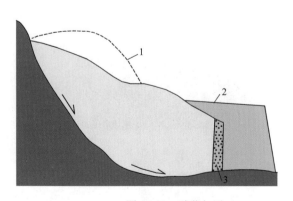

图 17-13 减荷与压

1.滑体削方减荷部分；2.反压土堤；3.渗沟

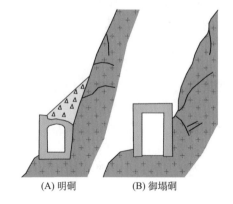

(A) 明硐   (B) 御塌硐

图 17-14 道路通过崩落区的防御结构

下水不受污染。③加强水井的管理，制定详细的法律措施，严格管理，以法控水，以控水来控制地面沉降；对所有的抽水井统计造册建档，进行统一管理；对新井的开凿要严格审批，不准随意打井，防止乱抽水和强行超采深层地下水。④保持地下岩体和土体的稳定性，在地下采矿区充分保留支撑矿柱和对已采空间进行回填，保持矿区岩体的稳定性。在岩溶地区，防止地下水位骤降骤升，可防止地面塌陷的发生。为了防止突发性地面塌陷灾害的发生及发展，对可处理的地段按需要在岩土界面附近一定范围内用双液（水泥、水玻璃）作水平帷幕注浆，以隔断地下水位波动，填充空间及固结溶洞软泥，可收到加固地基，防止塌陷的良好效果。

人类越来越关心所居住的地球环境，地质灾害是人类所面临的日益严重的环境问题之一。各种地质灾害的形成具有特定的机制，其发生有一个过程。要准确地预报和积极地防治地震、山崩、滑坡、泥石流、地面沉降和塌陷等地质灾害，必须掌握各种地质灾害的形成机理和活动规律，充分利用各种科学技术和工程技术手段，达到将灾害减小到最低程度的目的。

第十八章
地球科学与人类活动

人类是地球演化到一定阶段而诞生的，可以说人类自身也是地球物质系统的一部分。人类一经出现，就与地球环境发生了关系，地球为人类的生存活动提供着一切所需的物质、能量和适宜的环境；反过来，人类的活动也越来越深刻地影响着地球的环境，两者间密切而对立的关系日渐加剧。

第一节　地球资源的利用和保护

地球上有各种各样的自然资源可供人类利用，自然资源是指人类可以利用的天然形成的物质和能量。自然资源的种类很多，从绝对意义上说，地球的矿物是无穷无尽的。只要有足够的手段，人们可以从任何一块岩石、任何一把泥土中分析和提炼出元素周期表上几乎所有的元素。然而，由于技术水平与经济效益的限制，人类还不能从任何岩石中提取所需的物质。只有当某种元素富集到一定程度时，才具有可开采价值。如铁矿，其可采的最低品位为 $30\% \sim 40\%$。目前人类能利用的是现实资源，尚无法利用的是潜在资源。例如，在炼铁术未发明之前，铁矿石就只是一种潜在资源。自然资源按其自然要素可分为矿产资源、土地资源、水资源、生物资源等四类；按其再生性质可分为不可再生的资源、可再生的资源两类。

地球上的自然资源对人类社会发展起着的重大作用，特别是在人类发展早期，自然资源

图 18-1　古印度文化遗产——泰姬陵

起着决定性的作用。例如，世界古代的文明国家，多产生在气候温和，地貌平坦，土壤的肥力高，物产丰富的水域——大河流域，可引河水灌溉，保证农业生产丰收的"鱼米之乡"。中国从夏代开始便在黄河流域建立了奴隶制国家。古巴比伦的文化发源于幼发拉底河与底格里斯河两河流域的冲积平原。古埃及的文化产生于尼罗河流域下游的冲积三角洲平原。古印度的文明发生在印度河中下游流域的冲积平原（图 18-1）。事实证明，自然资源的丰富，即肥沃的土壤、丰富的水资源等决定了较高的文化发展阶段，孕育了四大文明古国。自然资源是人类赖以生存和发展的重要物质基础，人们的生活水平与资源的丰富程度及其可用价值的大小密切相关。矿产资源、能源资源和地下水资源等资源的储量和开采价值也是社会财富的一种衡量指标。中东地区的沙特阿拉伯、科威特等国正是由于其国土蕴藏着丰富的石油资源，

成为世界上富有的国家。如果没有可供人类利用的自然资源，现代人类文明就不可能出现。

近 200 年来，随着工业革命的兴起，生产力飞速发展，人类对自然资源的需求快速增长。人类从地球系统中采掘了大量的煤、石油、天然气、建筑材料和其他金属、非金属矿产，用以支持人类活动的各种需要。人类在开采有用矿产的同时也改变了地球系统的物质和能量的分布，其所及范围可以深入到地壳 5000m 以下的深处。为了从地壳中获取 1t 的矿石，需要同时采出约 2~3t 的废料，对一些稀有的矿种，这个比例更是大得惊人。

油田在进行二次、三次采油时，需要同时注入大量的水、蒸汽和化学物质，或采用高压或爆破致裂技术来增加石油的产量，这些措施都直接影响地球物质和能量系统的平衡。

建设矿山，特别是露天采矿（18-2），要剥离地表覆盖层，同时有大量的废矿石排放，所有这些都需要占用大量的土地，就是一座小型矿山也要占用几万平方米的土地。这是采矿业普遍存在的一个严重问题。土地破坏在一定程度上也影响了矿区的生态平衡。土地破坏了，植物、土壤及其中的微生物也跟着一起被消灭，地表丧失了稳定性，会导致水土流失，乃至造成泥石流和滑坡事故。被破坏的地表、废石堆、尾矿池更是大气、水体、土壤的污染源。

图 18-2 人类采矿留下的矿坑

在"征服自然，战胜地球"的口号下，人们往往带有盲目性、掠夺性地对待资源和环境，致使资源浪费、环境恶化、生态平衡失调，产生当今世界的"四大危机"问题，即人口爆炸、资源枯竭、环境污染、粮食短缺。

事实证明，自然资源是人类社会发展的永恒物质前提，在任何社会历史时期都将起着很大作用。尤其是社会生产力越是进步和增长，人类与资源、环境的关系也就变得越密切、越复杂，它们对人类社会的影响和作用也将变得更加广泛、更加重要。人类对自然资源无节制的掠夺，对自然环境的轻视与破坏，将给人类带来巨大的灾难。

人类在经历了自然环境不断恶化的痛苦之后，越来越认识到，人类只有一个地球，保护地球是人类永恒的主题。随着科学技术的不断发展，人类在大自然面前已不再是无能为力的，人类可以在地球的物质和能量系统中充分发挥自己的作用，使地球的物质和能量系统可以在正常的范围里运转。随着社会生产力水平提高，随着科学技术的发展，随着人类对各种自然过程的形成、发展和演化规律的认识和了解，人类利用和驾驭自然的手段与能力越来越强，同时人类还可以找到更为有用的新资源和更为清洁的新能源,加强对自然资源的循环再利用；能够更合理地利用和保护自然资源。

长期以来，在谈到我国的资源现状时，人们总是习惯于看"总量"而忽略"人均"，总认为我国地大物博，矿产资源取之不尽、用之不竭。实际上我国人均占有矿产资源量仅为世界人均占有量的 58%，居世界第 53 位。我国 45 种主要矿产中有 27 种矿产的人均占有量低于世界人均水平，有 22 种矿产需要进口才能保障现今经济建设的需求。

要强化资源的忧患意识，加大宣传力度，使全社会都知道尽管我国矿产资源总量丰富，但人均占有量却相对不足；矿产资源品种齐全，但资源的贫富程度不一；这就是我国矿产资源的基本国情。只有使全社会都知道了这样的矿情，才能在全民中树立起资源的忧患意识。在可持续发展战略的三大要素——人口、资源、环境中，资源处在核心地位。人口的控制程度主要取决于资源的支撑能力，而环境污染主要是资源滥用造成的。由此可见，能否利用和保护自然资源，直接关系到国民经济能否持续发展和人民生活水平能否不断提高；而能否持续利用资源，除合理开发外，还取决于是否有效保护。因此，要大力宣传矿产资源"在保护中开发，在开发中保护"的总原则，从意识上珍惜资源，从行动上节约资源，从公德上保护资源。

在我国自然资源的利用和保护方面，强化资源国家所有意识，不仅仅是保护资源本身的权益问题，也是国民经济可持续发展的前提条件和可持续利用矿产资源的有效保证。在当前我国全面进入社会主义市场经济的新形势下，要强化矿产资源国家所有意识，加强资源开发与保护的法律法规的宣传。不仅要使矿产资源国家所有的观念在全体公民中确立，更重要的是在实践中得到真正的体现。

事实上在任何情况下，采矿活动都会造成土地、环境质量及生物群落的破坏，而且这些破坏往往是数量极大的。在矿区环境治理中，必须进行对环境质量的保护及生物群落的恢复和重建，尽量减小由于矿产资源的开发对生态环境造成的破坏。

近年来，随着经济建设的飞速发展，我国的后备资源储量严重不足，直接影响了经济的发展。一方面大量矿山和油田因接替资源不足而面临关闭，另一方面国家每年要从国外进口矿产品以弥补不足。因此，加大对矿产资源勘查的投入，寻找更多的矿产资源，是资源合理开发的前提条件，是确保我国可持续发展战略对矿产资源持续、稳定供给的需要。

第二节　地球环境变化的影响

地球环境是人类赖以生存的周围事物——大气、水、土地、岩石、矿藏、森林、山脉、动物、植物的总称。地球自诞生以来，通过自身的演化造就并主宰着地球上的生灵。人类为了自身的生存和发展，不断地影响并改造着地球环境，逐渐成为地球环境中不可忽视的组成部分。今天，人类对地球环境的影响已从早期的"局部影响"进入"全球影响"的时代。

一、地球环境变化对人类的影响

地球的物质和能量系统以其自身的规律在不断地运动，这势必造成地球环境的变化，对人类活动产生影响，迫使人类改变自己的生活方式，去适应环境的要求。

由于地球物质的运动，地球表面各地区的环境状况不断发生改变。有证据表明，最古老的猿人化石主要分布在青藏高原周围，因此我国著名地质学家黄汲清先生认为，人类之所以走出森林是因为青藏高原的隆起，恶劣的自然环境迫使古人类不得不离开自己的家园，重新寻找适合自己生存的环境。

地球环境变化可分为灾变性的环境变化和渐变性的环境变化。灾变性的环境变化往往给人类带来重大的经济损失，甚至严重威胁了人类的生命安全。地震是严重威胁人类生命安全的一种灾变，1976 年唐山地震夺去了 24 万人的生命。公元 79 年意大利的维苏威火山爆发，附近的庞贝等三座古城被火山灰所掩埋，1650 后发掘出的庞贝古城仍可以看见来不及逃离的居民的惊恐神色。2004 年 12 月 26 日由地震引发的印度洋大海啸造成近 30 万人死亡及无法估量的财产损失。2008 年 5 月 12 日的汶川大地震（图 18-3）造成 69197 人死亡、18222 人失踪、374176 人受伤，经济损失达 12000 亿元。大的突发性的灾变性事件，人类往往是无能为力的，只有尽量减少灾害的损失。小范围的突发性的灾变事件，有些是可以预防和回避的，如台风、泥石流和滑坡等，人类可以通过防范措施把损失降到最低。

图 18-3　2008 年 5 月 12 日汶川地震留下的废墟

　　人类对付渐变性的环境变迁基本有两种方式：一是因地制宜，寻找就地解决的办法，求得发展之路；二是"三十六计走为上"，干脆一走了之。中国西部发现了许多被遗弃的古城，这些古城在历史上都曾经繁盛一时，如新疆的楼兰古城、内蒙古的黑城等。正是由于风沙肆虐，夺去了人类生存的最基本条件——水，迫使人类不得不离开自己的家园，使昌盛一时的丝绸之路逐渐衰落。历史上的黄河经常发生洪泛和改道，黄泛区的农民大多建造一些简易的住房，一旦洪水来临，他们便弃家而逃。等到洪水退去，他们再重返家园，开始新的生活。蒙古族人民则根据草场的生长情况不断迁徙。由于新疆吐鲁番地区年降水量很低，蒸发量很大，地表水严重缺乏，但地下水还比较丰富，因此这里的人民就发明了坎儿井这样的特殊水利工程。

二、人类活动对地球环境的影响——人为地质作用

　　人类是依附于地球的高级动物，活动足迹几乎遍布了地球的每一个角落，因此人类与地球物质能量系统有着千丝万缕的联系，人类与地球系统的物质与能量的交换也在不停地进行着。自然界的地质作用是一种非常缓慢的过程，相隔百年的同一地方，在自然地质作用中几乎没有明显的变化，人类却可以在极短的时间里改变一个地区的面貌。

　　人为地质作用是指由人类生产、生活、工程、军事等活动引起地壳内部结构、地表形态变化和物质迁移的作用。包括人为风化作用、侵蚀作用、搬运和堆积（排放）作用，甚至包括人为诱发内动力地质作用。按传统，人为地质作用应属于生物地质作用范畴，但由于人类活动造成的影响的深度、广度和强度的复杂性是其他生物所无法比拟的，甚至在某些方面超过了自然地质营力，因此，人为地质作用受到越来越多的重视。

1. 人为风化作用

人为风化作用主要指在城市化、工业化的过程中，由于燃烧化石燃料排放出的大量工业废气进入空气中而形成酸雨和温室效应。据统计，工业国家每年排放 CO 1.49 亿 t；CO_2 3700 万 t；SO_2 5500 万 t；颗粒物 1600 万 t。

酸雨是指 pH 小于 5.6 的一切自然降水。它是由于 SO_2 及 NO 在空气中合成硫酸及硝酸，提高了水的酸度值，是工业排放的直接后果。酸雨作用于碳酸盐岩，可以加速其风化过程。

由于许多文物及古建筑为石质（主要为大理石）及铜质，它们在酸雨面前失去了抵抗力，加速风化剥蚀。即使世界各国每年花费巨额资金抢救，也无法保护住这些最珍贵的遗产。所以酸雨对于文物的损害导致的损失是无法估计的。酸雨还可使动植物大量死亡，粮食减产，并威胁人类的食品来源。

美国东北部地区酸雨危害早已为世人皆知，而且由美国排放的有害物升空后，飘过国界进入加拿大，在加拿大上空形成酸雨，使 4000 个湖泊变成死湖，还有 1200 个湖泊正在向死湖转化。

德国和英国的排放物飘向北欧，这种被戏称为"进口"酸雨使瑞典 18000 个湖泊酸化；挪威 $13000 km^2$ 的水域变成无渔区；意大利北部的 $9000 hm^2$ 森林死亡；阿尔卑斯山海拔 1000m 以上的湖泊也都成了死湖。

1971 年 9 月 23 日，日本代代木地区飘下的酸雨使人眼睛刺痛，皮肤上如遇虫螫。

我国酸雨遍布 22 个省市，约占国土面积的 6.8%，重庆沙坪坝区 1983 年下过一场酸雨，pH 为 3，相当于醋的酸度。更为严重的是美国弗吉尼亚州的某个小城，20 世纪 70 年代末下过一场酸雨，酸度大于正常雨水 5000 倍。

2. 人为侵蚀作用

人类在对固体矿产、石油、天然气、地下水的开采和大型工程的建设过程中，破坏了地壳物质的结构和构造及地壳各部分之间的联系，使岩石发生解体，加速了风化、侵蚀过程的进行。它通过改变岩石的空间分布、地应力状态及地下水系统，形成对地壳的侵蚀（破坏）作用，从而破坏地质环境和生态平衡。

地下矿藏开采、工程建设及过量抽取地下水，此类人为剥蚀作用，势必造成地壳表层的静压力失去平衡，导致地壳表层发生变形，引起地面沉降、地面塌陷、地面开裂（地裂缝）等人为地质灾害。

湖南省宜章县杨梅山煤矿采空区于 20 世纪 70 年代初发生大塌陷，形成长 2000m，宽 1000m，深 12m 的深坑。造成稻田开裂，房屋倒塌，直接经济损失达 1000 多万元。

开滦煤矿采空区已造成地面沉降面积 4.39 万亩，积水面积达 8432.9 亩，最大水深达 12 m；淮北和徐州煤矿采空区也有数万亩的地面沉降区，大面积积水，浅者变成沼泽，深者达 10 m，看上去一片汪洋，农田和村庄被淹没。

大规模的城市建设、矿产开发及过度抽取地下水所造成的地面沉降已成为严重的环境问题。过度抽取地下水会使含水层得不到及时的补给，使得地下水位下降，造成孔隙水压力降低，使地面产生沉降，高层建筑物的载荷及矿产开采形成的采空区都会引起地面沉降。不均匀的沉降使地表建筑遭受严重的破坏（图 18-4）。

图 18-4　上海市地面沉降使楼房坍塌

　　在邻海地区，过量开采地下水造成地面沉降及海水入侵，陆地淡水层和咸水层的串层，使地下淡水咸化。它是一种长期地质灾害，地下淡水咸化后不能被利用，同时可造成农田盐碱化。上海、大连、宁波、天津等滨海城市，已出现海水入侵及土地盐碱化。其中大连市自1968 年以来，海水入侵范围不断扩大，1978 年海水入侵接近 50km；2006 年达到 500km，已影响工农业用水和居民用水。

　　城市化建设、工程建设、围海（湖）造田、兴建水库等，极大地改变了地貌景观、土壤的成分和植被的发育，干扰和改变了地质环境原有的特征和规律，加速了风化作用的进程，破坏了生态平衡，使环境不断恶化。

3. 人为搬运作用

　　人类在生活和生产活动中，每年要移动大量的地壳物质。仅全球性采矿和工程建设的开挖工程，每年搬运的土石方大约为 22 亿 t，就可与河流的搬运作用相比。人类活动每年搬运的物质总量已超过了全球水流的搬运强度。据世界范围不完全统计，人类每年消耗约 500 亿 t 的矿产资源，超过大洋中脊每年新生成的岩石圈物质约 300 亿 t 的数量，更大大超过河流每年搬运物质约 165 亿 t 的数量。尤其是人工开挖和堆填的速度更是超过了自然地质作用的速度。山西省统计局公布的数据显示，2017 年全年，山西省共采煤炭 8.5581 亿 t，这些煤炭被火车和汽车源源不断运往全国各地（图 18-5），甚至出口国外。

图 18-5　源源不断的煤炭运输卡车

除人类的主动的搬运外，人类的生活及生产活动，还加速了风、流水等的侵蚀和搬运作用，从而加快了水土流失及荒漠化。水土流失可造成土层变薄、肥力下降、河湖淤积、洪水泛滥。据统计，全世界每年因水土流失约损失可耕地 1 亿亩，我国是世界上水土流失最严重的国家之一。据 2005 年统计，仅 2004 年全国土壤侵蚀量达 16.22 亿 t，相当于从 12.5 万 km^2 的土地上流失掉 1cm 厚的表层土壤。我国水土流失面积由中华人民共和国成立之初的 116 万 km^2 增加到现在的 356 万 km^2，占全国总面积的 37%。值得注意的是，过去已遭受水土流失的面积通过治理已明显减少，但新的主要由人为影响，如盲目开垦坡地、毁林毁草，以及从事不合理工程建设等所产生的水土流失面积及荒漠化正在不断增加。

4. 人为堆积（排放）作用

人类生活及生产活动在地球表层形成了许多人工堆积、建筑及生活垃圾和排放物，其分布面积和厚度正在不断地扩大，这些人为堆积（排放）物遍及全球（图 18-6），如围海（湖）、造田、造陆所需的大量土石方，用于铁路和公路路基的岩石，以及大量的建筑物，其数量可与近代河流沉积物相比。据不完全统计，到 2000 年世界上的各种人类工程建筑约占整个大陆面积的 15%。

图 18-6　随处可见的人类生活垃圾

人类排放的环境污染物根据其物质属性可分为三类：一是化学性污染物，它是环境中的主要污染物，对人体健康威胁最大、影响最广，常见的有各种有害气体、有毒重金属及各种农药、石油化工污染物；二是生物污染物，主要为各种病原微生物及寄生虫卵等；三是物理性污染物，常指噪声、电磁辐射等。当今世界上已有的化学物质达 500 万种之多，而且每年还不断地有数以千计的新化学物质合成。据估计，进入人类环境的约有 96000 种。环境污染已给人类带来各种各样的疾病（表 18-1）。

表 18-1　环境中有毒有害化合物对人体健康的影响

污染物名称	来源	分布	对人体的影响
硫氧化合物	含硫燃料	大气和水	引起心肺疾病、呼吸系统疾病
氯氧化合物	燃烧过程	局部空气	引起急性呼吸道病症

续表

污染物名称	来源	分布	对人体的影响
臭氧	汽车尾气光化学反应	局部空气	刺激眼睛，引起哮喘病
一氧化碳	燃烧不完全	局部空气	引起血红蛋白降低、缺氧、煤气中毒
硫化氢	工业过程燃料燃烧	局部空气	影响呼吸中枢，引起烦恼、疲劳
粉尘（飘尘）	燃料、工业过程灰化、运输等	空气	影响肺部组织，引起支气管炎等
氟化物	炼铝、炼钢、制磷肥等	空气、水	使骨骼造血、神经系统、牙齿等受损害
汞（Hg）	氯碱工业、造纸工业、汞催化剂等	食物、水、土壤	影响神经系统、脑、肠
铅（Pb）	汽车尾气、铅冶炼化工、农药等	空气、水、食物	影响神经系统、红细胞
镉（Cb）	有色冶炼、化工电镀	空气、水、土壤、食物	引起骨痛、心血管病
酚类化合物	炼焦、炼油煤气工业	水	影响神经中枢、刺激骨髓
硝酸盐	污水、石棉燃料、硝盐肥化工	水、食物	可在体内合成亚硝胺
有机氮	农药、消毒剂、工业废弃物	空气、水、土壤、食物	使皮肤及肝损害
有机磷	农药、洗涤剂	食物、水、土壤	引起神经功能紊乱、致癌

由于工业生产和人类生活的需要，人们在不断地消耗能源，把能源变为热能，并且排放大量的 CO_2 和烟尘，例如，工业革命前大气中 CO_2 含量是 280ppm（1×10^{-6}），如按目前增长的速度，到 2100 年 CO_2 含量将增加到 550ppm，即几乎增加一倍。CO_2 和烟尘的大量排放，增加阳伞效应，造成温室效应，使地面升温，根据科学家计算，CO_2 倍增后全球平均气温将上升 3℃±1.5℃。温室效应可以引起全球性气候变化，并造成环境危害。大气升温可引起两极和格陵兰岛的冰盖发生融化，造成海平面上升，海洋变暖后海水体积膨胀也会引起海平面升高，这将引起大范围地区沼泽化，直接淹没人口密集、工农业发达的大陆沿海低地地区；全球变暖，还将造成全球大气环流调整和气候带向极地扩展。包括我国北方在内的中纬度地区降水将减少，加上升温使蒸发加大，因此气候将日趋干旱。大气环流的调整，除了中纬度干旱化之外，还可能造成世界其他地区气候异常和灾害。例如，低纬度台风强度将增强，台风源地将向北扩展等。气温升高还会引起和加剧传染病流行等。因此后果十分严重。

尽管如此，对于目前大气中 CO_2 浓度和全球温度正迅速增加，以及温室气体增加会造成全球变暖的原理，都是没有争论的事实。如果等到问题发展到人类可以明显感知的水平，往往已经难以逆转，那就为时已晚。因此现在就必须引起高度重视，以便采取对策，保护好人类赖以生存的大气环境。

5. 人为地震作用

人类活动的规模和破坏性越来越大，如人类活动诱发的地震及直接的人工地震，这类地震又称人为地震或非天然地震。这类地震的震级一般不高，对人类的影响也相对较小。但是，如果人为地震发生在城镇、工矿等人口稠密区，所造成的社会影响和经济损失却不容忽视。水库诱发地震还对水库大坝的安全造成威胁，可能导致比地震直接破坏更为严重的次生灾害。在一定条件下，水库蓄水、油田抽水和注水、矿山开采及地下核爆炸等活动都有可能诱发地震。

水库诱发地震的初震时间和震级与水库蓄水时间和水位有明显关系；在空间上，震中主要分布于水库大坝附近；在地震序列上，前震极为丰富，属于前震余震型。而同一地区天然地震往往属主震余震型；在震级上，微震较多，中强震较少。但其震源深度很浅，所以有时会造成很大的灾害。

水库诱发地震最早发现于希腊的马拉松水库。伴随该水库蓄水，1931 年库区就产生了频繁的地震活动。1935 年美国的胡佛水库截流蓄水，1936 年 9 月库区发生频繁的地震活动，最高震级达到 5 级，地震活动一直持续到 20 世纪 70 年代。20 世纪 50～60 年代，世界各地修建的大中型水库急剧增加，诱发地震的水库数量也随之呈现出上升的趋势。尤其是进入 20 世纪 60 年代以后，全球水库地震的频率和强度都达到了高峰，几座大型水库相继发生 6 级以上的地震，造成大坝及库区附近建筑物的破坏和人员的伤亡。

深井注液诱发地震最早发现于美国科罗拉多州的丹佛。位于丹佛东北的落基山军工厂为了处理化学污染废液而钻了一口深 3671m 的深井。1962 年 3 月开始用高压将废液注入深井底部（3648～3671m）高度裂隙化的花岗片麻岩中。注液开始后 47 天，处置井附近发生了此前 80 年未曾有过的 3～4 级地震。在整个注液过程中，地震持续不断，引起了社会的普遍关注。1966 年 2 月处置井关闭后的一年多时间内，相继发生大于 5 级的地震 3 次。科学家研究该区的地质条件后认为，丹佛地区局部性地震是由于注入液体提高了岩层中的空隙水压力，相应地降低了断裂面上的有效应力，从而减小了走滑型断层的摩擦阻力。

石油（天然气）开采也能诱发地震，位于中国华北地台冀中拗陷中部的任丘油田投产采油后，不断发生 2～3 级的有感地震。1977～1985 年，先后记录到油田附近 2 级以上的地震约 30 次。1986～1987 年，又发生过一次群震，最大震级 4 级左右。南、北两个主要地震活动区与采油、注水的两个强度中心相符。美国、意大利等国家也都出现过开采石油和天然气诱发的地震，其中一些地震还伴随地面沉陷。中国湖南常宁水口山矿和涟源煤矿，由于抽排高压岩溶水，先后诱发地震。这些地震一般为微震，地面烈度达Ⅴ度，但在井下可造成坑木折断、岩石冒顶，甚至导致矿工伤亡。

大型工程建设和采矿等采掘活动也可诱发地震，它是地壳浅部岩石圈对人类活动的一种反作用现象。采矿诱发地震（简称矿震）常发生于巷道或采掘面附近，并伴有岩块的强烈爆裂与抛出。因此，西方矿业界称之为岩爆，东欧国家则称之为冲击地压。显然，岩爆或冲击地压与采矿诱发地震有成因上的联系。不过，矿震也可发生于采掘空间以外而不伴随岩块爆裂或抛出，因此不能把矿震等同为岩爆或冲击地压。

中国采矿诱发的地震分布甚为普遍，尤其在煤矿区。辽宁省北票-阜新地区、山西省大同、陕西省铜川、北京市门头沟、山东省枣庄-临沂地区、江苏省徐州及长江三峡工程周边等地区均发生过诱发地震。

采煤诱发地震（煤矿矿震）是矿震类型中最多的一种，所造成的损失也相当严重。1977～1991 年，山东省陶庄煤矿发生破坏性矿震 180 余次，摧毁巷道 3000 余 m，伤亡 90 人。山西省大同煤矿自 1956 年以来发生较大地震 40～50 次，最大震级 4 级左右。辽宁省北票煤矿 1977 年 4 月 28 日发生的 4.3 级矿震，使巷道冒落，井下钢轨严重扭曲，地面造成 113 间砖木民房受损，几十家烟囱扭裂或倒塌，12 人受伤（其中 2 人重伤）。北京市门头沟矿 1959 年 8 月 3 日发生的 4.3 级矿震，破坏地面房屋 67 间，井下 600 根支柱折断，矿山被迫停产。

在空间上，采掘活动诱发的地震局限于采区及其附近，常发生在采掘工作面附近及承载矿柱和矿壁的应力集中部位。底板以上发震较多，震源深度与采掘深度大体相当。在时间上，地震活动与采掘时间相对应，常出现在形成一定规模的采空区之后。某些矿山，发震时间与矿工上下班时间相对应，周末和节假日停止采掘时，地震活动明显减少。

采掘活动诱发地震的地质条件包括：①矿床的顶、底板岩层坚硬，有利于应变能的积聚或存在已积累高度应变能的岩层和断层；②存在一定规模的采空区，采坑、井巷及坑道破坏了岩体的稳定状态；③开采深度大，上覆岩体载荷重，差应力变化也大，容易引起较大规模的岩体错动。总之，积聚高应变能的坚硬岩层是诱发地震的基础条件，井巷布置和不同采掘方式引起的应力集中是主要的诱发因素。在发震条件具备时，井下放炮常常是一种触发因素。

地下核爆炸和工程爆破均可直接引起地震。20世纪60年代后期，美国地质调查局对内华达试验场的地下核爆炸进行了地震监测。监测表明，在地下7km深处进行的核爆炸产生了相当于里氏6.3级的震动，随后发生了上千次小的余震，震级一般小于里氏5级，绝大多数余震发生在爆炸后一周内。资料显示，朝鲜分别于2006年10月9日和2009年5月25日进行了核试验，均在咸镜北道吉州郡丰溪里。两次核爆引发的地震震级分别为3.6级和4.5级。

综上所述，人为地质作用具有速度快、强度大、影响范围广、效果强烈的特点。如人造山峰和大都市化、快速造就的人为水体——水库、山体爆破及开挖等均可瞬间完成大自然需千万年才能完成的工作，爆破拆除瞬间完成，核爆可使都市和相关区域夷为平地，几年甚至瞬间改变了千万年来地质作用形成的地质环境。

地球环境是一个多因素的、复杂的生态平衡系统，任何一种因素的变化都会打破系统的平衡，驱使整个系统发生有规律的调整，直至达成新的平衡。20世纪中期以来，由于世界人口的剧增和现代工业的迅速发展，人类对地球环境的作用越来越大，导致全球性气候变化、地球物质和能量循环严重失调、地球环境系统发生畸变，产生了一系列的全球性环境问题，如地面沉降、荒漠化、水土流失、森林破坏、资源枯竭、生物物种锐减、环境污染、臭氧层破坏、温室效应加剧等。

近年来，人类活动诱发的全球性环境问题，其发生的频率和强度已接近，甚至超过自然因素引发的全球环境变化，这不仅对人类的生存环境造成不可逆转的后果，而且危及子孙后代的生存与发展。

第三节　人与自然协调发展

人类一经出现，就与地球环境发生了关系，人类是地球的产物，地球环境为人类的生存和发展提供了必要的条件；同时人类又是环境的塑造者。随着生产和科学技术的发展，人类对自然环境产生的影响越来越大，同时自然环境的变化对人类的生存也造成越来越大的影响。

一、人与自然的"危机"关系

随着生产的发展和科学技术的进步，特别是农业革命和产业革命，人类利用和改造自然环境的能力大大加强。与此同时，也带来了严重的环境问题，使人类与自然环境的矛盾日益升级，人与自然的"危机"突出起来，并成为人类社会可持续发展的主要阻滞力量，关系到人类自身的安危和盛衰。

人类活动与地球环境是构成人地系统的对立因子，它们是相互依存、相互制约的。人类和自然环境各有其独特的、自我支配的客观规律，它们的存在方式与运动形式时刻都在影响着对方。任何一方的非正常"扰动"和"越轨"都会影响各自的进化与功能的良性发挥，最终影响"人地"系统发展，导致衰退。长期以来，人类活动的方向、方式、速率、强度和规模与自然系统的运行规律和演化趋势严重背离，使人与自然间相互作用的依存关系转变成了对抗性的矛盾关系。由此可见，"人地"关系"危机"的实质在于人类与地球环境之间的矛盾对立，即人类的社会意识、文化价值观念、发展战略和经济活动与地球环境的可承载能力之间的巨大差异和矛盾。

人类与自然环境的"危机"关系表现在两个方面：一是人类对自然环境施加积极的影响，提高环境质量，创造新的更适合于人类生活的人工生态环境；二是消极的影响，造成环境的污染和资源的破坏。人类与自然环境的"危机"关系的表现形式包含以下几个方面：①地球表层环境变迁对人类的影响，主要表现为地质灾害直接或间接恶化地球环境，降低环境质量，对人类生命财产造成危害或潜在的威胁，使社会经济蒙受巨大损失，阻碍人类社会向前发展。②地质资源短缺对人类社会经济可持续发展的制约作用。地球资源的短缺（如水资源、矿物能源的短缺）导致工业和城市发展减缓或停滞；土地资源的不足，使地球的人口承载量受到限制。③人类活动诱发或加剧地质灾害。这些灾害可造成地表环境退化，反过来制约、影响人类的生存和发展，如过度放牧、森林砍伐和不适当的农业利用，导致土地退化，使生态环境恶化，农业生产力下降。④人类活动的副产品是对地球环境的污染。人类活动的副产品，即人工废弃物。现今，在地球上随处可见各种各样的人工废弃物，在地球表层已很难找到一块洁净的地方。水体污染、土壤污染和空气污染是人类健康的大敌。

二、协调人与自然的关系——走可持续发展之路

人类在认识自然和改造自然的过程中，可以通过规范自己的行为，按照自然规律去改造自然，减少对自然环境的破坏，使人与自然协调发展。

可持续发展是 20 世纪 80 年代随着人们对全球环境与发展问题的广泛讨论而提出的一个全新概念，是人们对传统发展模式进行长期深刻反思的结晶。1992 年在里约热内卢召开的联合国环境与发展会议（United Nations Conference on Environment and Development, UNCED）把可持续发展作为人类迈向 21 世纪的共同发展战略，在人类历史上第一次将可持续发展战略由概念落实为全球的行动。此后，1994 年的国际人口与发展大会，1995 年的哥本哈根社会发展问题世界首脑会议，都将其作为重要议题，并提出了可持续发展战略构想。中国目前把可持续发展作为 21 世纪的议程，就是要充分考虑在发展中减少对环境的破坏，使地球的物质和能量系统可以在正常的范围内运转，以利于经济的持续发展。

国际学术界和决策界曾对可持续发展的定义展开了一场大讨论，认为持续性应包含生态、经济、社会三个方面。生态持续性指维持健康的自然过程，保护生态系统的生产力和功能，维护自然资源基础和环境；经济持续性指保证稳定的增长，尤其是迅速提高发展中国家的人均收入，同时用经济手段管理资源与环境，使经济发展与资源保护协调起来；社会持续性指长期满足社会的基本需要，保证资源与收入的公平分配。

可持续发展还应包含时间和空间维度的含义。空间上，即在水平方向上从区域到全球；在垂直方向上从自然圈层到人类活动的各个领域。这些空间既相对独立又相互作用。区域可

持续发展是指区域的经济、社会、环境和资源的相互协调；在时间上，即在经济发展过程中，充分考虑眼前利益和长远利益的关系，要考虑自然资源的长期供给能力和生态环境的长期承受能力，既要满足当代人的现实需要，又要足以支撑或有利于后代人的潜在需要。

要实现人与自然可持续协调发展应当从多方面入手。一是运用高新科学技术，在社会发展中解决现今遇到的人口、污染、资源等问题。例如，可以通过高新科技手段，寻找可替代的清洁能源和可再生能源。我国近年来加大了对寻找和开发新能源的投入力度。2017 年 5 月 18 日，我国宣布在南海成功试采可燃冰，成为世界上首个在海域连续稳定产气的国家。可燃冰又称天然气水合物（natural gas hydrate 或 gas hydrate），它是由天然气与水在高压低温条件下形成的类冰状的结晶物质。可燃冰试采成功可谓能源领域的一场革命。可燃冰是一种可替代石油的清洁能源，随着开采工艺的完善，可燃冰将大有作为。2017 年我国科学家在青海共和盆地 3705m 深处钻获 236℃的高温干热岩体。干热岩（hot dry rock, HDR），也称增强型地热系统（enhanced geothermal systems, EGS），或称工程型地热系统，是一般温度大于 200℃，埋深数千米，内部不存在流体或仅有少量地下流体的高温岩体。干热岩是另一种可替代煤炭用于发电的新兴地热能源，将干热岩替代煤炭用于发电可大大降低 CO_2 的排放，减少环境污染。二是要控制人口的过快增长，减轻地球环境的承载能力。20 世纪 60 年代全球人口的年增长率为 2%，90 年代末下降到 1.33%。增长的势头得到遏制。1994 年的一份报告指出，使人类保持工业化国家中等阶层生活水平的最多人口数是 20 亿。三是要建立和健全相应的法律法规，使治理污染、合理利用资源及维护生态环境在法律和管理上得到保证。中国是一个负责任的大国，尽管还处于发展中阶段，仍投入巨资治理污染，维护生态环境，并已经制定了许多相关法规和条例，如《中华人民共和国矿产资源法》《中华人民共和国环境保护法》《中华人民共和国土地管理法》《中华人民共和国森林法》《中华人民共和国水法》《中华人民共和国水土保持法》《中华人民共和国草原法》《中华人民共和国野生动物保护法》等。

全球环境问题不是一个国家或一个地区就能解决的问题。地球上的人们分别属于不同的国家、不同的地区，具有不同的文化背景和价值观，对环境的认识也不同，国家与国家之间，乃至一个国家内部各个利益集团之间或各个地区之间，仍纷争不已，甚至兵戎相见。各国发展程度不一，对资源的消耗和对环境的破坏也不同。但生活在地球上的人类都有一个共同的美好目标——人类与地球的协调发展，建设一个民主的大同世界，这也是人类的长期奋斗目标和理想境界。

第四节　地质学发展的趋势

地质学是人类认识、利用和改造人类目前唯一生存环境——地球的基础科学。其研究对象是极其复杂的地球。基于现代科学技术的迅猛发展及其创新国际化的趋势，地质学研究具有明显的三大科学特征：①地球的演化过程具有不同时空尺度。其时间尺度从几秒钟的地震到几十亿年的地球环境演化；空间尺度从矿物微观研究到全球环境变化。②地球演化过程的研究依赖于海量的科学数据，是数据密集型的科学。所以，地球科学的发展更加重视应用现代观测、探测、实验和信息技术对科学数据的系统采集、积累与分析。③地球系统的整体行为涉及地球各圈层的相互作用，其自然系统中的物理、化学、生物过程和人为因素影响交织在一起。要将全球性与区域性、宏观与微观、地球环境与生命过程等研究紧密结合，以揭示普遍性与特殊性规律，进而谋求人类可持续发展。

显然，地质学的发展需要数学、物理、化学、天文学、生物学的理论、方法和现代科学技术的支持；而地质学的各项研究又带动着其他基础科学的发展，例如，为了认识地球深部的高温高压模拟实验研究，以及始于矿物超导特性的研究，都发展成为当今复杂科学的前沿领域；而空间技术的发展使人类有条件从整体上认识地球，对地观测又进一步推动了空间技术和信息科学的快速发展等。可见，基础科学之间的联系是十分紧密的，学科间的交叉渗透也是非常突出的。

随着社会需求和科学发展不断地提出重大的科学问题，以及空间技术与信息技术和地球内部探测技术的飞快发展，过去几十年中地质学研究发生了重大跨越，即从各分支学科分别致力于不同圈层的研究，进入了地球系统整体行为及其各圈层相互作用的研究；从区域尺度的研究，步入以全球视野对各自然现象与难题的研究；从以往偏重于自然演化的漫长时间尺度到重视人类影响过程；把微观机理的研究与宏观研究紧密结合，形成了有机的整体。地球科学的整体研究进入了一个可预测和可调控人类生存环境变化的时代。

随着人们从反思中积极探索人类社会与自然之间和谐的关系，以及对一系列复杂难题研究的崛起，人们对资源、环境、灾害的认识深度、广度和研究的方式与重点都发生了重大变化。对资源找寻的视野越来越大，逐步从地球表层走向深部，从陆地走向海洋，走向近地空间，从单纯地注重矿产资源的找寻逐步转向以可持续发展为目标的资源合理利用与环境保护并重；对环境问题的关注已从局部走向区域，走向全球，从单一污染物的研究转向复合污染的形成机理与防治研究；从生态系统结构、功能的研究延伸到生态系统的维持与退化生态系统的修复，并从生态效应深入到人体健康，推动绿色生产；对自然灾害的研究也从定性走向定量的监测与预警、预报及灾情评估于一体的综合研究。

综上所述，地质学在 21 世纪初叶的发展强烈地反映出以下趋势：①以整体系统的观念认识地球、强化学科间的交叉与渗透、广泛应用与发展高新技术、增强地质学的社会功能。②形成以不同空间尺度、时间尺度研究地球形成及演化过程，定量化观测、探测和实验研究与动力学研究相统一的局面。③深入研究地球系统各圈层的基本过程及其相互作用，以及对人类活动的影响，以协调人与自然的关系，这也是发展地质学的主方向。④深入研究资源、环境、生态、灾害等与人类相关的基础地质问题，为经济、社会的可持续发展提供科学依据。⑤在基础研究方面，要着重研究地球各圈层相互作用规律、建立海-陆-气-生物圈相互作用的物理、化学与生物过程和壳-幔、幔-核相互作用及其物理和化学过程。

我国目前在地质学的主攻方向是：建立高分辨率层析成像与地球内部圈层的三维精细结构；壳-幔边界、核-幔边界；深部流体与岩石圈热力史；大陆动力学及大陆地壳演化；地壳的现代活动性；洋壳和陆内俯冲的深部过程；沉积盆地与盆山系统；物理、数字模拟和地球动力学模型。

毋庸置疑，地质学的发展与人类社会可持续发展的战略目标是一致的，它已经成为人类社会可持续发展战略的支柱科学。

主要参考文献

北京大学地质系. 1978. 地质力学教程. 北京: 地质出版社

成都地质学院普通地质教研室. 1978. 动力地质学原理. 北京: 地质出版社

慈龙骏, 吴波. 1997. 中国荒漠化气候类型划分与中国荒漠化潜在发生范围的确定. 中国沙漠, 17(2): 107~112

地震问答编写组. 1975. 地震问答. 北京: 地质出版社

都城秋穗. 1979. 变质作用与变质带. 周云生译. 北京: 地质出版社

李叔达. 1982. 动力地质学原理. 北京: 地质出版社

李亚美, 陈国勋. 1994. 地质学基础. 2 版. 北京: 地质出版社

李智毅, 杨裕云. 1994. 工程地质学概论. 武汉: 中国地质大学出版社

林茂炳. 1992. 普通地质学. 成都: 成都科技大学出版社

刘东生等. 1965. 中国的黄土堆积. 北京: 科学出版社

潘懋, 李铁峰. 2002. 灾害地质学. 北京: 北京大学出版社

沈永平. 2003. 冰川. 北京: 气象出版社

沈玉昌, 龚国元. 1986. 河流地貌学概论. 北京: 科学出版社

石玉章, 杨文杰, 钱峥. 1996. 地质学基础. 北京: 石油大学出版社

舒良树. 2010. 普通地质学. 北京: 地质出版社

宋青春, 张振春. 1996. 地质学基础. 3 版. 北京: 高等教育出版社

陶世龙, 万天丰, 程捷. 1999. 地球科学概论. 北京: 地质出版社

王数, 东野光亮. 2005. 地质学与地貌学教程. 北京: 中国农业大学出版社

魏格纳 A L. 1964. 海陆的起源. 李旭旦译. 北京: 商务印书馆

吴德超, 陶晓风, 曹锐. 2017. 动力地质学原理. 3 版. 北京: 地质出版社

吴泰然, 何国琦. 2003. 普通地质学. 北京: 北京大学出版社

吴正等. 2003. 风沙地貌与治沙工程学. 北京: 科学出版社

夏邦栋. 1983. 普通地质学. 北京: 地质出版社

徐成彦, 赵不亿. 1988. 普通地质学. 北京: 地质出版社

徐开礼, 朱志澄. 1989. 构造地质学. 2 版. 北京: 地质出版社

杨景春, 李有利. 2001. 地貌学原理. 北京: 北京大学出版社

杨景春. 1985. 地貌学教程. 北京: 高等教育出版社

杨伦, 刘少峰, 王家生. 1998. 普通地质学简明教程. 武汉: 中国地质大学出版社

杨桥. 2004. 地球科学概论. 北京: 石油工业出版社

叶俊林. 1987. 地质学基础. 北京: 地质出版社

张宝政, 陈琦. 1983. 地质学原理. 北京: 地质出版社

A Ф雅库绍娃, B E 哈茵, B И斯拉温. 1995. 普通地质学. 何国琦等译. 北京: 北京大学出版社

Strahler A N. 1987. 自然地学. 丘元禧等译. 北京: 地质出版社

Tsoar H. 1991. 线形沙丘的形态与形成过程. 陈渭南译. 世界沙漠研究, (4): 8~11

Brian J. Skinner, 1992. The Dynamic Earth: An Introduction to Physical Geology. 2nd. New York: Wiley

Flint R F, Skinner B J. 1974. Physical Geology. New York: Wiley

Hamblin W K. 1975. The Earth's Dynamic Systems. New York: Burgess Publishing Company

McKenzie D P, Richer F. 1976. Convection Currents in the Earth's Mantle Earthquakes and Volcanoes. San Francisco: Freeman

Press F, Siever R. 1978. Earth. San Francisco: Freeman

Press F, Siever R. 2001. Understanding Earth. New York: Freeman

Raymond, L. A. 1995. Petrology Metamorphic Rocks. Long Grove: Waveland Press Inc

Robinson E S. 1982. Basic Physical Geology. New York: Wiley